国家科学技术学术著作出版基金

高抗裂长寿命纤维混凝土研究与应用

Research and Application of Fiber Reinforced Concrete with High Crack Resistance and Long Life

孙　伟　郭丽萍　曹擎宇　主编

U0250040

中国建筑工业出版社

图书在版编目（CIP）数据

高抗裂长寿命纤维混凝土研究与应用 ＝ Research
and Application of Fiber Reinforced Concrete with
High Crack Resistance and Long Life / 孙伟，郭丽萍，
曹擎宇主编. — 北京：中国建筑工业出版社，2022.7
ISBN 978-7-112-27470-3

Ⅰ. ①高… Ⅱ. ①孙… ②郭… ③曹… Ⅲ. ①纤维增
强混凝土－研究 Ⅳ. ①TU528.572

中国版本图书馆 CIP 数据核字（2022）第 097225 号

责任编辑：李 雪 毕凤鸣
责任校对：赵 菲

高抗裂长寿命纤维混凝土研究与应用

Research and Application of Fiber Reinforced Concrete with
High Crack Resistance and Long Life

孙 伟 郭丽萍 曹擎宇 主编

＊

中国建筑工业出版社出版、发行(北京海淀三里河路9号)
各地新华书店、建筑书店经销
北京红光制版公司制版
北京建筑工业印刷厂印刷

＊

开本：787 毫米×1092 毫米 1/16 印张：15¼ 字数：340 千字
2022 年 8 月第一版 2022 年 8 月第一次印刷
定价：80.00 元
ISBN 978-7-112-27470-3
（39608）

本书首先从设计与制备不同强度等级的高性能和超高性能纤维增强水泥基复合材料（HPFRCC & UHPFRCC）入手，针对单一环境因素、荷载与严酷服役环境，分析了 HPFRCC 和 UHPFRCC 材料的关键耐久性能，揭示了材料的损伤劣化过程、规律和机理，探索了多个因素对不配筋、配筋钢纤维混凝土服役寿命的影响，提出不配筋、配筋钢纤维混凝土的服役寿命预测模型。

本书共分 5 章，主要内容包括：绪论；纤维素纤维混凝土；生态型超高性能纤维增强水泥基复合材料（ECO-UHPFRCC）；荷载与严酷环境因素耦合作用下高性能纤维增强水泥基复合材料（HPFRCC）的耐久性研究；基于氯离子扩散理论的钢纤维增强水泥基复合材料（SFRCC）寿命预测模型。本书可供土木工程材料领域工程技术人员、科研院所工作者和大专院校相关师生参考。

This book introduced the design and preparation of high-performance and ultra-high-performance fiber reinforced cementitious composites (HPFRCC & UHPFRCC) with different strength levels, and the key durability properties of HPFRCC and UH-PFRCC materials for a single environmental factor, as well as coupled factors of load and severe service condition were analyzed. The damage and deterioration process, regularity and mechanisms of the material were revealed. Then the influence of multiple factors on the service life of unreinforced and reinforced steel fiber concrete are explored, and the service life prediction models of unreinforced and reinforced steel fiber concrete were proposed.

This book has five chapters, the main contents include: introduction; cellulose fiber reinforced concrete; ecological ultra high performance fiber reinforced cementitious composites (ECO-UHPFRCC); durability research of high-performance fiber-reinforced cementitious composite (HPFRCC) under the coupling action of load and severe environmental factors; life prediction model of steel fiber reinforced cementitious composites (SFRCC) based on chloride ion diffusion theory. This book provides a reference for engineering and technical personnels in the field of building materials, science researchers and teachers and students of related profession in junior college.

序一

    普通混凝土材料作为当今世界上应用最广泛的建筑结构工程材料，具有原材料资源丰富、成本低廉、施工方便、强度可设计的优点，但在荷载与复杂环境因素耦合作用下也会表现出耐久性能差、韧性低、安全性欠缺等缺陷，使其难以适应日趋超高、超长跨度、超大体积形式的建设要求。

    为解决以上不足，国内外学者进行了大量研究，纤维混凝土材料应运而生。东南大学孙伟院士及其团队三十多年来一直致力于纤维混凝土材料的研究，取得了丰硕成果。本书详细介绍了孙伟院士团队近十年来在高铁工程中推广应用的高抗裂长寿命纤维混凝土方面的具体研究内容以及取得的成果。该书介绍了纤维素纤维混凝土、超高性能纤维增强水泥基复合材料、纤维增强聚合物混凝土的制备技术、力学性能、耐久性能、微观机理，以及在侵蚀环境、荷载作用或荷载-环境耦合作用下的耐久性及其寿命预测方法和模型。主要研究成果在贵广高速铁路隧道二次衬砌上进行了应用，为进一步研究纤维混凝土的性能及应用技术提供了宝贵的参考资料。

    该书内容新颖，结论翔实，研究成果已经过多条高铁隧道二衬工程检验，效果良好。该书的出版发行对于纤维混凝土的相关理论与应用技术研究具有良好的指导价值。

中国工程院院士

东南大学 教授、博导   缪昌文

2020 年 8 月 10 日

序二

高性能与超高性能纤维增强水泥基复合材料（HPFRCC&UHPFRCC）具有优异的力学性能和耐久性，在土木工程建设和严苛的环境中具有广阔的应用前景。但是，钢纤维混凝土耐久性研究中存在的突出问题是：荷载与环境因素耦合作用下的钢纤维混凝土服役特性，特别是耐久性能国内外少有研究，且缺乏适用于钢纤维混凝土在环境因素单独作用或荷载与环境因素耦合因素作用下的服役寿命预测模型。

本书针对上述现状，开展了不同强度等级高性能和超高性能钢纤维增强水泥基复合材料的配合比设计与制备工艺优化，系统研究了其抗裂性能、力学性能、单一环境因素作用和环境因素-弯曲荷载耦合作用下的关键久性能，提出了氯离子在钢纤维增强水泥基复合材料中的扩散方程，建立了不同强度等级钢纤维增强水泥基复合材料的服役寿命预测模型，并通过系统深入的机理分析和服役寿命预测，揭示了各个影响因素对配筋钢纤维混凝土服役寿命的影响规律。本项目研究成果对荷载与复杂环境因素耦合作用下结构工程用高性能和超高性能增强水泥基复合材料，具有重要理论意义和工程价值。

该书内容自主创新，研究成果处于国际先进水平。本书的出版必将使从事土木工程材料领域的工作者，尤其是年轻一代受到教育与启迪，也必将推动土木工程材料自主创新的快速发展，以适应国家空前规模的重大基础工程发展的需求。

史才军

"国家特聘"专家

湖南大学教授、博导

2020 年 8 月 11 日

前言

为了满足严苛环境中土木工程建造所需，具有优异力学性能、抗裂性和耐久性的纤维混凝土，逐渐引起了人们的广泛关注。但是，纤维混凝土耐久性研究中一直存在几个突出问题亟待突破：荷载与环境因素耦合作用下的纤维混凝土服役特性研究较少且缺乏系统性，急需提出适用于纤维混凝土在环境因素单独作用或荷载与环境因素耦合作用下的服役寿命预测模型。

本书针对上述现状，开展了不同强度等级高性能和超高性能纤维增强水泥基复合材料（HPFRCC & UHPFRCC）的配合比设计与制备工艺优化，系统研究了其抗裂性能、力学性能、单一环境因素作用和环境因素-弯曲荷载耦合作用下的关键耐久性能，提出了氯离子在钢纤维增强水泥基复合材料中的扩散方程，建立了不同强度等级钢纤维增强水泥基复合材料的服役寿命预测模型，并通过系统深入的机理分析揭示了各个影响因素对不配筋、配筋钢纤维混凝土服役寿命的影响规律。本项目研究成果有助于推广在我国各重大工程中的应用，具有重要理论意义和工程价值。

本书初稿于 2018 年完成，并交由中国建筑工业出版社，之后由出版社牵头申报了国家科学技术学术著作出版基金并获立项资助。

本书的成果是在中国铁路总公司（原铁道部）重点研究计划项目《高速铁路隧道技术深化研究——隧道高性能喷射混凝土与纤维混凝土应用研究》（2010G005-B）（项目主持者：孙伟、郭丽萍）、《新建铁路桥隧设计施工关键技术研究——高铁隧道大直径盾构钢纤维混凝土管片设计与应用关键技术》（2014G004-N）（项目主持者：郭丽萍）、校企合作研发项目《多因素耦合作用下 SFRCC 耐久性评价与服役寿命预测研究》（8512000100）（项目主持者：孙伟、郭丽萍）、中冶集团工程技术中心项目《超高性能纤维增强水泥基复合材料制备及应用关键技术性能研究》（0032011001）（项目主持者：曹擎宇）资助下完成的。

曾在本科研团队中学习过的顾春平（浙江工业大学）、樊俊江（上海市建筑科学研究院有限公司）、于英俊和关键（中冶建筑研究总院有限公司）、张文潇和柴丽娟（太原理工大学）在作者的指导下攻读研究生学位期间和其后的工作中参加了相关的研究工作。

中国工程院院士、东南大学缪昌文教授，国家特聘专家、湖南大学史才军教授为本书提出了宝贵的意见。作者在做研究过程中查阅了大量文献资料，也就一些问题请教过一些专家和同行，从中获得了许多有益的启发和帮助。在此对所有与本书出版相关的有贡献者们表示衷心的感谢！

Preface

To match a promising application of civil engineering construction in harsh environments, the fiber reinforced concrete has been paid more attention by engineers. However, the several outstanding problems existing in the durability research of fiber reinforced concrete. One issue is the service characteristics of fiber reinforced concrete under the coupling action of load and environmental factors, especially there are few studies on the durability performance based at domestic and abroad, and lack of systematicness. And these service life prediction models of fiber reinforced concrete under the single action of environmental factors or the coupled factors of load and environmental factors are rarely reported.

In view of the current situation, the mix proportion design and preparation process optimization of (HPFRCC) and (UHPFRCC) with different strength levels were carried out. The crack resistance, mechanical properties, the key durability performance under a single environmental factor and the coupling action of environmental factor-bending load were systematically studied. The diffusion equation of chloride ions in steel fiber reinforced cementitious composites was proposed, and the service life prediction model was established. Then the effects of various factors on service life of unreinforced/reinforced steel fiber reinforced concrete were revelaed combined with the mechanism analysis. The research results will promote the application of fiber reinforced concrete with high crack-resistance and long-life span in major projects in our country, and have important theoretical significance and engineering value.

The draft of this book was finished in 2018 and submitted to China Construction Industry Press for editing. And then it was supported by a publishing fund of National Science & Technology Academic Works. The result of this book competed in funding of the Key Research Projects of China Railway Corporation (former Ministry of Railways)《Intensive Research of High-speed Railway Tunnel Technology—Application Research of High Performance Shotcrete and Fiber Concrete in Tunnel》(2010G005-B) (Funder: Sun Wei, Guo Li-Ping),《Research on Key Technology of Design and Construction of New Railway Bridges and Tunnels—Key Technology for Design and Application of Large-Diameter Shield Steel Fiber Reinforced Concrete Segments in High-Speed Railway Tunnels》 (2014G004-N) (Funder: Guo Li-Ping),

College and Enterprise Cooperation Project 《SFRCC Research of Durability Evaluation and Service Lift Prediction under Various Factor》 (8512000100) (Funder: Sun Wei, Guo Li-Ping)、Project of Engineering Technology Center of MCC 《Study on preparation and application of ultra-high performance fiber reinforced cement-based composites》 (0032011001) (Founder: Cao Qing-Yu).

Cao Qing-Yu (China Metallurgical Construction Research Institute Co. , Ltd), Gu Chun-Ping (Zhejiang University of Technology), Fan Jun-Jiang (Shanghai Research Institute of Building Sciences Co. , Ltd), Yu Ying-Jun and Guan Jian (China Metallurgical Construction Research Institute Co. , Ltd), Zhang Wen-Xiao and Chai Li-Juan (Taiyuan University of Technology), who had learned in our research team, participated in related research work during their postgraduate degree studies and their subsequent work under the guidance of the author.

Chinese Academy of Engineering, Professor Miao Chang-Wen at Southeast University, and National Distinguished Expert and National Distinguished Expert ", Professor Shi Cai-Jun at Hunan University, made valuable suggestions. During the research, the author refered a large mount of literature, and consulted some experts and peers, then acquired a lot of useful inspiration and help, so heartfelt thanks to all the related contributors!

目录

Contents

第1章
绪 论

1.1 我国现阶段混凝土基础工程建设的现状

当今，我国重大基础工程建设发展迅猛，建设规模十分宏伟。我国的公路和高速公路工程、桥梁工程、水电工程、铁道工程、港口工程、隧道工程、地下工程、国防防护工程、治山治水与治沙治海工程、南水北调和西气东输工程正在全面大规模兴建。据统计，公路通车里程已由 2005 年的 $192×10^4$ km 扩大到 2012 年的 $424×10^4$ km，铁路通车里程已由 2005 年的 $7.5×10^4$ km 扩大到 2012 年的 $9.8×10^4$ km，高速公路建设已由 2005 年的 $4.5×10^4$ km 扩大到 2012 年的 $9.5×10^4$ km，电力工程建设已由 2005 年的 $5×10^8$ kW 总装机容量扩大到 2012 年的 $11×10^8$ kW 等。

另外，我国城市化建设进程也在高速推进。发达国家的城市化建设已基本完成，城市人口已达 80%，而我国城市化仅 40% 左右，到 2050 年我们国家也将达到 80%，因此生活、娱乐、交通、通信、教育等建设设施必将迅猛增加。不论是基础工程大规模兴建，还是城市化高速推进，无一不与混凝土工程密切相关，且都要耗用巨量水泥和混凝土材料，如不提高土木工程材料的耐久性，延长工程服役寿命，必将给国家造成巨大的经济损失，影响到社会可持续发展，并将为工程的安全服役带来威胁。

1.2 提高重大基础工程的耐久性和服役寿命的重要意义

提高重大基础工程的耐久性和服役寿命是工程建设的重中之重。我国重大基础工程建设的投资都是几十亿、上百亿甚至几百亿。耐久性高低和服役寿命长短已是从事土木工程界工作者都应该倍加关注的特别重要的问题。必须总结吸收国内外的经验和教训。从 20 世纪 70 年代起，发达国家已建成并投入使用的诸多基础建设和重大工程，已逐渐显示出过早破坏和失效的迹象，暴露的问题有的已十分严重。例如美国在 20 世纪 90 年代混凝土总价值 60000 亿美元，而维修和重建费就有 3000 亿美元/年之多；1987 年美国有 253000 座混凝土桥梁的桥面板使用不到 20 年就坏了。1992 年报道：在美国因撒除冰盐引起钢筋锈蚀破坏的公路桥梁占 1/4（52 万座中有 13 万座），不能通车的有 5000 座。2002 年美国经济分析局（BET）的工程设施腐蚀报告中又指出美国基础、民用建筑腐蚀损失已达 700 亿美元/年。在 57 座桥梁中，有 50% 钢筋腐蚀严重，基础设施损坏已导致 1.3 亿美元的损失。英国 1987 年英格兰的中环线快车道上有 8 座高架桥，全长 21km，总造价为 2800 万英镑，而维修费用已为其总造价的 1.6 倍。到 2004 年，其修补费用已达 1.2 亿英镑，接近造价的 6 倍。因化冰盐引起公路桥梁的腐蚀破坏已达 6.1650 万英镑的经济损失。此外，欧洲、亚洲和澳大利亚也有大量工程因钢筋混凝土腐蚀严重而拆除或重建。

近期国内调查资料也充分显示[1-3]，我国钢筋混凝土工业建筑平均寿命约为 25～30 年，20 世纪 50 年代建造的工业建筑，大多数已严重锈蚀破坏。交通运输部调查了 23 万座桥梁，其中有 5000 座是危桥。海港码头等钢筋混凝土结构因遭受严重腐蚀破坏，使用寿命只有 25 年。我国因腐蚀造成直接经济损失为 5000 亿元/年，仅钢筋锈蚀引起的混凝土结构损伤破坏的损失就达 1000 亿元/年之多。我国已报道的典型的工程破坏实例如图 1.2 所示。

图 1.2 钢筋混凝土结构耐久性破坏实例（一）
(a) 某市海上旅馆基础破坏图（建于 2000 年）；(b) 北京西直门立交桥桥墩柱落水口钢筋锈蚀；
(c) 北京西直门桥底冻融破坏；(d) 嘉和大桥损伤梁之破坏形态（建于 1974 年）；
(e) 302 国道长沙——萍乡段断板和开裂；(f) 山东潍坊白浪河大桥因 Cl⁻ 扩散引起的锈蚀

图 1.2　钢筋混凝土结构耐久性破坏实例（二）

（g）宁波北仑码头混凝土梁锈蚀（建成 11 年）；（h）沈阳山海关高速公路冬季撒盐；
（i）钢结构混凝土基础；（j、k）露天钢筋混凝土结构；（l）西部地区电线杆

1.3　结构混凝土和混凝土结构耐久性和服役寿命的预测

　　当代国际上对主要混凝土工程都有服役寿命的设计年限，如英国北海开采平台，
日本名石跨海大桥、加拿大联盟大桥设计寿命均为 100 年；荷兰的谢尔德海闸设计寿
命为 250 年；中国香港的青马大桥、中国澳门的观光塔设计寿命为 120 年；沙特巴林
高速公路的跨海大桥为 150 年；国内近期建造和即将建造的重大桥梁工程其设计寿命

3

也为 100 年或 100 年以上。但尚未见到科学的保障体系和寿命预测的安全而科学的体系和寿命预测的安全而又准确的方法。

欧洲 Durocrete 是一项国际上很有影响的工作，它围绕碳化和 Cl^- 扩散引起钢筋锈蚀提出了完整的试验方法系统，耐久性评价体系和寿命预测方法，对当今国际上混凝土结构的耐久性设计发挥了很大的作用。我国出版了《混凝土结构耐久性设计标准》GB/T 50476—2019，这部规范不仅使结构耐久性设计有了依据，而且也大大推动了我国耐久性和寿命预测的研究工作，解决了工程结构耐久性设计有据的重大问题。纵观这些工作，主要还是依据了环境因素的作用。目前存在的问题是如何科学而又准确地评价混凝土结构的耐久性和混凝土结构的服役寿命。从上述国内外混凝土工程过早失效与破坏的诸多实例来看，决非设计寿命就如此短暂，应该归之于寿命设计的依据不能完全符合工程所处实际环境。尤其是我国地大物博，东西南北中不同地区环境条件各异，并具有多变性、复杂性，其服役寿命决非仅靠实验室单一环境因素的模拟而得到损伤、劣化规律所能确定。众多工程过早损伤、劣化和失效的例子充分表明，对某一个特定的工程而言，它在服役过程中往往是在力学因素（特别是静载弯拉应力和动载疲劳应力）、环境因素（冻融循环、碳化、Cl^- 扩散、硫酸盐腐蚀及其他有害物质的侵蚀、碱-集料反应、酸雨等）和材料因素（不同组成与结构、不同强度等级）的双重或多重损伤因素耦合作用下而服役的，在诸多损伤因素的耦合作用下，弯拉荷载无疑会加速环境因素对混凝土的损伤，但诸环境间因物理与化学作用的同时存在，则损伤因素有正负效应叠加和交互作用[4-5]，这种交互作用往往又随时间进程而演变。但交互作用的最后结果仍然是加速了混凝土结构的损伤和导致了服役寿命的缩短。更值得注意的是环境因素引起结构混凝土和混凝土结构的损伤又有两大类别，一类是有害物质的侵入并非对混凝土本身引起损伤劣化，而是通过混凝土传输到钢筋，导致钢筋锈蚀并引起膨胀，这一膨胀力又会引起混凝土本身的开裂；另一类是冻融循环、硫酸盐腐蚀和碱-集料反应，它们都会引起混凝土本身膨胀破坏，如果同时有氯盐、硫酸盐或碱-集料反应存在，则会因混凝土本身膨胀与开裂而加速 Cl^- 扩散速度，从而钢筋锈蚀也必然加速。再如在我国西部盐湖地区[6]，盐湖内不仅有氯盐（Cl^- 含量高达 30%）、硫酸盐和镁盐共存，而且还有冻融循环、干冷干热气候，再与荷载共同耦合作用，普通钢筋混凝土结构的服役寿命（以电杆为例）只有 3 年左右即因钢筋锈蚀而失效。又如海工混凝土结构在大气区部位由于 Cl^- 和 CO_2 的耦合作用会导致混凝土中钢筋锈蚀加速，其损伤速率要比水下区严重得多。在上述混凝土损伤劣化过程中充分反映出 Cl^- 和 CO_2 的耦合过程是物理因素与化学因素的双重耦合，其最终结果是加速了混凝土结构劣化速率。如果再与荷载耦合（弯、拉等荷载），那么钢筋混凝土结构的损伤劣化就会进一步加速和加剧，混凝土结构服役寿命必将相应地缩短。因此，混凝土结构在真实环境的损伤、劣化过程，特别是诸多损伤因素的交互作用十分复杂。

近几年本课题组针对我国不同地区因工程所处部位的损伤因素的特点，对力学因素、环境因素、材料因素等几十种不同方式耦合情况进行了大量和长期的耐久性试验，得到了加载和非加载并与不同环境、材料因素耦合，并结合重大基础工程研究了混凝土损伤劣化过程、规律和特点以及诸因素间正负效应叠加及交互作用。在此基础上总结了不同损伤因素耦合作用下混凝土的损伤、劣化过程、规律和特点，探索了在这一过程中混凝土微结构随时间的正负效应交错及演变机理，揭示了诸损伤因素在不同的耦合情况下损伤叠加的正负效应与交互作用的复杂性和时变性。从而结合我国不同地区和不同工程以及重大工程的不同部位，特别针对我国西部地区，该地区仅腐蚀因素就有多种耦合，如新疆地区盐湖有碳酸盐-硫酸盐-氯盐；青海地区有碳酸盐-硫酸盐-镁盐；内蒙古地区有碳酸盐-硫酸盐-镁盐-氯盐；西藏地区有碳酸盐-硫酸盐等腐蚀反应，再加上力学和材料因素，又进一步增进了问题的复杂性。前后经过 10 年的研究积累和实验室与现场损伤程度的对比，我们建立了不同耦合因素作用下耐久性评价体系和寿命预测方法。主要是：①在耦合因素作用下混凝土损伤演化方程；②修正和充实了 Fick 第二定律 Cl^- 扩散方程；③建立了与钢筋锈蚀 pH 临界值有关的碳化模型及其与 CO_2 耦合作用的碳化方程；碳化与 Cl^- 渗透耦合作用下的混凝土碳化方程；基于扩散与碳化耦合作用下海洋大气区混凝土寿命预测方程；弯曲荷载-氯盐-硫酸盐耦合作用下混凝土结构寿命预测模型；基于可靠度与损伤理论，在耦合因素作用下寿命预测方程等。用上述模型和方程来预测结构混凝土和混凝土结构的寿命，更符合工程所处服役条件的实际，因此明显提高了寿命预测的安全性和可靠性。当今最为重要的一点就是要取得工程本身在真实服役条件下、充分运用智能新理论和传感技术，取得长期的混凝土结构性能监测的数据，以进一步完善和充实已经建立的不同耦合损伤因素作用下结构混凝土和混凝土结构寿命的预测理论和方法，进一步提高这些理论和方法的安全性、正确性、可靠性与科学性，这对建立力学因素、环境因素、材料因素耦合作用下重大混凝土结构耐久性设计规范意义重大。特别是建立在耦合损伤因素作用下结构混凝土和混凝土结构损伤、劣化过程及微结构演变数据库和服役寿命预测专家系统，这不仅有普遍的指导意义，而且也解决了当今周而复始的重复试验工作，同时也有利于建立新的耐久性与寿命理论体系并形成相应的混凝土结构耐久性设计规范与标准。这是一项长期的跟踪、检测研究工作，要完成它还必须依靠混凝土材料与混凝土工程界齐心协力的不懈努力。

1.4　结构混凝土和混凝土结构耐久性和服役寿命的保证

综上所述，如果结构混凝土和混凝土结构服役寿命由 50 年提高到 100 年，提高到 200 年，材料用量则相应减少到 50％和 25％。应该说延长混凝土结构的服役寿命是最大节约，也是节能节资的重要举措。那么如何才能保证达到工程结构设计的服役寿命呢？应该说混凝土材料是基础、是关键，也是核心。因为一切有害的物质，都是以气体或液体的形式出现，并通过混凝土自身不同尺度的孔隙向混凝土内部传输，从而混凝土自身孔缝的尺度、数量和连通程度都是影响有害物质向混凝土内部传输难与易、快与慢的关键。但混凝土材料本身因素也绝非孤立，它与结构设计、施工技术是不能分割的一项系统工程。当今结构混凝土材料也逐步走上了绿色化、生态化、高性能化、高科技的智能化和高耐久性与长寿命化，其中绿色化是社会可持续发展的必由之路。

我国水泥产量剧增，导致能源资源消耗巨大，环境污染加剧，影响到可持续发展。这些年来，我国混凝土科学与工程界，采用诸多技术措施，以不同用量的废渣来取代水泥熟料，其取代量达 15%～85%，制备的混凝土和纤维混凝土强度等级在 C25～C200 之间，并努力挖掘工业废渣自身的潜力，如粉煤灰因其自身突出的性能优势，又无须粉磨，已是各类重大工程首选的矿物掺和料。在中国，大城市粉煤灰用量已达 100%，全国各城市的平均用量也超过 43%。如果工业废渣取代水泥熟料平均达 30%～50%，则 1 亿 t 水泥熟料可得到 1.4 亿～2.0 亿 t 水泥。当今用 60%工业废渣取代水泥熟料，已能制备出强度等级为 200 的水泥基材料，这不仅显现社会、经济效益突出，而且技术优势鲜明。例如，因优质粉煤灰的掺入，水泥基材料的各项关键技术性能不断有新的突破，当取代水泥熟料 30%时，干燥收缩率下降 30%，徐变值减少 50%，疲劳寿命提高 3 倍（应力比相同时），除抗冻融、抗碳化有争议外，其他各项耐久性指标均提高显著。

我国工业废渣储量巨大，且各自的物理结构、化学组分、结构形成机理存在千差万异，对混凝土性能的影响有正也有负，故此，采用科学的复合技术，扬其长，避其短，最大限度高效利用并取代更多的水泥熟料已是节能、节资、保护生态环境、提高材料性能的重要举措，也是社会可持续发展的必由之路。同时通过采用复合技术，掺加功能组分完全可能使工业废渣对混凝土性能的影响和贡献度有新的突破。

1.5 小　　结

（1）结构混凝土和混凝土结构的耐久性与服役寿命及其评估和预测方法是当今国内外混凝土科学与工程界密切关注的重大科学技术难题。必须从单一环境因素的作用向力学因素、环境因素和材料因素的耦合作用转化，必须解决研究思路、研究方法问题，为建立寿命预测模型、发展耐久性与寿命预测的基本理论进行全过程、多方位攻关研究，直到形成国家、国际规范为止。

（2）在力学因素、环境因素和材料因素耦合作用下的耐久性与寿命预测理论必须将室内与室外、实验室模拟与真实现场试验密切结合，采用先进的智能理论与技术，研制灵敏度高、寿命长的高科技传感器技术，跟踪实际工程的服役过程，监控其性能衰减与劣化规律，从大自然中取得结构混凝土与混凝土结构长期损伤、劣化的真实数据，这是提高寿命预测的准确性、可靠性与安全性必不可少的。

（3）提高结构混凝土和混凝土结构的耐久性和服役寿命是工程建设中的重中之重。分析力学因素、环境因素和材料因素的耦合作用对工程结构损失、劣化速率的影响程度的结果表明材料、结构与施工三者是不可分割又相互依存的科学整体，是保证混凝土工程高耐久性和长服役寿命的一项系统工程，缺一都不能把工程设计寿命落到实处。特别要注意吸收发达国家的经验和教训，建立我们具有自主知识产权的耐久性新理论，以确保提供工程高耐久和长寿命的配套新技术。

（4）充分和高性能发挥工业废渣自身潜能和优势是提高结构混凝土和混凝土结构关键技术性能和服役寿命、节省能源、节省资源的重要举措。用它来取代水泥熟料也是缓解我国能源和资源紧缺的矛盾、确保社会可持续发展的必由之路。

（5）多重损伤因素耦合作用下，研究重大混凝土工程环境行为及劣化机理，从本质上揭示结构混凝土和混凝土结构性能劣化与微结构演变的定量关系，建立模拟工程现场复杂环境中混凝土结构性能劣化的数值试验平台及相关数据库，建立真实寿命预测的专家系统，是混凝土材料、混凝土结构与工程发展到新阶段理论和技术水平评判的重要标志。

（6）结构混凝土和混凝土结构耐久性保持和提升技术已是当代混凝土材料科学与工程发展的新起点，也是高新技术萌生的重要领域。充分发展智能技术、智能理论和智能新材料，研制高耐久、长寿命、高性价比的传感器材，并对现场工程劣化全过程进行可靠的监控，确保其安全服役是当代混凝土科学与技术迅猛发展的突出特征之一。

本章参考文献

［1］　吴中伟，连慧珍．高性能混凝土［M］．北京：中国铁道出版社，1999．
［2］　金伟良，赵羽习．混凝土结构耐久性［M］．北京：科学出版社，2002．
［3］　牛狄涛．混凝土结构耐久性与寿命预测［M］．北京：科学出版社，2003．
［4］　赵国藩，彭少民，黄承逵．钢纤维混凝土结构［M］．北京：中国建筑工业出版社，1999．
［5］　赵国藩，黄承逵．纤维混凝土的研究与应用［M］．大连：大连理工大学出版社，1992．
［6］　余红发．盐湖地区高性能混凝土的耐久性、机理与使用寿命预测方法［D］．南京：东南大学，2004．

第 2 章
纤维素纤维混凝土关键性能与服役寿命预测

传统混凝土原材料资源丰富、成本低廉、施工方便、抗压强度高，成为建筑领域不可替代的工程材料。不过，工程中常用的钢筋混凝土都不同程度地存在缺陷，如：①抗渗性、抗离子侵蚀能力、抗冻性能等耐久性差。②混凝土耐火、耐高温性能差，普通混凝土在高温作用下，极易发生爆炸性破碎，给人身安全和经济财产都带来巨大的威胁。③抵抗长期变形性能弱，混凝土在长期荷载作用下会产生徐变等。国内外学者为解决混凝土的以上不足之处进行了大量研究，纤维混凝土就是其中研究成果之一。纤维素纤维作为新一代工程纤维，具有优异的阻裂性能，因而受到了许多学者的关注和研究。纤维素纤维能够细化混凝土的微结构，减少内部初始缺陷。在混凝土受荷初期，纤维能够有效限制裂纹的萌生，对混凝土的初裂具有很好的抑制效果，可以有效提高混凝土的抗渗、抗离子侵蚀等耐久性。

2.1 纤维素纤维的力学与内养护性能

本文选用的纤维素纤维是美国 BUCKEYE 公司研发的继化学合成纤维之后发展起来的新型混凝土工程专用纤维，原料取自于高寒地区的某种特殊植物，经过一系列化学和机械方法处理，压制成薄片状纤维片，每片纤维片约可分散成 30000 根短细的纤维单丝，纤维素纤维有非常高的强度/质量比。薄片状纤维素纤维在拌合水中有机械摩擦力和剪切力的作用下很容易分散，而且其具有很好的亲水性和独特的中空结构，可以在混凝土搅拌的过程中吸收一部分水分，作为微型储水器，在接下来的水化过程中提供所需要的水分，细化孔结构，增强纤维与基体界面的粘结强度。与普通植物纤维相比，具有较高的抗拉强度和初始弹性模量。

内养护是改善混凝土内部微结构的有效措施，《混凝土学》一书中给出内养护的定义如下：主要指通过使用预浸轻骨料或高吸水材料的方法，在混凝土中引入一种组分作为养护剂，养护剂均匀地分散在混凝土中，起内部蓄水池的作用，当水化过程中出现水分不足时，养护剂中的水分补给水化所需水分，支持水化反应继续进行。Banthi[1]在 2014 年首次提出纤维素纤维可以在搅拌中吸收水分用于内养护，并细化孔结构，尤其是纤维与基体界面的孔结构。

本节主要研究纤维素纤维的物理力学性能，并分析了其作为内养护纤维的可行性。

2.1.1　纤维素纤维单丝拉伸力学性能

根据《水泥混凝土和砂浆用合成纤维》GB/T 21120—2018 对纤维单丝拉伸力学试验得到的数据进行处理，计算纤维的拉伸强度、初始弹性模量及其变异系数等，公式如下。

平均拉伸荷载：

$$F = \frac{\sum F_i}{n_{\text{fiber}}} \tag{2.1.1-1}$$

单丝拉伸强度：

$$\sigma_i = \frac{4F_i}{\pi D_i^2} \tag{2.1.1-2}$$

平均拉伸强度：

$$\sigma = \frac{\sum \sigma_i}{n_{\text{fiber}}} \tag{2.1.1-3}$$

单丝纤维初始弹性模量：

由荷载-位移曲线中起始部分荷载随位移变化最大时点切线的斜率作为纤维的初始弹性模量，图 2.1.1 举例了某根纤维的初始弹性模量确定方法。

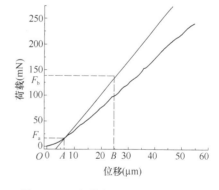

$$E_i = \frac{4(F_b - F_a)}{\pi (OB - OA) D_i^2} \tag{2.1.1-4}$$

平均初始弹性模量：

$$E = \frac{\sum E_i}{n_{\text{fiber}}} \tag{2.1.1-5}$$

标准差：

$$S = \sqrt{\frac{\sum (X_r - \bar{X})^2}{n_{\text{fiber}} - 1}} \tag{2.1.1-6}$$

图 2.1.1　由荷载-位移曲线确定初始弹性模量的方法

变异系数：

$$C_v = \frac{S}{\bar{X}} \times 100 \tag{2.1.1-7}$$

式中：F ——平均拉伸荷载（N）；

　　　F_i ——单丝纤维拉伸荷载（N）；

　n_{fiber} ——测试纤维根数（根）；

　　　σ ——平均拉伸强度（MPa）；

　　　σ_i ——单丝纤维拉伸强度（MPa）；

　　　D_i ——单丝纤维直径（mm）；

E ——平均初始弹性模量（MPa）；

E_i ——单丝纤维初始弹性模量（MPa）；

F_a ——单丝纤维伸长到 A 点时对应的荷载值（N）；

F_b ——切线或割线上横坐标 B 点对应的荷载值（N）；

OA ——单丝纤维在 A 点的位移量（mm）；

OB ——单丝纤维在 B 点的位移量（mm）；

S ——标准差；

C_v ——变异系数（%）；

X_r ——单丝纤维测定值；

$\bar{X}$ ——测定平均值。

随机选取 50 根纤维进行试验，试验结果如表 2.1.1 所示。

纤维素纤维单丝力学性能　　　　　　　　　　　表 2.1.1

	最大值	最小值	平均值	变异系数（%）
直径（μm）	21.0	16.3	18.0	8.1
拉伸荷载（mN）	241.3	200.8	219.6	7.5
拉伸强度（MPa）	912.8	681.0	788.8	17.6
初始弹性模量（GPa）	29.8	38.5	32.3	22.2

纤维素纤维单丝直径在 16.3～21.0μm 之间，平均直径为 18.0μm，变异系数为 8.1%。拉伸载荷值范围为 200.8～241.3mN，平均值为 219.6mN，变异系数为 7.5%。拉伸强度在 681.0～912.8MPa 之间，平均拉伸强度为 788.8MPa，变异系数为 17.6%。初始弹性模量值最大为 38.5GPa，最小值为 29.8GPa，平均值为 32.3GPa，变异系数为 22.2%。拉伸荷载，拉伸强度与初始弹性模量的变异系数均小于 30%，符合《水泥混凝土和砂浆用合成纤维》GB/T 21120—2018 的规定，但是由于纤维素纤维来源于天然植物，与合成纤维相比，单丝纤维之间性能差异稍大。

2.1.2 纤维截面形貌

纤维素纤维的空腔结构可以作为微型蓄水池，在混凝土的水化过程中补充所需水分，起到内养护作用。本文采用激光共聚焦显微镜与扫描电镜观察纤维截面形貌，验证纤维素纤维的空腔结构。

图 2.1.2（a）是纤维经过单丝拉伸力学试验拉断，使用荧光浸渍后断口处的形貌；图 2.1.2（b）是使用哈氏切割机切割后的纤维截面断口形貌。从两张图中可以清楚地看到纤维素纤维的空腔结构，在混凝土成型过程中，空腔可以吸收一部分自由水，减少拆模前水分的蒸发，在混凝土的后期水化过程中，能提供水泥水化所需水分，发挥内养护功能。

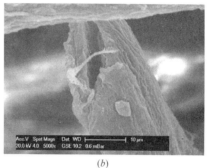

图 2.1.2　纤维素纤维的截面形貌

（a）激光共聚焦显微镜下的纤维截面；（b）纤维素纤维截面的 SEM 照片

2.1.3　纤维吸水率

纤维素纤维作为内养护纤维，吸水率也是基本的影响因素之一。纤维吸水率采用茶袋法测定，取 1g 样品放入自制无纺布茶袋中，置于装有足量蒸馏水中充分浸泡 30 min。取出在室内悬挂 30 min，不再滴水后取出纤维样品，用滤纸吸去表面浮水后称重。参照标准《纺织品吸水性试验方法》JIS L1907—2010 计算纤维吸水率 C，如式 2.1.3 所示。

$$C = \frac{W_1 - W_0}{W_0} \times 100 \tag{2.1.3}$$

式中：C——纤维吸水率,%；

W_0——纤维样品的初始质量，g；

W_1——纤维浸水后的质量，g。

由于纤维素纤维属于天然纤维，具有一定的不均匀性，选取 5 个平行样品，取平行样品的吸水率的平均值作为纤维素纤维的吸水率，结果如表 2.1.3 所示。测定得到的纤维吸水率为 239.2%，纤维素纤维不仅有独特的空腔结构，而且具有较好的亲水性，可以使纤维具有好的吸水保水功能。

纤维素纤维吸水率　　　　　　　　　　　　　　　　　表 2.1.3

样品编号	吸水前质量（g）	饱水后质量（g）	质量差（g）	饱和吸水率（%）
1	1.01	2.44	2.42	239.6
2	0.98	2.31	2.33	237.8
3	1.00	2.40	2.40	240.0
4	1.02	2.45	2.43	238.2
5	1.01	2.43	2.43	240.6
平均值	1.00	2.41	2.40	239.2

2.1.4 水化热

水化热是混凝土早期水化过程中的重要指标，主要受胶凝材料用量、水胶比、减水剂类型和掺量等影响。当水泥用量与水胶比相同时，不同配合比的混凝土的水化放热速率和水化放热量可以表征胶凝材料的水化速度和水化程度。

纤维素纤维的空腔结构和较好的亲水性，使其在水化初期吸收一部分自由水，而这部分自由水是否会影响胶凝材料的早期水化进程有待确定。采用瑞典雷特拉仪器供应公司生产的型号为 TAM air 的等温量热仪测定了基准素混凝土和纤维素纤维掺量分别是 $0.9kg/m^3$、$1.1kg/m^3$ 和 $1.3kg/m^3$ 的纤维混凝土的水泥净浆的早期（7d）水化放热量。纤维素纤维呈压扁片状，需要进行预分散：原材料称量好后将纤维倒入水中，用玻璃棒充分搅拌，至纤维分散均匀后与其他原材料混合，而后进行试验。为了排除减水剂称量误差引起的水化热试验结果误差，该试验未掺加减水剂。水泥净浆的水化放热速率随时间变化的曲线如图 2.1.4-1 所示，水化放热量随时间变化的曲线如图 2.1.4-2 所示。

由图 2.1.4-1 和图 2.1.4-2 可以看出，四组净浆的水化放热速率和水化放热量相差均不大，对于水泥水化的过程：起始期—诱导期—加速期—减速期—稳定期，五个阶段的发展基本保持一致，水化放热总量也基本相同。因此，纤维素纤维的掺入对水泥早期（7d）水化速度和水化程度基本没有影响。纤维空腔吸附的自由水在有利于后期水化的同时，不会对早期水化进程产生不利影响。

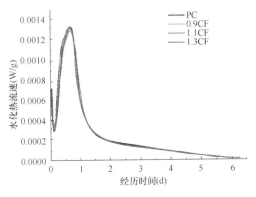

图 2.1.4-1 水化放热速率-时间曲线

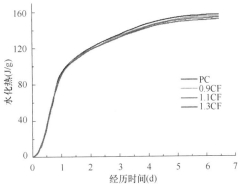

图 2.1.4-2 水化放热量-时间曲线

2.1.5 纤维在基体中的分散

纤维素纤维是微细、不导电的植物纤维，使用传统手段如：图像分析技术（image analysis）、透射 X 射线摄影技术（transmission X-rayphotography）、交流阻抗谱法（AC-impedance spectroscopy）等很难检测其分布在水泥基体中的分布情况。为了评价不导电微细有机纤维在水泥基体中的分散情况，本文利用有机纤维对水剂荧光液的吸附作用，借助紫外线 LED 光源和透反射偏光显微镜通过 CCD 拍照，通过计算定量评价纤维在硬化水泥基体中的分散度。水剂荧光液对纤维素纤维具有靶向识别功能，在紫外线灯下仅有纤维呈现出蓝色，而作为背底图像的混凝土则呈现深灰色，混凝土中的孔隙则呈现黑色，可以准确而清晰地辨别纤维的分布情况。基于这些具有很高对比度的纤维图像进行分析，提高了纤维分散度计算结果的准确性。

具体步骤如下：

（1）根据透反射偏光显微镜载物台尺寸及纤维长度，使用混凝土试件切割机切割试件，切割面不需要抛光；

（2）试件干燥后，在切割表面喷上水剂荧光液，静置 10～15min 使荧光液充分浸入试件表面纤维后，用水冲洗掉试件表面多余的荧光液，（室内环境）表面自然干燥后，放置于偏光镜下进行观察；

（3）选取物镜放大倍数为 4 倍，先用偏光镜白光光源调整物镜焦距，直至图像清晰为止，然后关闭白光光源，打开紫外线 LED 光源，浸有荧光液的纤维素纤维显示出紫色或淡蓝色，而水泥基体材料呈现深灰色；

（4）用透反射偏光显微镜内置 CCD 相机拍照，每个切割面随机选取约 60 个小区域，得到混凝土基体中纤维分布图像（图 2.1.5）；

（5）利用偏振光显微镜配套的图像处理软件，对至少三个切割面的图像进行分析，计算纤维间距平均值，统计纤维根数，定量评价纤维分散程度，计算公式见式 2.1.5。

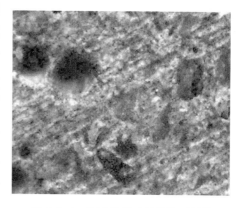

图 2.1.5　透反射偏光显微镜下纤维
在基体中的分布图像

$$\alpha = \exp\left(- \sqrt{\frac{\sum(X_i/X_{\mathrm{average}} - 1)^2}{n}}\right) \quad (2.1.5)$$

式中：n——试件某切割面所选取的二维图像的张数（张），一般取 60 张；

$\quad$ X_i——试件某切割面第 i 个图像里纤维的根数（根）；

$\quad$ X_{average}——所有图像中纤维根数的平均值（根）；

$\quad$ α——纤维分散系数，取值范围（0，1）。$\alpha \leqslant 0.5$ 时，分散性差；$\alpha > 0.5$ 时，分散性好。

根据式 2.1.5 计算得到纤维掺量为 0.9kg/m³ 的纤维素纤维混凝土中纤维的分散系数为 0.81＞0.50，分散性好。纤维在基体中的分散性与成型过程中所受的剪切力大小有关，本文采用的成型工艺中先将纤维、石子和一部分水进行搅拌，给纤维的分散提供了足够的剪切力，使其均匀分散。然而相对于生态高延性混凝土材料的均大于0.92的分散系数，分散性仍略低。主要是由于纤维素纤维混凝土中包含大量的骨料，在部分取样的照片中包含骨料，骨料中没有纤维，增加了试验数据的离散性，见表 2.1.5。

纤维素纤维在混凝土中的分散程度   表 2.1.5

参数	值
X_i（根）	17，21，20，22，25，16，26，24，25，19，21，11，19，16，11，24，14，13，27，25，19，17，12，17，22，14，24，21，26，19，27，22，15，20，12，22，17，24，17，20，16，18，23，15，18，20，23，21，14，25，21，22，19，22，17，13，21，18，19，24
$X_{average}$（根）	19.5
α	0.81

纤维素纤维在混凝土基体中均匀乱向分布，可以有效发挥其内养护效用，优化混凝土的微观结构，起到阻碍混凝土基体裂缝的萌生、发展和贯通的作用，进而提高混凝土的性能。

2.1.6   纤维在硬化基体中的微观形貌

纤维素纤维可以作为内养护纤维在空腔结构中贮存水分，促进周围基体结构的后期水化。纤维内部是否存在水化产物需要进一步确定，养护龄期为 28d 的纤维素纤维混凝土中纤维空腔的内部形貌如图 2.1.6 所示。

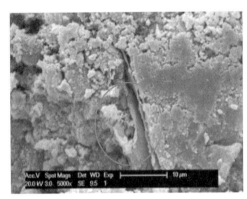

图 2.1.6   纤维素纤维在硬化混凝土基体中的 SEM 照片

从图 2.1.6 中可以看出，养护至 28d 龄期的纤维素纤维混凝土中纤维内部存在零散分布的水化产物。根据 2.1.1 节和 2.1.2 节中测得水泥颗粒最小尺寸是 2.3μm，粉煤灰颗粒最小尺寸是 0.8μm，纤维内径尺寸在 10μm 左右，水泥颗粒有足够的空间进入到纤维内部并水化，不过纤维空腔中饱有大量自由水，使空腔内水胶比大于基体水胶比，因此，纤维内部得到的水化产物零散分布且强度比基体强度低。

2.1.7　小结

（1）使用纤维单丝力学试验机对纤维素纤维单丝直径，拉伸荷载，拉伸强度与初始弹性模量进行了测试，各项性能指标均符合《水泥混凝土和砂浆用合成纤维》GB/T 21120—2018 的规定。

（2）采用激光共聚焦显微镜与扫描电镜观察纤维素纤维截面形貌，并测试得到纤维吸水率达 239.2%，纤维素纤维不仅有独特的空腔结构，而且具有较好的亲水性。使得其可以作为内养护纤维，在水化早期吸收自由水，补给后期水化所需水分。

（3）水化热试验结果表明纤维素纤维的掺入对水泥净浆早期（7d）水化过程基本没有影响，纤维空腔吸附的自由水在有利于后期水化的同时，不会对早期水化产生不利影响。

（4）纤维素纤维可以在混凝土基体中均匀分散，可以优化混凝土微观结构。

（5）纤维素纤维的空腔结构中可以吸收自由水并贮存，在后期水化过程中提供所需水分，胶凝材料中的微小颗粒也可以进入到纤维空腔中，在纤维素纤维内部生成零散分布的水化产物。

2.2　纤维素纤维混凝土制备技术

2.2.1　原材料优选

1. 胶凝材料

（1）水泥：P.Ⅱ 42.5 水泥；

（2）粉煤灰：Ⅰ级粉煤灰，比表面积 600～700m²/kg，Cl⁻含量≤0.02%，烧失量≤5.0%，SO₃含量≤3%。

2. 集料

（1）砂：河砂，中粗砂，细度模数 2.6，饱和面干，表观密度 2650kg/m³；

（2）石：石灰岩碎石，粒径范围 5～16mm、16～20mm，按照 2:3 比例混合使用，表观密度 2720kg/m³。

3. 外加剂和拌合水

（1）水：普通自来水；

（2）外加剂：PCM 聚羧酸高效减水剂，减水率 20%～25%，保坍时间 30min。

4. 纤维

（1）纤维素纤维（UF500）：单丝纤维平均长度 $L=2.1$mm，密度 1100kg/m³；

（2）聚乙烯醇纤维（PVAF）：单丝纤维长度 $L=12$mm，密度 1300kg/m³；

（3）钢纤维（SF）：单丝纤维长度 $L=30$mm，直径 $d=0.5$mm，密度 7715kg/m³；

（4）聚丙烯纤维（PPF）：单丝纤维长度 $L=12$mm，密度 900kg/m³；

（5）改性聚酯纤维（PETF）：单丝纤维长度 $L=12$mm，密度 1300kg/m³。

各种纤维形貌如图 2.2.1 所示：

图 2.2.1　各种纤维形貌

2.2.2　配合比设计与优化

某铁路隧道纤维混凝土设计的总体要求：模筑混凝土的设计强度等级为 C30，设计使用年限为一级，使用寿命为 100 年；新拌混凝土坍落度为 160～200mm，并保证在 30min 之内无坍落度损失；抗渗等级不小于 P8。

根据上述要求，配合比设计思路为：胶凝材料总量为 380kg/m³，其中粉煤灰等质量取代 30％水泥、水胶比 0.41，砂灰比 1.8，砂率 0.42，粗集料的体积含量为 38％，高效外加剂 PC-Ⅳ 掺量为胶凝材料总量的 0.8％～1.2％。在隧道潮湿环境下，混凝土中的碱含量不超过 3.0kg/m³。混凝土的基本配合比（质量比）为：水泥∶粉煤灰∶砂∶石子∶拌合水＝266∶114∶760∶1050∶155（kg/m³）。

试验设计采用掺加纤维体积率为 0.1％的有机纤维、0.5％的钢纤维或钢纤维与有机纤维复合掺加。由于纤维的品种及掺加量不同，试验共设计 12 组，每组配合比如表 2.2.2-1 所示。外加剂掺量约为胶凝材料总量的 1％，并根据新拌混凝土的坍落度微量调整外加剂掺量。

实验室混凝土配合比设计表（单位：kg/m³）　　　　　　表 2.2.2-1

编号	水泥	水	砂	石	粉煤灰	外加剂	PVAF	UF	PPF	PETF	SF
T1	266	155	760	1050	114	3.04	—	—			
T2	266	155	760	1050	114	3.04	—	0.9			
T3	266	155	760	1050	114	3.04	—	1.1			
T4	266	155	760	1050	114	3.04	—	1.65			
T5	266	155	760	1050	114	3.04			0.9		
T6	266	155	760	1050	114	3.04				1.3	—

续表

编号	水泥	水	砂	石	粉煤灰	外加剂	PVAF	UF	PPF	PETF	SF
T7	266	155	760	1050	114	3.04	1.3	—	—	—	
T8	266	155	760	1050	114	3.04	—	—	—	—	39
T9	266	155	760	1050	114	3.8	1.3	—	—	—	39
T10	266	155	760	1050	114	3.8	—	0.9	—	—	39
T11	266	155	760	1050	114	3.8	—	—	0.9	—	39
T12	266	155	760	1050	114	3.8	—	—	—	1.3	39

每组混凝土成型的试件尺寸和测试内容如表 2.2.2-2 所示。

实验室每组混凝土成型试件尺寸及测试内容　　　　表 2.2.2-2

试件尺寸（mm）	测试内容	参照标准
100×100×400	56d 弯曲强度 断裂韧性、断裂能	《混凝土物理力学性能试验方法标准》GB/T 50081—2019
	弯曲疲劳性能 冻融循环性能	《普通混凝土长期性能和耐久性能试验方法标准》GB/T 50082—2009
100×100×515	干燥收缩性能	《普通混凝土长期性能和耐久性能试验方法标准》GB/T 50082—2009
	28d/56d 抗压强度 56d 劈裂抗拉强度	《混凝土物理力学性能试验方法标准》GB/T 50081—2019
100×100×100	56d 电通量	铁道部《铁路混凝土工程施工质量验收补充标准》铁建设〔2005〕160 《普通混凝土长期性能和耐久性能试验方法标准》GB/T 50082—2009
φ150×150	抗渗性能	《普通混凝土长期性能和耐久性能试验方法标准》GB/T 50082—2009 铁道部《铁路混凝土工程施工质量验收补充标准》铁建设〔2005〕160
圆环	混凝土抗裂性能	《普通混凝土长期性能和耐久性能试验方法标准》GB/T 50082—2009

2.2.3　最佳成型工艺

1. 对于掺加纤维素纤维的混凝土试件，采用如下施工工艺：

1）将石子、砂、纤维素纤维倒入搅拌机内，均匀搅拌 10～30s；

2）将水泥、粉煤灰倒入搅拌机内，均匀搅拌 30s；

3）将减水剂倒入水中，开动搅拌机，将水缓慢均匀倒入正在工作的搅拌机中，搅拌 3min；

4）搅拌完成后关闭电源，将新拌混凝土倒出，开始成型。

2. 对于掺加其他纤维的混凝土试件，采用如下施工工艺：

1）将石子、砂、水泥、粉煤灰倒入搅拌机内，均匀搅拌 30s；

2）手工分散纤维，然后将纤维缓慢撒入正在工作的搅拌机内，纤维完全撒入后和干料共同搅拌 30s（时间可根据撒入纤维速度快慢自行调整）；

3）将减水剂倒入水中，开动搅拌机，将水均匀倒入正在工作的搅拌机中，搅拌 3min；

4）搅拌完成后关闭电源，将新拌混凝土倒出，开始成型。

3. 对于不掺加纤维的素混凝土试件，仍采用上述 2 工艺，可不进行工序 2）操作。

2.2.4 新拌混凝土的工作性能

混凝土搅拌完成后需进行坍落度、坍落扩展度、含气量、抗离析指标的测定，测定方法依照《普通混凝土拌合物性能试验方法标准》GB/T 50080—2016 和《欧洲自密实混凝土规范》（EFNARC，2002）的有关规定，测试数据如表 2.2.4 所示。表中所示纤维掺量，均为体积掺量。

实验室新拌混凝土工作性能 表 2.2.4

试验编号	纤维品种	新拌混凝土性能			
		坍落度（mm）	坍落扩展度（mm）	含气量（%）	抗离析指标（%）
T1	无	190	390×390	1.9	2.72
T2	0.08%纤维素纤维（UF）	205	360×340	2.5	0.03
T3	0.1%纤维素纤维	180	300×270	2.8	0.20
T4	0.15%纤维素纤维	190	340×340	2.6	0.08
T5	0.1%聚丙烯纤维（PPF）	180	310×340	2.0	0.19
T6	0.1%聚酯纤维（PETF）	110	—	2.9	—
T7	0.1%聚乙烯醇纤维（PVAF）	190	—	2.4	0.53
T8	0.5%钢纤维（SF）	190	400×410	2.8	0.23
T9	0.1%PVAF+0.5%SF	200	400×400	2.7	0.87
T10	0.1%UF+0.5%SF	180	360×390	2.8	0.12
T11	0.1%PPF+0.5%SF	195	380×390	2.7	1.11
T12	0.1%PETF+0.5%SF	185	—	2.3	0.15

流动性是指混凝土拌合物在自重或机械振捣作用下能产生流动，并均匀密实地填满模板的性能，一般采用坍落度试验反映新拌混凝土的流动性。通过表 2.2.4 我们可以看出：除 T6 外，包括基准混凝土在内的各组混凝土坍落度值均大于 180mm，满足隧道设计要求。当坍落度较高时，要同时测量扩展度来和坍落度综合起来分析混凝土的流动性。

新拌混凝土的含气量的测定可以用于控制硬化混凝土的质量，本试验设计为非引气混凝土，但采用的 PCM 聚羧酸减水剂具有一定的引气功能，因此从表 2.2.4 中可以看出各组混凝土的含气量基本在 2%～3% 范围内，满足小于 4% 的设计要求。

对混凝土而言，离析是由于混合料中颗粒尺寸、密度的不同，其次施工作业过程对离析也有较大的影响。离析使得混凝土的内部结构不均匀，导致混凝土的力学性能以及耐久性等性能下降。从表 2.2.4 可以看出除基准混凝土和 T11 外，其余各掺加纤维的混凝土抗离析指标均小于 1%，满足《欧洲自密实混凝土规范》（EFNARC，2002）中不大于 15% 的要求。

通过对坍落度、坍落扩展度、含气量、抗离析指标的分析可以看出，纤维混凝土具有很好的工作性能，即高流动性、适中含气量和低离析，适合应用于二次衬砌等对工作性能有较高要求的结构部位。

2.3　纤维素纤维混凝土的力学性能

2.3.1　混凝土抗压强度和抗弯强度

混凝土试件成型后静置 24h，拆除模板，送至养护室标准养护（温度 20℃±2℃，湿度 >90%），试件平放在铁架上，为使六个表面同条件养护，试件间不可接触。至 28d 和 56d 龄期时，从标养室内取出 100mm×100mm×100mm 立方体试块进行抗压强度测试，100mm×100mm×400mm 棱柱体试件进行三点抗弯强度试验，测试方法详见国家标准《混凝土物理力学性能试验方法标准》GB/T 50081—2019。所得试验数据如图 2.3.1 所示。

从图 2.3.1 中我们可以得出以下结论：

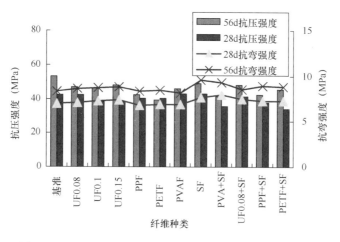

图 2.3.1　28d 和 56d 龄期混凝土抗压、抗弯强度测试结果

（1）12 个配合比混凝土在 28d 龄期时的强度等级都达到了 C30 的要求。

（2）纤维掺入后，混凝土 28d 龄期抗压强度和抗弯强度均无明显提高。这是由于 28d 龄期时混凝土内的粉煤灰活性才刚刚开始显现，粉煤灰对纤维-基体界面过渡区、石子-基体界面过渡区微观结构改善效果还未显著提高，因此，纤维混凝土的抗压强度和抗弯强度提高幅度均不明显。

（3）56d 龄期时，纤维混凝土的抗压强度增长幅度均低于基准混凝土，但抗弯强度增长幅度明显高于基准混凝土。其中，单掺 UF、PVAF 和 SF 纤维混凝土的抗压强度均高于单掺 PPF 和 PETF 混凝土；单掺 SF、PVAF 与 SF 复掺混凝土的抗弯强度相近，且均高于其他配合比混凝土。

弯压强度比是表征混凝土韧性的指标之一，是抗弯强度与抗压强度的比值。混凝土弯压强度越高，则表明其韧性越好、抵抗变形的能力越强。而混凝土的韧性越高，其抗裂性也就更优越。28d 和 56d 龄期混凝土的弯压强度比如表 2.3.1 所示。

28d 和 56d 龄期混凝土的弯压强度比   表 2.3.1

配合比编号		T1	T2	T3	T4	T5	T6	T7	T8	T9	T10	T11	T12
弯压强度比	28d	0.20	0.20	0.22	0.20	0.20	0.20	0.17	0.19	0.23	0.20	0.20	0.20
	56d	0.16	0.20	0.21	0.20	0.20	0.20	0.18	0.19	0.23	0.20	0.20	0.19

由表 2.3.1 结果可示：

（1）28d 龄期时，在单掺纤维的情况下，除了 T3（体积掺量 0.1％UF500 纤维混凝土）的弯压强度比比基准混凝土提高了 10％之外，其余类型单掺纤维混凝土的弯压强度比均与基准混凝土相当；其中，T7（体积掺量 0.1％PVA 纤维混凝土）的弯压强度比最低，比基准混凝土弯压强度比降低了 15％；在双掺纤维的情况下，只有 T9（体积掺量 0.1％PVA 与体积掺量 0.5％SF 混掺纤维混凝土）的弯压强度比高于基准混凝土，比基准混凝土弯压强度比提高了 15％；其余双掺纤维混凝土的弯压强度比均未高于基准混凝土。

（2）56d 龄期时，纤维混凝土的弯压强度比均高于基准混凝土。其中，T9（体积掺量 0.1％PVA 与体积掺量 0.5％SF 混掺纤维混凝土）的弯压强度比仍然是最高的，约为基准混凝土的 1.44 倍；T3（体积掺量 0.1％UF500 纤维混凝土）的弯压强度比略低于 T9，约为基准混凝土的 1.31 倍。

综合分析图 2.3.1 和表 2.3.1 结果可知，在单掺纤维的情况下，UF500 纤维的混凝土韧性不仅优于基准混凝土，而且也略优于其他类型纤维混凝土。在纤维双掺的情况下，UF500 纤维与钢纤维双掺的混凝土韧性并未显著提高，而 PVA 与钢纤维双掺的混凝土韧性最高。

2.3.2 弯曲荷载作用下混凝土韧性

混凝土韧性即混凝土材料在荷载作用下的破坏过程中的能量吸收值，其实质是混凝土断裂临界点以前材料内部积累起来的最大弹性能迅速转化为主裂缝断裂表面能的能量转化过程。混凝土材料韧性越高，其变形能力越强，抵抗裂缝扩展的能力越高，在具有较大变形能力要求的工程中，韧性是一项重要的力学性能指标。

目前混凝土韧性包括弯曲韧性、断裂韧性和冲击韧性。在隧道二次衬砌结构中主要承受静力荷载和少量动荷载（如风荷载）作用，而且纤维具有一定的阻裂作用，故本文不考虑重物对衬砌撞击和某一条主裂缝的独立扩展，只以弯曲荷载作用下混凝土的韧性（以下简称弯曲韧性）为考察要点。

试验设备为 TONINORM2000 闭环液压伺服试验机，试验采用三等分点加载进行四点抗弯试验，跨度为试件高度的三倍，即 300mm，加载点距支座距离分别为三分之一跨度，试验加载示意图见图 2.3.2-1。加载过程采用位移控制，控制速率为 0.025mm/min。纤维混凝土试件尺寸为 100mm×100mm×400mm，测试的试件即 T1、T2、T4、T7、T8，试验所得荷载-位移曲线如图 2.3.2-2 所示。

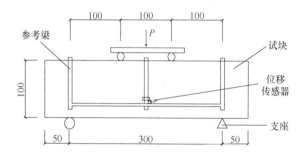

图 2.3.2-1　四点抗弯试验加载示意图（单位：mm）

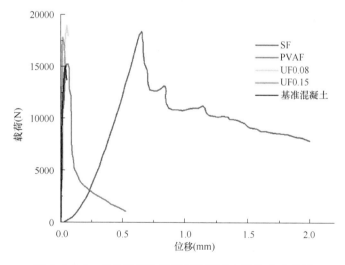

图 2.3.2-2　弯曲荷载作用下纤维混凝土荷载-位移曲线

目前对于混凝土韧性的评价手段多从宏观力学行为角度出发，韧性的定义即为材料或结构在荷载作用下达到破坏或失效为止吸收能量的能力，归纳为四种方法：能量法、强度法、能量比值法和特征点法。本文对于韧性的评价采用目前较为普遍采用的能量法，即以荷载-位移曲线所包围的面积大小作为衡量混凝土韧性的标准，如表2.3.2所示。

各组纤维混凝土韧性指标 表 2.3.2

试件编号	T1	T2	T4	T7	T8
掺加纤维种类	基准混凝土	UF500 0.08%	UF500 0.15%	PVAF	SF
曲线面积（kN·mm）	2.52	2.87	3.02	16.26	40.35

从表2.3.2的所示结果可知，纤维混凝土的韧性相较基准混凝土均有所改善，其中钢纤维、聚丙烯醇纤维改善效果较为明显，其面积分别增大16倍和6.5倍，纤维素纤维改善效果不明显，提高20%左右，而且随着纤维素纤维体积掺量的增大，其提高幅度也随之增大。

2.4 纤维素纤维混凝土的抗裂性能

2.4.1 早期塑性抗裂性能

（1）平板法试验的基本原理

平板法试验是由美国土木工程协会（ACI）提出，以 ASTM C1579 规范形式制定的实验方法，用于受限制条件下纤维混凝土塑性收缩裂缝的控制，比较掺纤维素纤维混凝土板与未掺纤维混凝土板在早期塑性阶段的表面开裂情况。

混凝土浇筑于矩形平板模中（图 2.4.1-1），深102mm，最小表面积为 0.16m²，

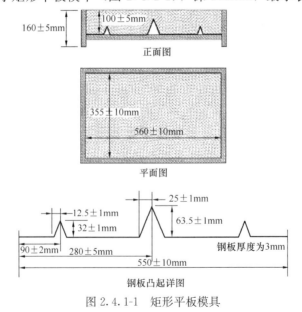

图 2.4.1-1 矩形平板模具

矩形尺寸为 356mm×559mm，底部装有两个高为 31.7mm 约束凸起，分别位于模内距各端 102mm 的地方，给混凝土提供约束力。模子中央高 63.5mm 的凸起则作为塑性收缩裂缝的诱发带。

试验采用能够在试件表面产生最小风速为 16.1km/h 气流（模拟风力三级以上的大风天气）的电风扇和可使混凝土表面温度大于 30℃ 的碘钨灯（模拟夏天的高温天气），目的是给混凝土表面创造加速水分蒸发的条件（属于加速试验，该试验条件比工程实际条件苛刻得多）。试验装置和试验过程如图 2.4.1-2 所示。

图 2.4.1-2　平板法试验现场图

混凝土早期塑性抗裂性能通过如下指标进行评价：

初裂时间：从浇筑混凝土入模开始计时，混凝土平板出现第一条裂纹的时间；

开裂量和累计裂缝面积：通过对每块混凝土板的裂缝数和每条裂缝的长度和宽度进行测量，并将各条裂缝的面积累加，得到累计裂缝面积；

改善率：纤维混凝土试件的累计裂缝面积占基准混凝土试件累计裂缝面积的百分数。

（2）早期塑性开裂试验结果及结论

平板法采用配合比与校内试验所用配合比一致，由于试验分 3 天完成，因此每天试验都需要成型基准混凝土一组。试验配合比如表 2.4.1-1 所示。

平板法校内试验用混凝土配合比（kg/m³）　　　　　　　　　表 2.4.1-1

编号	水泥	水	砂	石	粉煤灰	外加剂	PVAF	UF	PPF	PETF	SF
T1	266	155	760	1050	114	3.04	—	—	—	—	—
T2	266	155	760	1050	114	3.04	—	0.9	—	—	—
T3	266	155	760	1050	114	3.04	—	1.1	—	—	—

编号	水泥	水	砂	石	粉煤灰	外加剂	PVAF	UF	PPF	PETF	SF
T4	266	155	760	1050	114	3.04	—	1.65	—	—	—
T5	266	155	760	1050	114	3.04	—	—	0.9	—	—
T6	266	155	760	1050	114	3.04	—	—	—	1.3	—
T7	266	155	760	1050	114	3.04	1.3	—	—	—	—
T8	266	155	760	1050	114	3.04	—	—	—	—	39
T9	266	155	760	1050	114	3.8	1.3	—	—	—	39
T10	266	155	760	1050	114	3.8	—	0.9	—	—	39
T11	266	155	760	1050	114	3.8	—	—	0.9	—	39
T12	266	155	760	1050	114	3.8	—	—	—	1.3	39

成型完毕后立即浇筑到矩形平板模具内，然后开启电扇和碘钨灯，同时记录当时时间 t_1，每隔 10min 左右观察是否出现明显的贯穿裂缝，若发现即记录当时时间 t_2，t_2 与 t_1 之差即为混凝土初裂时间，若 $t_1 > 4h$ 后混凝土仍未开裂试验停止。试验结果如表 2.4.1-2 所示，现场每块平板的开裂情况如图 2.4.1-3 所示。

平板法量测混凝土早期塑性收缩裂缝试验结果 表 2.4.1-2

试验日期	纤维品种	掺量 （kg/m³）	初裂时间 （min）	裂缝总面积 （mm²）	改善率 （%）
2009.8.25	基准	—	95	288.94	—
	PPF	1.3	67	188.07	32.9
	UF500	0.9	—	—	100
	UF500	1.1	—	—	100
	UF500	1.65	—	—	100
2009.8.26	基准	—	95	309.14	—
	PETF	1.3	140	98.16	68.2
	PVAF	1.3	—	—	100
	SF	39	—	—	100
	UF500＋SF	39＋1.3	—	—	100
2009.8.27	基准	—	95	292.76	—
	PETF＋SF	1.3＋39	65	89.87	69.5
	PPF＋SF	1.3＋39	70	110.46	62.5
	PVAF＋SF	1.3＋39	—	—	100

注：改善率即基准混凝土裂缝总面积与纤维混凝土裂缝总面积的差值与基准混凝土裂缝总面积的比值。

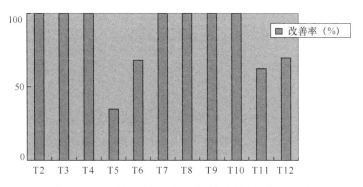

图 2.4.1-3　纤维混凝土早期塑性开裂改善情况对比

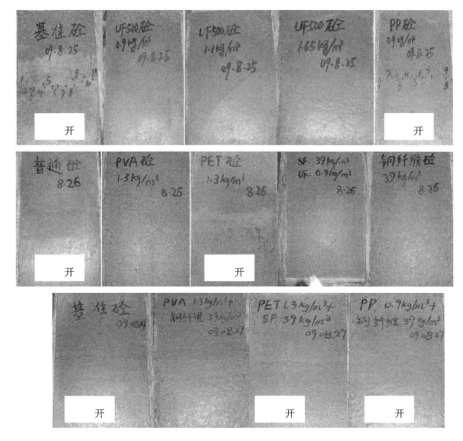

图 2.4.1-4　平板法测纤维混凝土塑性开裂现场混凝土开裂情况（按试验日期排列）

从图 2.4.1-3、图 2.4.1-4、表 2.4.1-2 可以得出如下结论：

（1）纤维对于混凝土早期塑性收缩具有很强的抑制作用，混凝土中加入纤维后，无论是否开裂，裂缝总面积与基准混凝土相比均有很大的减少，甚至不开裂。

（2）单掺 UF500、PVAF、SF 及 UF500、PVA 与 SF 复掺的混凝土均未开裂，

改善率达到 100%，达到国标一级抗裂标准（改善率 75% 以上）；而同等条件下，单掺 PPF、PETF 混凝土的早期塑性开裂改善率分别为 32.9%、68.2%，未达到国标一级抗裂标准的要求。

（3）PPF、PETF 与 SF 复掺的混凝土均产生塑性开裂，其早期塑性开裂改善率分别为 62.5% 和 69.5%，均未达到国标一级抗裂标准的要求；而 UF500、PVA 与 SF 复掺的混凝土的早期塑性开裂改善率均为 100%，达到国标一级抗裂标准。

（4）PPF 对混凝土塑性开裂的阻裂性能最差，但与 SF 复掺时改善率略有提高；PETF 与 SF 复掺较 PET 单掺对裂纹改善率没有影响。

2.4.2　综合抗裂性能

圆环试验可用来研究由于自收缩和干燥收缩产生的自应力对混凝土综合抗裂性能的影响。在混凝土浇筑入圆环模子之后，在试验温度 20℃±2℃，相对湿度 50%±5% 条件下养护 1d 之后拆模，静态数采仪开始记录各个钢圆环内壁在不同龄期时的应变值，数据采集频率为 30min/次。可根据这些应变值，在已知钢模自身弹性模量的基础上，计算出在不同龄期时混凝土由于收缩而产生的内应力。圆环试件及试验装置如图 2.4.2-1 所示。

图 2.4.2-1　圆环试件及测试装置

为了便于指导纤维混凝土在棋盘山隧道二次衬砌中的应用，对比分析单掺 UF500 和其他两种类型有机纤维混凝土的综合抗裂性能，于 2009 年 9 月 10 日，成型了 6 组混凝土的圆环试件进行测试。这 6 组混凝土包括：基准混凝土、3 个掺量 UF500 混凝土、0.1% 体积掺量 PVAF 混凝土、0.1% 体积掺量 PETF 混凝土。试验环境和测试制度同上所述。

由于混凝土中粗骨料的存在，使混凝土环表面水分蒸发受到一定的阻碍，从而使混凝土外表面不能沿圆环均匀地收缩；再加上粗骨料和纤维对裂缝具有限制作用，使混凝土不易在短时间内开裂。测试期达 28d 时，6 组混凝土圆环试件均未发生开裂。

其不同龄期的钢环内壁的净应变曲线和计算得到的不同龄期混凝土平均内应力速率，分别示于图 2.4.2-2、图 2.4.2-3 中。

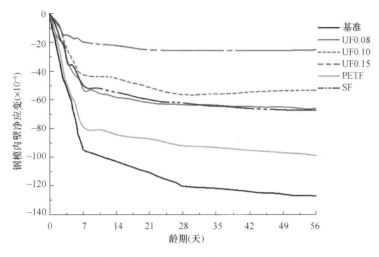

图 2.4.2-2　不同龄期混凝土的应变曲线

由图 2.4.2-2 和图 2.4.2-3 可知：

基准混凝土钢环内壁净应变值在不同龄期时均大于其他 5 组混凝土；不同龄期 UF500 纤维混凝土钢环内壁净应变值均小于 SF 和 PETF 混凝土，而且该值随 UF500 纤维掺量的增加而减小；不同龄期 SF 混凝土钢环内壁净应变值均与体积掺量 0.08％UF500 纤维混凝土的相近；不同龄期 PETF 混凝土钢环内部净应变值始终处于 SF 混凝土与基准混凝土之间。

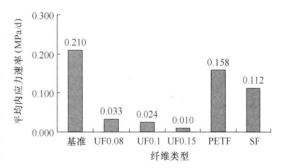

图 2.4.2-3　不同龄期混凝土的平均内应力速率

根据 ASTM C1581-04 的规范规定，当龄期超过 28d 时，混凝土平均应力速率若小于 0.10MPa/d，则混凝土开裂的可能性很小；若平均应力速率介于 0.10～0.17 MPa/d 之间，则混凝土开裂的可能性较小；若平均应力速率介于 0.17～0.34MPa/d 之间，则混凝土开裂的可能性较高；若平均应力速率大于 0.34MPa/d，则混凝土开裂的可能性很大。由图 2.4.2-3 可知，当龄期超过 28d 时，基准混凝土开裂的可能性较大，PETF 和 SF 混凝土开裂的可能性较小，而三个掺量 UF500 纤维混凝土开裂的可能性很小。

2.4.3　干燥收缩

本试验目的是测定混凝土试件在规定的温湿度条件下，不受外力作用和边界条件约束时所引起的长度变化。收缩值越大，则在受边界条件约束时发生开裂的可能性就越大。2009 年 8 月 4 日至 9 月 6 日在东南大学实验室进行了混凝土干燥收缩试验。试件成型之后带模养护 1d，拆模后移入标准养护室养护 3d 后，从标养室移入收缩实验室，开始进行干燥收缩试验。试验采用立式收缩仪，试验环境温度 20℃±2℃，相对湿度 60%±5%。干燥收缩试验情况如图 2.4.3-1 所示。

图 2.4.3-1　干燥收缩试验照片

试验数据的测量按以下制度执行：

龄期 1～7d 每天记录千分表读数两次，两次读数时间间隔为 4～8h；

龄期 8～14d 每天记录千分表读数一次；

龄期 15～28d 每两天记录千分表读数一次；

龄期 29～90d 每七天记录千分表读数一次，特别记录 45d、60d、90d 龄期时的读数；

龄期 90d 之后，每 30 天记录一次，即 120d、150d、180d 龄期时的读数。

现将 28d 龄期之前的试验数据汇总，如图 2.4.3-2 所示：

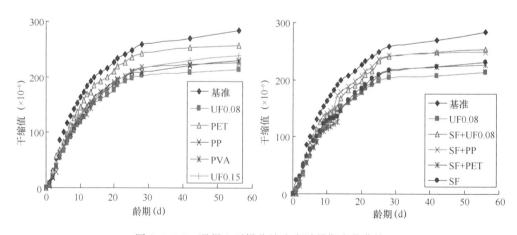

图 2.4.3-2　混凝土干燥收缩应变随龄期变化曲线

从图 2.4.3-2 可以看出，随龄期的增长，混凝土的干燥收缩值逐步增长，但前 7d 明显较快，后期随着龄期的增长，收缩值增长程度逐步下降。掺加纤维后混凝土干燥收缩值均比基准混凝土有所减小。其中，单掺体积分数 0.08％UF500 纤维混凝土在不同龄期时的干燥收缩值，始终是 12 组配合比混凝土中最小的；单掺 PPF 和 PETF 或二者分别与 SF 复掺的混凝土，在不同龄期时的干燥收缩值均高于其他纤维混凝土，但低于基准混凝土。

2.5　纤维素纤维混凝土的耐久性能

2.5.1　电通量

电通量是表征电场分布情况的物理量。利用电通量测试仪测量通过混凝土的电压值、电通量累积值，可以快速评价混凝土的渗透性高低，即混凝土抵抗氯离子渗透能力评价方法，简称电量法。而混凝土的渗透性又是影响混凝土的抗冻融循环性能和耐久性能的重要因素，因此，混凝土的电通量是混凝土耐久性的重要评价指标。电量法适用于高中等强度混凝土的渗透性评价。

本试验采用全自动混凝土电通量测定仪（图 2.5.1-1），混凝土试件尺寸为 100mm×100mm×50mm（长×高×厚），试验消耗溶液为 0.3mol/L 的 NaOH 溶液和 3％质量百分比的 NaCl 溶液。测试前，混凝土均在真空饱水机（如图 2.5.1-1 所示）中浸泡 12h，水温 20℃。

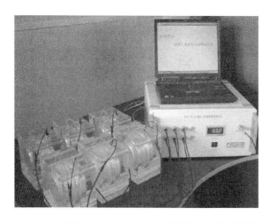

图 2.5.1-1　全自动混凝土电通量测定仪及试件预处理设备

由于该测试方法不适用于钢纤维混凝土抗氯离子渗透性的评价，因此，仅对 56d 龄期的基准混凝土和 6 组单掺有机纤维混凝土的电通量进行测试。测试结果如图 2.5.1-2所示。

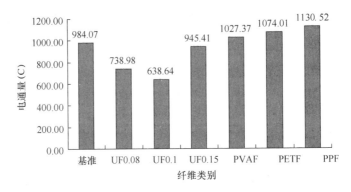

图 2.5.1-2　基准和单掺有机纤维混凝土 56d 龄期时的电通量

由 7 组电通量测试结果示出：

56d 龄期基准混凝土和单掺有机纤维混凝土的电通量均未超过 1200C，满足铁路隧道耐久性的要求。

三个掺量 UF500 纤维混凝土的电通量均小于基准混凝土，且均未超过 950C。其中，当 UF 体积掺量不超过 0.1％时，混凝土电通量随着纤维掺量的增加而降低；而当 UF 体积掺量超过 0.1％时，混凝土电通量随着纤维掺量的增加而升高。

在体积掺量均为 0.1％条件下，除了单掺 UF500 纤维混凝土之外，单掺其他类型有机纤维（PPF、PETF 和 PVAF）混凝土的电通量却均高于基准混凝土，均介于 1000～1200C 之间。其中，单掺 PPF 混凝土的电通量最大，更接近于 1200C。而且，单掺 PVAF、PETF 和 PPF 混凝土的电通量分别是同体积掺量 UF500 纤维混凝土的 1.6 倍、1.7 倍和 1.8 倍。这表明：在单掺相同体积掺量的 4 种有机纤维的情况下，UF500 纤维的掺入，对于提高混凝土抵氯离子渗透的能力最显著。

2.5.2　抗渗性能

混凝土的抗渗性用抗渗等级（P）或渗透系数来表示。我国标准采用抗渗等级。抗渗等级是以标准试件按标准试验方法进行试验时所能承受的最大水压力来确定。

图 2.5.2-1　水泥混凝土水压力抗渗仪

《混凝土质量控制标准》GB 50164—2011 根据混凝土试件在抗渗试验时所能承受的最大水压力，混凝土的抗渗等级划分为 P4、P6、P8、P10、P12 等五个等级。相应表示混凝土抗渗试验时一组 6 个试件中 4 个试件未出现渗水时的最大水压力。试验要求的抗渗水压值应比设计值提高 0.2MPa。

该试验采用水泥混凝土水压力渗透仪（图 2.5.2-1）进行测试，试件尺寸：上口直径 175mm，下口直径 185mm，高 150mm。试件成型后 24h 拆模，用钢丝刷刷净两端面水泥浆膜，在标准养护室养护。因本课题所配置的混凝土中均掺入了 30% 质量分数的粉煤灰，则需等混凝土龄期达到 56d 时才进行抗渗性能测试。待混凝土 56d 龄期时取出，擦干表面，用钢丝刷刷净两端面，待表面干燥后，采用由黄油和水泥调配而成的新型密封材料将试件密封于渗透模具中。将带模具的混凝土试件安装于渗透仪上，进行试验。试验步骤遵循根据《混凝土物理力学性能试验方法标准》GB/T 50081—2019 中普通混凝土抗渗试验方法的有关规定。本试验对 12 个配合比混凝土采用的最大水压力达到 15MPa 时，仍未出现透水现象，抗渗试验结束。此时，混凝土的抗渗等级为 P12，满足铁路隧道耐久性要求。将抗渗试验结束后的混凝土试件劈开，量测混凝土内部的渗水高度，取平均值，绘于图 2.5.2-2。

由图 2.5.2-2 可知：

（1）除了 T11（体积分数 0.1%PVAF 与体积分数 0.5%SF 复掺的纤维混凝土）的渗水高度与基准混凝土相当之外，其余配合比的纤维混凝土的渗水高度均明显小于基准混凝土。其中，单掺 UF500 的三个配合比纤维混凝土和 UF500 与 SF 复掺的混凝土，其渗水高度均明显小于其他配合比纤维混凝土，而且混凝土渗水高度随着 UF 纤维掺量的增加而减小。

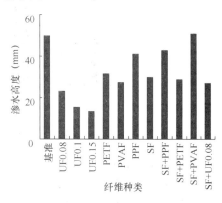

图 2.5.2-2　混凝土渗水高度测试结果

（2）PPF 单掺或与 SF 复掺时，混凝土的渗水高度均无明显减小；PETF 与 SF 复掺时的混凝土渗水高度略小于 PETF 单掺的混凝土；PVAF 与 SF 复掺的混凝土渗水高度反而明显大于单掺 PVAF 时的混凝土，这可能是由于在混凝土制备过程中，PVAF 与 SF 纤维在混凝土内部分布不均匀所致。

2.5.3　碳化性能

碳化被普遍认为是一般大气环境下混凝土结构耐久性退化的主要原因之一。这主要是由于一般大气环境下，混凝土在服役过程中所接触到的侵蚀性介质以 CO_2 为主，而基本上不会接触到诸如 Cl^-、SO_4^{2-} 等侵蚀性介质。混凝土碳化现象本身对混凝土的危害并不明显，一定程度的碳化甚至还能够提高混凝土表面层的密实度。但是由于碱性物质的含量减少，使得混凝土内部的钢筋周围的 pH 值不能维持在钢筋钝化膜稳定存在所需的 11.5 以上，从而诱发钢筋的锈蚀，造成构件整体的承载能力下降，引发一系列严重后果。

碳化时间过长，会造成水泥石内部化学构成的巨大变化，孔隙结构变差。混凝土会出现开裂、强度下降，表面疏松、变脆等后果。还有碳化收缩也是大气环境下硬化后混凝土服役期间的主要收缩来源之一。

本试验混凝土试件尺寸是 100mm×100mm×400mm，试验测试结果如图 2.5.3 所示。

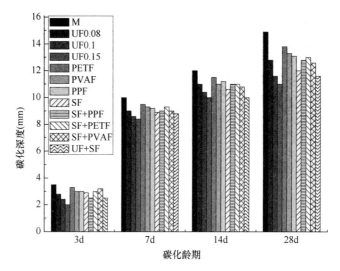

图 2.5.3　各组纤维混凝土的碳化深度

由图 2.5.3 中可知：

（1）从增长趋势上看，不同类型纤维混凝土都是碳化前期增长幅度较大，碳化后期会逐渐减小，碳化 7d 后增长趋势比较缓慢。

（2）在 3d，7d，14d，28d 各个龄期，纤维混凝土的碳化深度都比基准混凝土小；三组 UF 混凝土的碳化深度在单掺纤维混凝土中都比较小，且碳化深度随着 UF 掺量的增加而减小；SF 混凝土介于体积掺量 0.08％UF 混凝土和体积掺量 0.1％UF 混凝土之间；PETF、PVAF、PPF 混凝土介于基准混凝土和 UF 混凝土之间。可见 UF 混凝土的抗碳化能力是较优越的。

（3）纤维的加入均匀分布于混凝土中，改善了混凝土基体的微观结构使混凝土更加密实，CO_2 较难渗入且扩散速度降低，碳化速率减缓，表现为同龄期下碳化深度减小。

（4）在 12 组混凝土中，体积掺量 0.15％UF 混凝土的碳化深度最小，其次是 UF ＋SF 复掺混凝土；有机纤维与钢纤维复掺混凝土的碳化深度比有机纤维单掺混凝土略小些，这表明纤维复掺出现正效应，对纤维混凝土抗碳化性能有促进作用。

2.5.4　抗冻性能

冻融破坏是指混凝土在浸水饱和或潮湿状况下，由于温度正负交替变化（气温或水位升降），使混凝土内部孔隙水形成静水压、渗透压及水中盐类的结晶压等，产生疲劳应力，造成混凝土由表及里逐渐剥落的一种破坏现象。

抗冻试验采用混凝土试件尺寸 100mm×100mm×400mm，采用混凝土快速冻融试验机，一次冻融循环历时 2.5h，每 50 次循环测试混凝土试件的质量和频率，其剩余相对质量和相对动弹性模量随冻融循环次数变化曲线如图 2.5.4-1 和图 2.5.4-2 所示。

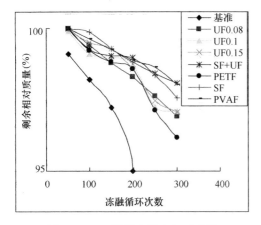

图 2.5.4-1　混凝土剩余相对质量

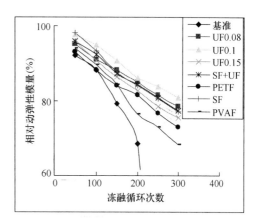

图 2.5.4-2　混凝土相对动弹性模量

由上图可知，基准混凝土在经历 200 次冻融循环后质量损失超过 5%，根据《普通混凝土长期性能和耐久性能试验方法标准》GB/T 50082—2009，当试件质量损失达到 5% 或相对动弹性模量损失达到 60% 时即终止试验。而其他各组纤维混凝土试件均达到 300 次冻融循环。就纤维素纤维而言，掺加体积含量 0.1% 时，其质量损失和相对动弹性模量损失均小于体积含量 0.08% 和 0.15% 时，而体积含量为 0.08% 时次之，体积掺量 0.15% 时效果最差；就各种纤维而言，改性聚酯纤维虽然达到 300 次冻融循环，但质量及相对动弹性模量损失都较大，相对而言，纤维素纤维、钢纤维及纤维素纤维与钢纤维混掺时冻融效果最佳。

2.5.5　疲劳-抗渗耦合

疲劳-抗渗性能是用以定量评价在服役期内经受列车进入和驶出隧道时诱发的空气动力学效应（即：空气正压力与负压力循环）作用下的二衬混凝土抗裂和抗渗能力。

疲劳可定义为材料在承受反复荷载作用时，其内部发生的一系列渐变过程。在混凝土中，这些变化多与内部微裂纹的逐步增长有关，引起结构大量不可恢复的塑性变形直至最终疲劳破坏。从细观角度来看材料原有的微观结构受到破坏，从宏观角度证实材料的力学性能有所改变。疲劳荷载分为两种类型：低循环荷载和高循环荷载。低循环荷载的特征是循环次数少但应力数值高，而高循环荷载的特征是循环次数多但应力水平比较低。混凝土在疲劳荷载作用下内部会产生裂纹的张开与闭合，并产生损伤累积导致裂纹的联通，进而使有害气体的扩散能力提高。若二衬混凝土材料在空气动力学效应作用下发生开裂，则隧道内的有害气体或液体会渗入混凝土内部，并与水泥石发生一系列的物理化学作用，导致混凝土出现破坏，而混凝土渗透性的高低则可用于表征混凝土抵抗外部有害气体或液体侵蚀的能力。因此，疲劳应力作用下的混凝土抗渗性是提高和保证高速铁路隧道二衬结构混凝土长期服役特性的关键性能。

本课题的疲劳-抗渗性能试验主要针对基准混凝土、单掺纤维素纤维混凝土（掺量分别为0.08%和0.1%）、单掺钢纤维混凝土、钢纤维与纤维素纤维复掺的混凝土共五个配合比。棱柱体试件尺寸为100mm×100mm×400mm，龄期为90d。本课题的疲劳试验在MTS810电液伺服试验机上进行（图2.5.5-1），采用四点弯曲加载方式，试验选用应力水平为0.5，加载频率为15Hz。气渗试验采用POROSCOPE手持式气渗仪，如图2.5.5-2所示。测试时，实时监测混凝土应变值随循环次数的变化曲线，并在疲劳前和每经历50万次荷载循环之后测试空气渗透系数，用以评价混凝土的疲劳－抗渗性能。若试件达到200万次疲劳而不发生承载力丧失等现象，试验结束。试验过程中采集到的疲劳应变如图2.5.5-3所示，经历不同疲劳荷载循环次数之后的空气渗透系数测试结果如图2.5.5-4所示。

图 2.5.5-1　疲劳试验现场加载情况

图 2.5.5-2　疲劳荷载作用下混凝土抗渗性能试验现场（持荷状态下测试气渗系数）

所有混凝土试件均达到200万次疲劳寿命。从图2.5.5-3中可以看出，混凝土疲劳应变值随循环次数的增加而增长，呈现出在循环比0～0.3时增长速率较快，而0.3～1时增速变缓的现象（普通混凝土在0.9后应变值增速有变大的趋势，即可能

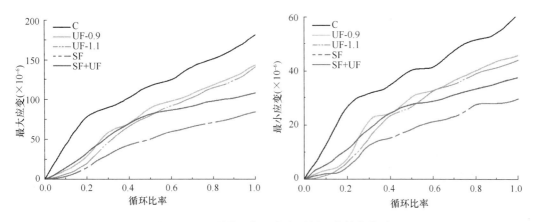

图 2.5.5-3　纤维混凝土应变随循环次数变化图

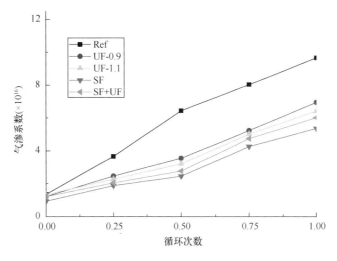

图 2.5.5-4　疲劳荷载作用下混凝土气渗系数

发生断裂）。纤维混凝土相较普通混凝土，伴随循环次数的增长，应变累积值始终小于普通混凝土，其中钢纤维的效果较纤维素纤维混凝土更为明显。

从图 2.5.5-4 可以看出，混凝土的抗气渗系数随循环次数的增加而增大，且增大趋势基本符合线性规律。其中，纤维混凝土在不同疲劳阶段的气渗系数均低于普通混凝土（约为普通混凝土的 30%～50%），但略高于钢纤维混凝土和钢纤维与纤维素纤维复掺混凝土的测试结果。而且，纤维素纤维掺量变化对混凝土不同疲劳阶段的气渗系数影响不明显。

2.6　纤维素纤维混凝土高温抗爆裂性能

纤维素纤维在提高混凝土的抗裂性、耐久性等方面效果显著，在高铁隧道、地铁隧道、城市地下管道等结构中有很好的应用前景。纤维素纤维混凝土在我国已经开始应用，如 2010 年在贵广铁路某段隧道内作为二次衬砌结构，很好地发挥了其阻裂、耐久性优的特点。但是，纤维素纤维混凝土广泛应用前，其耐火性能是需要研究解决的重要问题之一。

火灾发生时，温度快速升高会使混凝土发生爆裂，是毫无征兆的爆炸性破坏，使混凝土保护层大面积剥落，钢筋过早暴露于高温环境下，结构产生疏松，最终丧失结构承载力。而且，隧道、地下管道等结构所处环境相对封闭，与地面建筑相比，发生火灾后救援工作更加困难，保证结构完整性争取救援时间就成为隧道结构混凝土防火性能的研究重点。

交通隧道火灾的频繁发生，带来了重大的人员伤亡和经济损失。1999 年 1 月意大利的勃郎峰公路隧道发生火灾，火情持续了 53h，造成 39 人死亡，30 余辆车烧毁；1995 年阿塞拜疆巴库地铁发生火灾，造成 558 人死亡，269 人受伤；1979 年 10 月美国旧金山某地铁火灾，造成 1 人死亡，56 人受伤，地铁车辆烧毁 5 辆，损坏 12 辆，直接经济损失 800 万美元。火灾严重威胁隧道结构安全，交通隧道防火研究已经成为各领域学者关注的热点之一。目前为止，国内外学者针对不同种类纤维增强混凝土的耐高温性能做了很多研究，包括钢纤维、聚丙烯纤维、聚乙烯醇纤维等，针对纤维素纤维混凝土的耐高温性能还鲜见报道。

本文研究的纤维素纤维具备独特的空腔结构和很好的亲水性，可以有效优化混凝土的内部结构，提高混凝土的耐久性等。除此之外，在高温作用下纤维素纤维混凝土的抗爆裂性能也是必须研究的重点问题。本节对纤维素纤维混凝土在 300℃、600℃、800℃ 和 1050℃ 下，分别保温 2.5h、4h 和 5.5h 后的宏观性能进行了测试，并采用 SEM、XRD、MIP 和热分析等微观技术手段，初步探索了纤维素纤维混凝土在高温作用后的劣化规律及微观机理。

2.6.1　外观特征

经历高温作用后混凝土试件的外观如图 2.6.1 所示，图 2.6.1（a）为纤维素纤

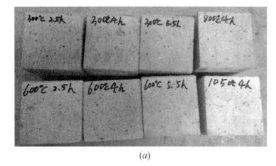 

| (a) | (b) |

图 2.6.1　混凝土受高温作用后的外观

（a）纤维素纤维混凝土高温作用后的外观；（b）两组混凝土高温后外观对比

维混凝土经历不同高温温度和不同保温时间后的外观特征，图 2.6.1（b）中是基准素混凝土与纤维素纤维混凝土在不同高温温度作用后的外观特征对比，混凝土碎块是温度升高到 800℃ 过程中素混凝土发生炸裂，留下的残块。表 2.6.1-1 和表 2.6.1-2 分别对两组混凝土的外观形式变化进行了说明。

基准素混凝土受高温作用后的外观特征　　　　　　　　　　表 2.6.1-1

温度（℃）	保温时间（h）	颜色	开裂	掉皮	缺角	疏松	爆裂
300	2.5	微红	否	否	否	否	否
	4	微红	否	否	否	否	否
	5.5	浅灰色	微裂纹	否	否	否	否
600	2.5	灰	微裂纹	否	否	否	否
	4	灰	微裂纹	否	否	否	否
	5.5	灰	微裂缝	否	轻微	否	否

纤维素纤维混凝土受高温作用后的外观特征　　　　　　　表 2.6.1-2

温度（℃）	保温时间（h）	颜色	开裂	掉皮	缺角	疏松	爆裂
300	2.5	微红	否	否	否	否	否
	4	微红	否	否	否	否	否
	5.5	微红	否	否	否	否	否
600	2.5	灰	否	否	否	否	否
	4	浅灰	否	否	否	否	否
	5.5	浅灰	微裂纹，少	否	否	否	否
800	2.5	浅灰	微裂纹	否	否	否	否
	4	灰白	微裂纹	否	轻微	否	否
	5.5	灰白	微裂纹	否	轻微	否	否
1050	2.5	乳白	贯穿裂纹	否	轻微	否	否
	4	乳白	贯穿裂纹	轻微	轻微	否	否
	5.5	乳白	贯穿裂纹	轻微	轻微	否	否

　　未掺纤维的基准素混凝土在温度达到 700～800℃ 过程中，均出现爆炸声，发生爆裂，因此基准素混凝土没有进行 800℃ 和 1050℃ 的高温性能相关试验。纤维素纤维混凝土升温至 1050℃，未发生爆裂。如图 2.6.1，表 2.6.1-1 和表 2.6.1-2 所示，混凝土经历高温作用后，颜色由室温下的深灰色逐渐变浅。温度为 300℃，不同保温时间作用后，基准素混凝土基本变为浅灰色，偏红，纤维素纤维混凝土颜色也与常温下接近，呈偏红色，六组试件均未发生掉皮、缺角、疏松和爆裂，无肉眼可见裂纹。600℃ 保温不同时间后，基准素混凝土均为浅灰色，表面孔洞增多，出现贯通细小微裂纹，且随保温时间的延长，颜色变浅，裂纹及孔洞增多，除 5.5h 后有轻微缺角外，均无掉皮、缺角、疏松和爆裂。纤维素纤维混凝土也呈浅灰色，随保温时间延长逐渐变浅，表面有少量孔洞，除保温 5.5h 表面有少量微裂纹外均未发生表面开裂，三组试件都未发生掉皮、缺角、疏松和爆裂。温度继续升高，在内部热应力及孔隙水压力下基准素混凝土发生爆裂，纤维素纤维混凝土则未发生爆裂。800℃ 保温不同时间后，纤维素纤维混凝土呈灰白色，表面孔洞变大，出现贯通的微裂纹，随保温时间的延长颜色变浅，裂纹及孔洞增多，有轻微缺角。温度升高至 1050℃ 之后，混凝土变为乳

白色，表面裂缝全部贯通，裂缝变宽，边角出现轻微翘曲，表面轻微掉皮和缺角，但仍保持结构完整性。

2.6.2 物理性能

随着温度的升高，混凝土试块的物理化学状态逐渐发生变化。200℃左右，炉口开始有少量明显可见的水蒸气逸出，这主要是混凝土内部的游离水蒸发后在炉内聚集，最后逸出。温度持续升高，混凝土内部的水化产物 $Ca(OH)_2$ 开始脱水，水蒸气白雾逐渐变浓，而后逐渐减小。600℃左右，炉口的白雾基本消失，此时混凝土的大部分水分已失去。高温作用后混凝土试件会由于失水导致质量损失，可以根据混凝土试件受高温作用后的质量损失率表征其在某温度下的失水情况。

温度升高过程中，产生的孔隙水（汽）压力和热应力等，都会对混凝土微结构产生较大的破坏。使用无损检测超声检测法计算相对动弹性模量是表征混凝土高温作用后的损伤程度有效手段。

高温作用后混凝土试件的质量损失率和相对动弹性模量试验结果见表2.6.2。

高温作用对混凝土物理性能的影响　　　　　　　　　　　　表 2.6.2

混凝土	温度 (℃)	保温时间 (h)	质量 (kg)	质量损失率 (%)	超声声时 (μs)	相对动弹性模量 (%)
C0-PC	20	—	2.394	—	22.30	—
	300	2.5	2.309	3.6	25.44	76.8
		4	2.245	6.2	27.33	66.6
		5.5	2.211	7.6	28.88	59.6
	600	2.5	2.191	8.5	47.75	21.8
		4	2.114	11.7	54.65	16.7
		5.5	2.089	12.7	59.67	14.0
C1-CFRC	20	—	2.398	—	21.98	—
	300	2.5	2.317	3.4	24.33	81.6
		4	2.282	4.8	26.47	69.0
		5.5	2.263	5.6	25.53	74.1
	600	2.5	2.249	6.2	42.22	27.1
		4	2.241	6.5	43.79	25.2
		5.5	2.218	7.5	45.25	23.6
	800	2.5	2.146	10.5	63.67	11.9
		4	2.103	12.3	66.67	10.9
		5.5	2.056	14.3	70.13	9.8
	1050	2.5	1.906	20.5	98.33	5.0
		4	1.869	22.1	101.47	4.7
		5.5	1.716	28.4	105.55	4.3

由表2.6.2得出，当温度升高至300℃，基准素混凝土的质量损失分别是3.6%～7.6%，在保温时间超过4h后，质量损失>5%，相对动弹性模量下降较快，最低降至59.6%<60%，内部结构破坏比较严重；纤维素纤维混凝土的质量损失为3.4%～

5.6%，相对动弹性模量为 69.0%～81.6%。

温度达到 600℃，基准素混凝土在三个保温时间下的质量损失为 8.5%～12.7%，相对动弹性模量在 14.0%～21.8% 之间，内部结构产生了很大破坏；纤维素纤维混凝土的质量损失为 6.2%～7.5%，相对动弹性模量此时下降很快，降至 23.6%～27.1%，内部结构已经破坏。

温度升高至 800℃，三个保温时间后，纤维素纤维混凝土的质量损失为 10.5%～14.3%，相对动弹性模量已降至 10% 左右，分别为 9.8%、10.9% 和 11.9%。

温度升高至 1050℃ 后，纤维素纤维混凝土的质量损失为 20.5%～28.4%，相对动弹性模量降至 5% 以下。

2.6.3　力学性能

混凝土经过高温损伤，降至常温后的承载能力是混凝土高温性能研究的重要内容之一，抗压强度和劈裂抗拉强度是混凝土力学性能中最基本的指标，决定着结构的安全性，为制定结构的加固方案提供依据。本节对两种混凝土经历不同温度和不同保温时间的混凝土试件的抗压强度和劈裂抗拉强度进行了测试，结果见表 2.6.3。

高温作用对混凝土力学性能的影响　　　　　　　　表 2.6.3

混凝土	温度 （℃）	保温时间 （h）	抗压强度 （MPa）	损失百分率 （%）	劈拉强度 （MPa）	损失百分率 （%）
C0-PC	20	—	43.6	—	3.03	—
	300	2.5	38.2	12.4	2.96	2.3
		4	35.1	19.5	2.44	19.5
		5.5	30.6	29.8	2.01	33.7
	600	2.5	15.4	64.7	1.57	48.2
		4	14.0	67.9	0.99	67.3
		5.5	13.0	70.2	0.53	82.5
C1-CFRC	20	—	57.3	—	3.49	—
	300	2.5	55.6	3.0	3.41	2.3
		4	53.7	6.3	3.37	3.4
		5.5	47.3	17.5	2.47	29.2
	600	2.5	30.3	47.1	1.69	51.6
		4	26.2	54.3	1.22	65.0
		5.5	22.6	60.6	0.99	71.6
	800	2.5	12.5	78.2	0.80	77.1
		4	10.3	82.0	0.65	81.4
		5.5	11.3	80.3	0.69	80.2
	1050	2.5	7.3	87.3	0.33	90.5
		4	5.6	90.2	0.26	92.6
		5.5	4.8	91.6	0.19	94.6

升温至 300℃，基准素混凝土的力学性能损失率为 2.3%～33.7%，保温时间 5.5h 时，力学性能损失率明显增大；纤维素纤维混凝土的力学性能损失率为 3.0%～

29.2%，抗压强度损失率最高 17.5%，明显小于基准素混凝土，且保温时间≤4h 时，强度损失率<10%，明显优于基准素混凝土，保温时间为 5.5h 时，力学性能同样下降明显。300℃保温 4h 的纤维混凝土冷却后抗压强度和劈裂抗拉强度损失率分别为 6.3%和 3.4%，保温 5.5h 后分别为 17.5%和 29.2%，分别增大了 177.8%和 752.3%。此时，温度接近纤维熔点，纤维已经出现软化而体积减小，使基体孔隙率增加，保温时间越久，纤维软化留下的孔隙体积越大，混凝土力学性能下降越多。300℃温度下，保温时间的变化对两组混凝土试块的力学性能影响最明显。

温度升高至 600℃，基准素混凝土的强度损失率几乎都大于 50%（保温时间 2.5h 时的劈裂抗拉强度除外），且最大达到 82.5%，纤维素纤维混凝土强度损失率也达到 50%左右，最大达到 71.6%。且随着保温时间的延长，强度损失率增大很快。温度升高至 800℃后，基准素混凝土由于爆裂、脱落等原因丧失完整性，纤维素纤维混凝土力学性能损失率也在 77.1%~81.4%。温度达到 1050℃后，纤维素纤维混凝土的强度损失率基本上在 90%左右，基本丧失承载能力。

2.6.4 机理分析

纤维素纤维混凝土具有高温抗爆裂能力，高温作用后的宏观性能损失也低于基准素混凝土，本节采用 SEM、XRD、TG-DSC 和 MIP 等微观测试手段探索纤维素纤维对混凝土高温后宏观性能的影响机理。升温温度为 300℃和 600℃时，混凝土的高温性能受保温时间影响最明显，因此，对这两个温度下三种保温时间，其他温度保温 4h 后的混凝土进行了微观试验。

1. 混凝土高温爆裂机理概述

混凝土高温爆裂是受多因素影响的复杂过程，主要由于内部水分蒸发逸出造成的蒸汽压、各组分间热膨胀系数不同引起的内部应力、温度梯度引起的热应力等。研究学者根据试验事实从不同角度深入剖析了混凝土高温爆裂的机理，主要有孔隙水（汽）压力学说、热应力学说和热开裂学说等。

总结学者们的研究成果，得出：（1）混凝土孔隙中的自由水和化学结合水在高温作用下以气态或液态形式向混凝土表面或内部迁移，向内迁移的部分在不断降低的温度下凝结成饱和水层，混凝土渗透性低，二者共同限制了高温后混凝土内部孔隙变形，从而产生爆裂，称为孔隙水（汽）压力学说。这种学说无法解释爆裂发生的不确定性和失稳破裂问题。（2）温度升高，混凝土内表面会产生热膨胀，这种膨胀受到相邻结构的约束而产生高应力，促使形成裂缝，进而产生爆裂，称之为热应力学说。该学说主张混凝土爆裂产生的根本原因是热应力产生的势能。这种学说依然无法解释爆裂发生的不确定性和失稳破裂问题。（3）热开裂学说认为在高温作用下混凝土内部会由于水化产物分解、骨料与水泥石膨胀系数不一致、温度梯度三种原因产生裂缝，快速升温过程中，这些裂缝可以为孔隙压力提供释放通道，降低爆裂可能性。当裂缝数量不足时则会发生爆裂。缓慢升温过程中，由于热应力产生的裂缝减少，而孔隙水压力由于混凝土的低渗透性不会相应减弱，水化产物分解引起混凝土强度降低，低于孔隙水压力后混凝土发生爆裂。因此，混凝土爆裂的发生是源于热开裂学说和孔隙水（汽）压力学说的相互作用。

根据热开裂学说，促使混凝土发生高温爆裂的原因有两种：升温速率和温度梯度是外因，混凝土含水率，渗透性和非均匀性是内因。研究学者从改善混凝土自身性能出发，在混凝土中掺入聚丙烯纤维（PPF）和聚乙烯醇纤维（PVAF），高温作用后，纤维熔化形成细小通道，提高了混凝土的渗透性，并与界面过渡区连接，提供孔隙压力和热膨胀不均产生的应力的释放通道，可以明显改善混凝土的高温爆裂。

2. 微观形貌

采用扫描电镜对基准素混凝土和纤维素纤维混凝土常温下及不同高温温度、不同保温时间作用后的微观形貌进行了观察，结果见图 2.6.4-1～图 2.6.4-12。

如图 2.6.4-1 所示，常温下纤维素纤维混凝土水化产物主要有大片胶结在一起的不定形 C-S-H 凝胶，针棒状钙矾石和定向排布的六方板状氢氧化钙等；部分粉煤灰颗粒与水泥水化产物氢氧化钙（CH 相）反应生成结构完整的 C-S-H，未水化的粉煤灰颗粒嵌在水泥水化产物中，界面粘结密实；试件上零星分布着细小孔洞，和取样过程造成的微小裂纹。从图 2.6.4-2 可以看出，在常温下，PC 有针状 AFt、絮状的水化产物凝胶、六方板状的 CH 及水化/未水化的粉煤灰颗粒。

图 2.6.4-1　纤维素纤维混凝土常温下的微观形貌照片
(a) 2000X；(b) 5000X；(c) 2000X；(d) 5000X

图 2.6.4-2　基准素混凝土常温下的微观形貌照片
(a) 2000X；(b) 10000X

图 2.6.4-3　纤维素纤维混凝土 300℃ 保温 2.5h 后的微观形貌照片
(a) 1000X；(b) 2000X

图 2.6.4-4　基准素混凝土 300℃ 保温 2.5h 后的微观形貌照片
(a) 5000X；(b) 1000X

图 2.6.4-3 为纤维素纤维混凝土经历 300℃保温 2.5h 后的微观形貌，水化产物失水不再密实，互相胶结在一起的连续相变成了独立存在的分散相，孔隙增加，出现细小裂缝，但没有贯通，对宏观力学性能影响较小。纤维在高温下软化，所占空间比常温下减小，可以为孔隙压力等提供部分释放通道，使得宏观力学性能损失较小。图 2.6.4-4 为 PC 受 300℃作用 2.5h 后的微观形貌，水化产物开始疏松，裂缝增多，且部分裂缝贯穿，表现为力学性能损失大于 CFRC。

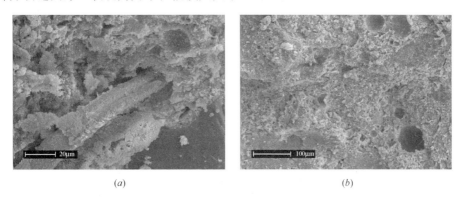

(a)   (b)

图 2.6.4-5   纤维素纤维混凝土 300℃保温 4h 后的微观形貌照片
(a) 2000X；(b) 500X

图 2.6.4-5 为纤维素纤维混凝土经历 300℃作用 4h 后的微观形貌，与图 2.6.4-3 相似，水化产物失水而独立存在，出现未贯通的细小裂缝，纤维素纤维软化，所占空间减小，宏观力学性能损失不大。然而经历 300℃保温 4h 作用后的基准素混凝土结构明显疏松，如图 2.6.4-6 所示，水化产物独立存在呈现颗粒状，水化产物间出现明显贯穿裂缝，宏观表现为力学性能相比常温下降较大。

(a)   (b)

图 2.6.4-6   基准素混凝土 300℃保温 4h 后的微观形貌照片
(a) 1000X；(b) 5000X

由图 2.6.4-7 可以看出，经过 300℃持续作用 5.5h 后，纤维素纤维继续软化，尺寸进一步减小，混凝土内部出现了贯穿的细小裂缝，水化产物出现疏松，宏观表现为力学性能与常温相比明显下降。如图 2.6.4-8 所示，同条件作用下的基准素混凝土内

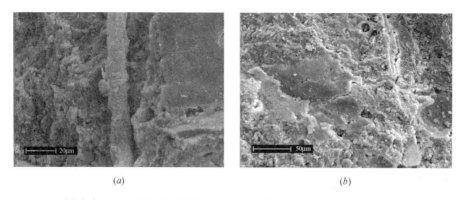

图 2.6.4-7　纤维素纤维混凝土 300℃保温 5.5h 后的微观形貌照片
(*a*) 2000X；(*b*) 1000X

图 2.6.4-8　基准素混凝土 300℃保温 5.5h 后的微观形貌照片
(*a*) 1000X；(*b*) 10000X

部水化产物间出现大量孔洞，导致力学性能持续下降。

从图 2.6.4-9 可以看出，温度达到 600℃后，纤维素纤维混凝土内部有许多纤维熔化留下的孔道，混凝土内部裂缝增多，贯穿成网状，此时，水化产物开始分解，宏观表现为力学性能的快速下降，强度损失率达到 54.3% 和 65.0%。由图 2.6.4-10 可见，此时的基准素混凝土内部分布着大量的微裂缝和孔洞，出现明显空间骨架结构，宏观力学性能损失率达到 67.3% 和 67.9%。

图 2.6.4-11 为纤维素纤维混凝土经过 800℃高温作用 4h 后的微观形貌，结构密实性大大降低，疏松呈熔岩状，裂缝宽度增加。此时，C-S-H 凝胶完全脱水分解，六方板状 $Ca(OH)_2$ 完全分解。宏观上表现为强度进一步降低，损失率高达 82.0% 和 81.4%。

如图 2.6.4-12 所示，经历 1050℃高温后，内部存在许多贯穿的裂缝，且仍可见纤维熔化留下的孔洞，如图 2.6.4-12 (*d*) 所示。已经不存在连续或者大块的水化产物凝胶体，部分玻化。宏观力学性能下降得非常多，抗压强度损失 91.6%，劈拉强度损失 94.6%。

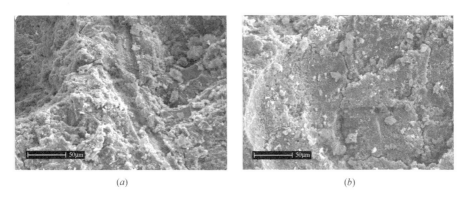

(a)　　　　　　　　　　　　　　　　(b)

图 2.6.4-9　纤维素纤维混凝土 600℃保温 4h 后的微观形貌照片
(a) 1000X；(b) 1000X

(a)　　　　　　　　　　　　　　　　(b)

图 2.6.4-10　基准素混凝土 600℃保温 4h 后的微观形貌照片
(a) 1000X；(b) 5000X

(a)　　　　　　　　　　　　　　　　(b)

图 2.6.4-11　纤维素纤维混凝土 800℃保温 4h 后的微观形貌照片
(a) 10000X；(b) 100X

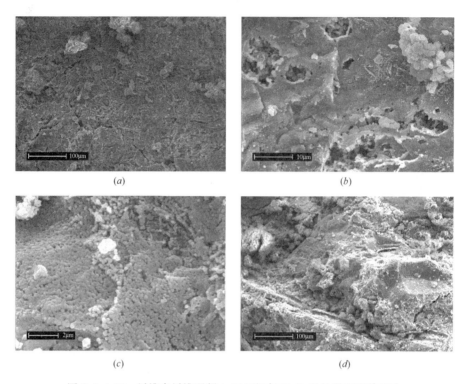

图 2.6.4-12　纤维素纤维混凝土 1050℃保温 4h 后的微观形貌照片
(*a*) 500X；(*b*) 5000X；(*c*) 20000X；(*d*) 500X

3. 孔结构

本文采用压汞法测试混凝土经过高温的内部孔隙结构变化。水泥石中的孔一般可以分为四类：凝胶孔（<10nm）、过渡孔（10～100nm）、毛细孔（100～1000nm）和大孔（>1000nm）。吴中伟院士在 1973 年根据不同孔径对混凝土性能的影响将孔分为无害孔级（<20nm）、少害孔级（20～50nm）、有害孔级（50～200nm）和多害孔级（>200nm），并指出增加 50nm 以下的孔，减少 100nm 以上的孔，可以改善混凝土性能。MIP 压汞法是目前测试水泥基材料孔结构和孔分布的最常用、最有效方法之一，测量范围为 2.5～100μm。压汞法试验可以得到总孔隙率、不同孔径所对应的孔隙量及孔结构参数等。

图 2.6.4-13 给出了纤维素纤维混凝土和基准素混凝土经过高温作用后总孔隙率的变化。图 2.6.4-14 ～ 图

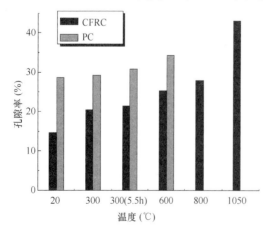

图 2.6.4-13　CFRC 和 PC 总孔隙率
随温度的变化情况

2.6.4-17 为混凝土经过不同高温过程后的孔隙率和对数差分进汞曲线。根据吴中伟院士的孔级划分原则，本文还对各样品各级孔所占比例随温度的变化情况进行了归纳，见图 2.6.4-18、图 2.6.4-19，图中未标注保温时间的样品均为该温度下保温 4h。

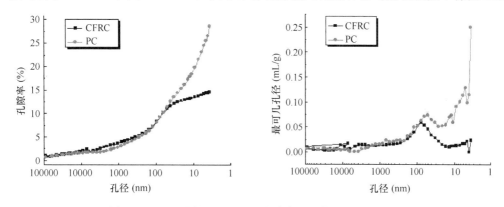

图 2.6.4-14　混凝土室温下的孔隙率和对数差分进汞曲线

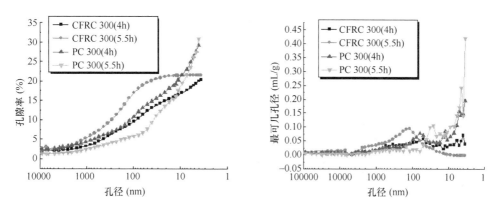

图 2.6.4-15　混凝土经过 300℃不同保温时间作用后的孔隙率和对数差分进汞曲线

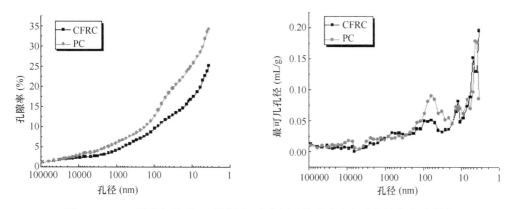

图 2.6.4-16　混凝土经过 600℃保温 4h 作用后的孔隙率和对数差分进汞曲线

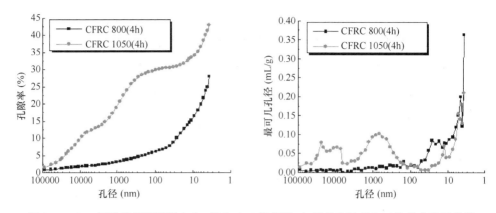

图 2.6.4-17　纤维素纤维混凝土 800℃和 1050℃保温 4h 后的孔隙率和对数差分进汞曲线

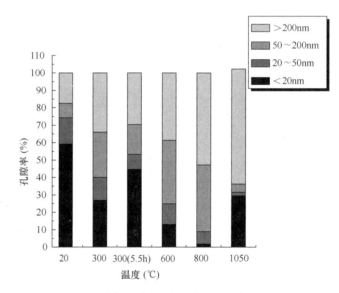

图 2.6.4-18　纤维素纤维混凝土各孔径比例随温度变化图

从图 2.6.4-13 可以看出，基准素混凝土的孔隙率始终大于纤维素纤维混凝土的孔隙率，纤维混凝土的总孔隙率在温度升高到 300℃后出现一个快速增长，从常温下的 14.64%增长到 20.38%。考虑原因是纤维在高温作用下软化，所占体积小于常温下所占体积，增加了基体的孔隙率。温度升高至 1050℃后，混凝土的孔隙率突增至 43.05%，此时混凝土内部出现严重破坏。图 2.6.4-14～图 2.6.4-17 给出了孔径分布的细节情况，可以看出混凝土的孔结构随温度升高的变化情况。汞注入量与孔直径的对数的差分曲线反映了不同大小的孔分布情况，该曲线的最高点对应的孔径为最可积孔径。随着温度的升高，纤维素纤维混凝土先软化后熔化，所占体积越来越小，水化产物逐渐分解，混凝土内部形成的孔洞越来越多，最可积孔径随着温度的升高逐渐增加。

如图 2.6.4-18 和图 2.6.4-19 所示，温度升高至 600℃，纤维混凝土有害孔和多害孔的比例增加较大，而素混凝土的有害孔和多害孔的比例较快增加发生在 300℃，

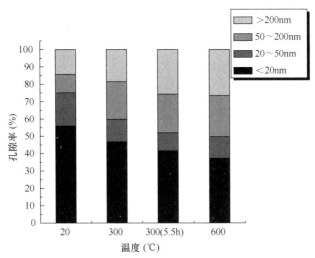

图 2.6.4-19　基准素混凝土各孔径比例随温度变化图

与宏观力学性能的衰减规律基本一致。

4. 热分析（DSC-TG）

纤维素纤维的热分析结果见图 2.6.4-20。

如图 2.6.4-20 可见，纤维素纤维在 100℃ 左右，由于失水而产生了 2.77％ 左右的质量损失；在 328.0℃ 有明显的吸热峰，此时纤维熔化，质量变化约为 74.06％。在高温作用下，纤维素纤维的熔化在混凝土中形成孔隙，形成水蒸气和热应力的逃逸通道，降低混凝土内部的蒸汽压力和热应力，有效降低了混凝土爆裂的可能性。

图 2.6.4-21 为纤维素纤维混凝土的热分析曲线。由图 2.6.4-21 可以看出，纤维素纤维混凝土有三个吸热峰，分别在 59.51～139.51℃，404.51～439.51℃，739.51～794.51℃，根据文献推断 59.51～139.51℃ 是 AFt、C-S-H 凝胶和自由水等的脱水峰，404.51～439.51℃ 是 $Ca(OH)_2$ 的脱水峰，739.51～794.51℃ 为 $CaCO_3$ 的脱水峰。纤维素纤维混凝土有两个失重阶段，第一个阶段在 54.51～449.51℃，失重量为 0.75％；第二阶段在 594.51～784.51℃，失重量为 19.79％。

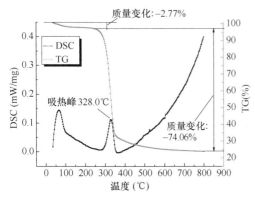

图 2.6.4-20　纤维素纤维的热分析图谱

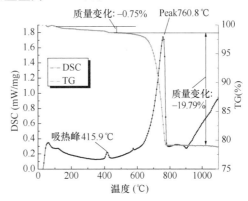

图 2.6.4-21　纤维素纤维混凝土的热分析图谱

5. 物相组成

从热分析试验的结果可以大致得出纤维素纤维混凝土中的水化产物及分解温度，为了进一步准确确定纤维混凝土中的物相组成，及在不同温度作用后物相的变化，本节采用 XRD 分析方法对纤维素纤维混凝土在室温 20℃和经历不同高温作用保温 4h 的粉末样品进行物相组成的定性分析。图 2.6.4-22 给出了纤维素纤维混凝土高温后 XRD 图谱及物相分析结果。

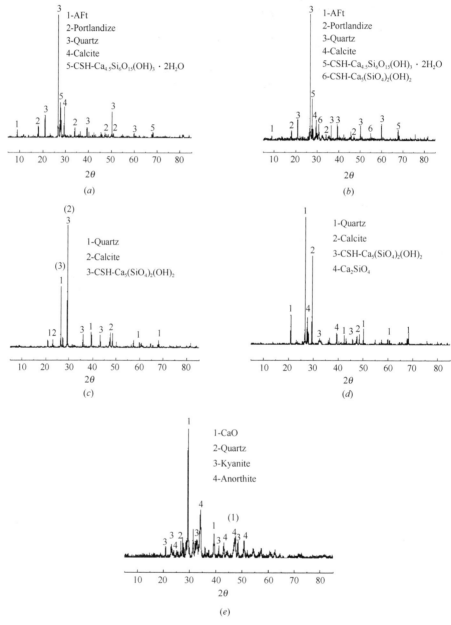

图 2.6.4-22　纤维素纤维混凝土经历不同温度后的 XRD 衍射图
（a）20℃；（b）300℃，4h；（c）600℃，4h；（d）800℃，4h；（e）1050℃，4h

从图 2.6.4-22 可以看出，纤维素纤维混凝土常温下水化产物有 C-S-H 凝胶，钙矾石和 CH 相，随着温度的升高，水化产物逐渐脱水并分解。温度达到 600℃ 后，已经几乎检测不到 AFt 和 CH 相。C-S-H 凝胶不断脱水并分解，温度达到 1050℃ 后，重新生成新的物相 Anorthite 钙长石和 Kyanite 蓝晶石，此时，$CaCO_3$ 彻底分解成 CaO。

综合形貌分析、孔结构分析、热分析和物相分析的结果，可以总结纤维素纤维混凝土在高温作用下的性能劣化是纤维的熔化和混凝土内部产物相组成不断演化的结果。温度达到 300℃ 前，主要是浆体内部自由水的蒸发，可以对试件产生蒸汽养护的效果，促进内部结构密实；纤维已经软化未熔化，释放内部水分，促进纤维周围基体密实，且所占空间比常温下减小，可以为孔隙压力等提供部分释放通道，因此，混凝土宏观力学性能降低不明显。温度继续升高，水化产物不断分解，温度达到 600℃，产物中 CH 相已经发生脱水，C-S-H 凝胶由于脱水互相之间胶结力减弱，基体中分布较多孔洞；纤维已经熔化，在基体中形成了大量孔洞，降低了基体的密实性，导致宏观力学性能下降较多。800℃ 高温作用后，凝胶产物脱水严重，在基体中以颗粒状存在，纤维熔化后留下的孔道和基体-骨料界面作为主要裂缝源头，基体中裂纹不断发展并贯通，宏观力学性能继续降低。1050℃ 高温作用后，$CaCO_3$ 分解成 CaO，C-S-H 凝胶大量分解重新生成新的物相 Anorthite 和 Kyanite，结构疏松，结构已经丧失承载能力。

2.6.5　小结

本节主要考虑不同温度和不同保温时间对纤维素纤维混凝土的高温性能的影响，检测其高温抗爆裂性能，并通过 SEM、MIP、TG-DSC 和 XRD 等微观技术手段分析高温作用后混凝土的微观结构劣化规律与宏观性能的联系及高温抗爆裂机理。分别测试了常温 20℃ 和高温 300℃、600℃、800℃ 和 1050℃，并在不同高温下保温 2.5h、4h 和 5.5h 后的物理性能（质量损失、相对动弹性模量）、力学性能（抗压强度、劈裂抗拉强度）和微观性能。结论如下：

（1）纤维素纤维混凝土和基准素混凝土经历高温作用后，表观特征逐渐发生变化，主要包括颜色从灰色转红最后变为乳白色，裂缝产生并扩展，有些出现轻微掉皮和缺角，基准素混凝土在升高至 800℃ 过程中均发生爆裂。不同高温作用，保温不同时间后，纤维素纤维混凝土的物理性能（质量损失和相对动弹性模量）和力学性能（抗压强度和劈裂抗拉强度）的衰减都小于基准素混凝土。

（2）混凝土高温下爆裂机理可以总结为热开裂学说，根据热开裂学说，在高温作用下混凝土内部会由于各种原因产生裂缝，裂缝可以为内部水蒸气和孔隙压力等的逸散提供通道，降低混凝土爆裂的可能性，当裂缝数量不足时则会发生爆裂。掺入纤维素纤维可以在高温后熔化在混凝土内部留下孔道，提供孔隙压力和热膨胀不均产生的应力的释放通道，可以明显改善混凝土的高温爆裂。

（3）综合 SEM、MIP、热分析和 XRD 物相分析等微观测试技术，测试了混凝土高温作用后的微观性能，分析微观性能改变与宏观性能的变化之间的规律。

2.7 纤维素纤维混凝土的徐变

2.7.1 混凝土徐变概述

最初应用的混凝土在设计时被认为与钢结构相似，是弹性材料。直到 1905 年，威尔逊（Woolson）发现在比较高的轴向应力作用下，钢管中的混凝土有流动现象。1907 年，Hatt 首次报道了钢筋混凝土梁的徐变特性，提出混凝土结构具备弹性的同时，还有一定的塑性。这一理论吸引了众多学者的兴趣，逐渐形成了对混凝土徐变性能的系统研究[2-3]，对徐变性能有了比较明确的认识。

混凝土在一定的应力水平作用下，首先发生弹性变形，随着时间的延长变形不断增加，发生不可恢复的塑性变形，这个过程通常被称为混凝土的徐变。徐变变形随时间的变化规律见图 2.7.1-1。一般加载开始的一个月内，变形量达到总徐变变形量的 40%，一年后，这个比例可以增加到 80%，三到五年徐变基本达到稳定。卸载后，弹性变形瞬时恢复，但是恢复量小于最初加载时瞬时产生的弹性变形，卸载一段时间后，会逐渐产生一些徐变恢复，剩余不可恢复徐变称为残余变形。

在实际工程中，混凝土受干燥环境和荷载共同作用而发生变形，即发生徐变变形和收缩变形，这里的徐变变形为总徐变变形，包括基本徐变和干燥徐变。混凝土在密闭环境下受持续荷载作用发生的变形为基本徐变，不同的徐变变形之间的关系如图 2.7.1-2 所示。

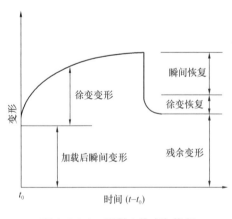

图 2.7.1-1　混凝土徐变与恢复

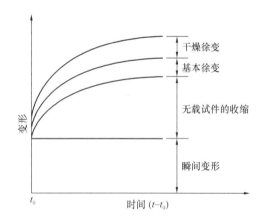

图 2.7.1-2　荷载与干燥共同作用下混凝土的变形

2.7.2　混凝土徐变机理

混凝土的徐变机理复杂，受多种因素影响，包括原材料的性质，成型工艺，养护制度，试件尺寸，环境温湿度，加载开始龄期，荷载持续时间等[4]，混凝土的徐变现象目前还没有被完全掌握。众多学者对徐变机理提出了多种解释，主要包括：黏弹性理论、渗出理论、黏性流动理论、塑性流动理论、内力平衡理论、微裂缝理论和力学变性理论等，这些理论基于混凝土的微结构建立，侧重点有所不同，每一种理论都不能完全解释混凝土的徐变行为，往往需要几种理论共同对徐变的不同过程进行解释。

黏弹性理论将水泥石比作一个复合体，由弹性的凝胶产物作为骨架和毛细孔和凝胶孔中的黏弹性液体构成。在承受外力作用时，黏性液体承受一部分应力，延迟凝胶骨架的瞬时弹性变形。液体逐渐由高应力处流向低应力处，骨架所受荷载逐渐增大，弹性变形增大。卸载后，黏性液体回流，骨架弹性变形逐渐恢复，该理论主要对徐变恢复现象做出了合理解释。

渗出理论认为混凝土的徐变主要是由于凝胶水，即吸附水和层间水在荷载作用下的渗流引起的。加载后，凝胶水在荷载下逐渐渗出，凝胶颗粒间距离减小，宏观上表现为混凝土的徐变。当颗粒间距减小至微粒间力的作用范围后，与其间水分发生稳定的化学结合，荷载卸除后也不会恢复原来状态。该理论主要适用于非恢复性徐变。

黏性流动理论认为荷载作用下，混凝土中的骨料是不产生流动的，阻碍黏性的水泥浆体的流动，承受一部分流动的水泥浆体承受的应力，水泥浆体承受应力逐渐减小，变形随时间而减缓。该理论解释了混凝土的徐变随时间延长逐渐减小的原因，同时解释了干燥试件再潮湿又发生徐变的现象，是对渗出理论的补充。

塑性流动理论认为高应力作用下的混凝土徐变类似金属材料的晶格滑移，也就是当加载应力大于分子结构内部结合力时，组成材料内部粘结破坏，产生微裂缝并扩展，表现出非线性变形的"假塑性"。

微裂缝理论认为，混凝土内部结构在硬化过程中已经由于骨料沉降、收缩应力等存在微裂缝，当徐变荷载大于混凝土的抗裂强度时，这些初始裂缝不断扩展，甚至贯通，产生长期荷载作用下的变形。微裂缝理论和塑性流动理论很好地解释了混凝土在高应力下的非线性徐变变形。

内力平衡理论和力学变形理论主张荷载作用后，混凝土内部水泥浆体间或其毛细结构间达到新的内力平衡或气压平衡状态。

以上理论都不能完全地解释徐变变形的整个过程，互相结合才能得到比较好的结果，徐变机理还需要进一步的探索和研究。

2.7.3　混凝土徐变性能

混凝土的徐变可以采用徐变应变、徐变系数和徐变度等参数表示。徐变系数代表各龄期徐变占初始应变的百分比，反映了加载龄期的徐变变形与初始变形的相对关系。徐变度反映的是单位应力使混凝土试件发生的徐变变形。本文选取徐变系数和徐变度两个参数考察不同组试件的徐变性能，按照式（2.7.3-1）～式（2.7.3-4）进行计算。

$$\varepsilon_{ct} = \frac{\Delta L_t - \Delta L_0}{L_b} - \varepsilon_t \qquad (2.7.3\text{-}1)$$

$$\varepsilon_0 = \frac{\Delta L_0}{L_b} \qquad (2.7.3\text{-}2)$$

$$C_t = \frac{\varepsilon_{ct}}{\delta} \qquad (2.7.3\text{-}3)$$

$$\phi_t = \frac{\varepsilon_{ct}}{\varepsilon_0} \qquad (2.7.3\text{-}4)$$

式中：ε_{ct} ——加荷 t 天后的徐变应变（mm/m）；

　　　ε_t ——同龄期的收缩应变（mm/m）；

　　　ε_0 ——加荷时测得的初始应变值（mm/m）；

　　　δ ——徐变应力（MPa）；

　　　C_t ——加荷 t 天的混凝土徐变度（MPa）；

　　　ϕ_t ——加荷 t 天后的徐变系数；

　　　ΔL_0 ——加荷时测得的初始变形值（mm）；

　　　ΔL_t ——加荷 t 天后的总变形值（mm）；

　　　L_b ——测量标距（mm）。

2.7.4　徐变度

四组混凝土在不同养护龄期加载后的徐变度见图 2.7.4。

根据图 2.7.4 可以看出，随着加载龄期的延长，混凝土试件的徐变变形逐渐增大，早期发展较快，发展速度不断减小。基准素混凝土养护 7d、14d、28d 后加载至 28d 徐变度分别为 $34.6 \times 10^{-6}\,MPa^{-1}$、$26.3 \times 10^{-6}\,MPa^{-1}$ 和 $24.3 \times 10^{-6}\,MPa^{-1}$，C1 系列纤维混凝土的值分别为 $24.8 \times 10^{-6}\,MPa^{-1}$、$22.2 \times 10^{-6}\,MPa^{-1}$、$21.0 \times 10^{-6}\,MPa^{-1}$，C2 系列纤维混凝土的值分别为 $30.9 \times 10^{-6}\,MPa^{-1}$、$25.6 \times 10^{-6}\,MPa^{-1}$、$18.9 \times 10^{-6}\,MPa^{-1}$，C3 系列纤维混凝土的值分别为 $31.7 \times 10^{-6}\,MPa^{-1}$、$21.9 \times 10^{-6}\,MPa^{-1}$、$18.1 \times 10^{-6}\,MPa^{-1}$。基准素混凝土养护 7d、14d、28d 后加载至 90d 的徐变度分别是 $52.0 \times 10^{-6}\,MPa^{-1}$、$37.0 \times 10^{-6}\,MPa^{-1}$ 和 $31.9 \times 10^{-6}\,MPa^{-1}$。C1 系列纤维混凝土的值分别为 $38.1 \times 10^{-6}\,MPa^{-1}$、$30.3 \times 10^{-6}\,MPa^{-1}$、$25.8 \times 10^{-6}\,MPa^{-1}$，C2 系列纤维混凝土的值分别为 $44.3 \times 10^{-6}\,MPa^{-1}$、$34.2 \times 10^{-6}\,MPa^{-1}$、$25.3 \times 10^{-6}\,MPa^{-1}$，C3 系列纤维混凝土的值分别为 $42.3 \times 10^{-6}\,MPa^{-1}$、$31.9 \times 10^{-6}\,MPa^{-1}$、$24.0 \times 10^{-6}\,MPa^{-1}$。随着养护龄期的延长，混凝土试件的徐变变形呈减小趋势。

掺入纤维素纤维后，混凝土的徐变性能有所提高。养护 7d 后加载的 C1、C2、

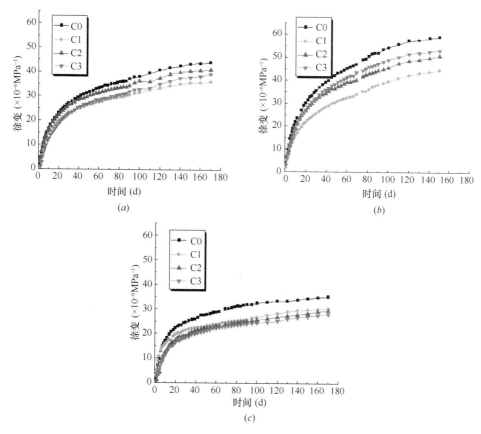

图 2.7.4　不同养护龄期的混凝土试件加载后徐变度随加载龄期的变化
（a）7d；（b）14d；（c）28d

C3 系列纤维混凝土加载 28d 后的徐变度比基准素混凝土分别降低了 28.3%、10.7%、8.4%；养护 14d 加载分别降低了 17.8%、2.7%、16.7%；养护至 28d 后加载则分别降低了 13.6%、22.2%、25.5%。养护 7d 后加载的 C1、C2、C3 系列纤维混凝土加载 90d 后的徐变度比基准素混凝土分别降低了 26.7%、14.8%、18.7%；养护 14d 后加载分别降低了 18.1%、7.6%、13.8%；养护至 28d 后加载则分别降低了 19.1%、20.7%、24.8%。

2.7.5　徐变系数

四组混凝土在不同养护龄期加载后的徐变系数见图 2.7.5。

图 2.7.5 中四个系列的混凝土在不同养护龄期后加载的徐变系数，其变化规律与徐变度相似。随着加载龄期的延长，混凝土试件的徐变变形逐渐增大，早期发展较快，发展速度不断减小。养护龄期越短，徐变系数值越大，表示混凝土的徐变变形越明显。掺入纤维素纤维后，混凝土的徐变系数得到相应的减小，对改善混凝土的徐变

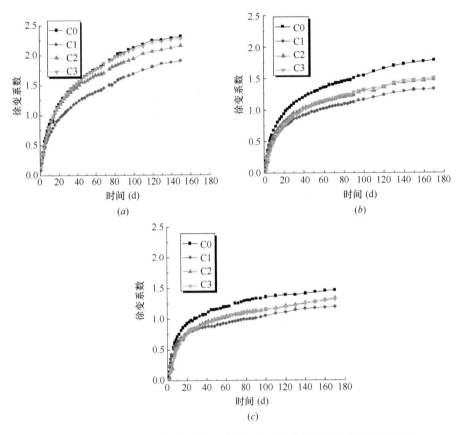

图 2.7.5　不同养护龄期的混凝土试件加载后徐变系数随加载龄期的变化

(a) 7d；(b) 14d；(c) 28d

变形起到了有利的作用。

2.7.6　纤维素纤维混凝土徐变机理分析

混凝土的徐变性能受多种因素影响，机理尚不完全清楚，纤维素纤维的掺入使得混凝土的徐变变形机制更为复杂。针对前面两个小节中的试验结论，本节对纤维素纤维改善混凝土徐变性能的机理做了浅要分析。

（1）纤维素纤维有独特的中空结构和很好的亲水性，可以起到内养护的作用，在混凝土的后期水化中提供所需水分，细化混凝土结构，减小混凝土内部孔隙率，可以有效减小混凝土的徐变变形；根据微裂缝理论，混凝土内部结构在硬化过程中已经由于骨料沉降、收缩应力等存在微裂缝，这些裂缝不断扩展、贯通，从而产生长期荷载作用下的变形。纤维素纤维的初始弹性模量为 29.0～39.0GPa，在基体中均匀乱向分布，促使各向异性的混凝土趋向各向同性，对混凝土开裂有很好的抵抗作用，从而有效抑制混凝土的徐变变形。与基准素混凝土相比，纤维素纤维混凝土的徐变变形有所减小。

（2）纤维与基体之间存在薄弱的界面环节，增大纤维掺量，增加了纤维与基体之间薄弱的界面层，有增大混凝土的徐变变形的作用。根据混凝土徐变的渗出理论，认为混凝土的徐变主要是由于基体中的水分迁移造成的。掺入纤维素纤维，由于其具有中空结构，可以作为水分迁移的通道，在一定程度上，增加了混凝土的徐变变形。因此，增加纤维素纤维掺量，使混凝土的徐变变形有所增大。

综上所述，纤维素纤维对混凝土的徐变性能存在有利影响和不利影响。一方面，纤维若可以在混凝土成型时充分饱水，后期可以很好地发挥其内养护作用，优化混凝土内部结构，减小混凝土的徐变变形。而且纤维素纤维在基体中乱向分布，提高了混凝土的匀质性和对内部微观裂缝的阻裂性能，有效抑制混凝土由于基体开裂造成的徐变变形。另一方面，提高纤维掺量后，引入了更多的界面缺陷。而且，引入了更多液体迁移的通道，徐变变形略有增加。纤维对混凝土徐变性能的影响主要受纤维在混凝土中的分散、纤维与基体之间的界面层缺陷和纤维释放内部水分促进周围基体水化的内养护效用共同影响，与纤维掺量和养护龄期密切相关。因此，纤维掺量为 $1.1 kg/m^3$ 和 $1.3 kg/m^3$ 时，对混凝土徐变变形的抑制作用小于纤维掺量为 $0.9 kg/m^3$ 的混凝土。

2.7.7　长期徐变性能预测

目前，混凝土徐变的预测模型有很多，本文选取了应用比较广泛且与试验数据拟合精度较高的 CEB-FIP（2010）模型，对本研究中的混凝土长期徐变性能进行模拟，并对模拟的数据与现有数据进行拟合，确定拟合精度。该模型选取徐变系数表征混凝土徐变性能，计算公式如式（2.7.7-1）～式（2.7.7-8）所示。

$$\phi_t = \phi_0 \cdot \beta_c(t) \tag{2.7.7-1}$$

$$\phi_0 = \phi_{RH} \cdot \beta(f_c) \cdot \beta(t_0) \tag{2.7.7-2}$$

$$\phi_{RH} = \left[1 + \frac{1 - RH/100}{0.1\sqrt[3]{h}} \cdot \alpha_1\right] \cdot \alpha_2 \tag{2.7.7-3}$$

$$\beta(f_c) = \frac{16.8}{\sqrt{f_c}} \tag{2.7.7-4}$$

$$\beta(t_0) = \frac{1}{0.1 + t_0^{0.2}} \tag{2.7.7-5}$$

$$\beta_c(t) = \left(\frac{t}{\beta_H + t}\right)^{0.3} \tag{2.7.7-6}$$

$$\beta_H = 1.5 \cdot h\left[1 + \left(1.2\frac{RH}{100}\right)^{18}\right]\frac{h}{100} + 250 \cdot \alpha_3 \leqslant 1500 \cdot \alpha_3 \tag{2.7.7-7}$$

$$\alpha_1 = \left(\frac{35}{f_c}\right)^{0.7} \quad \alpha_2 = \left(\frac{35}{f_c}\right)^{0.2} \quad \alpha_3 = \left(\frac{35}{f_c}\right)^{0.5} \qquad (2.7.7-8)$$

式中：ϕ_t——徐变系数；

$\qquad \phi_0$——名义徐变系数；

$\qquad \beta_c(t)$——徐变随应力持续时间的变化系数；

$\qquad \phi_{RH}$——与环境相关的参数，主要受环境湿度影响；

$\qquad \beta(f_c)$——考虑混凝土抗压强度影响的参数；

$\qquad \beta(t_0)$——加载时混凝土的养护龄期相关的参数；

$\qquad t_0$——加载时混凝土的养护龄期（d）；

$\qquad t$——加载龄期（d）；

$\qquad f_c$——混凝土轴向抗压强度（MPa）；

$\qquad RH$——徐变室环境的年平均相对湿度（%）；

$\qquad h$——试件理论厚度（mm）。

根据上述模型得出混凝土的徐变系数，然后可以根据式（2.7.7-9）计算混凝土的徐变应变。

$$\varepsilon_{ct} = \frac{\sigma(t_0)}{E_{ci}} \cdot \phi_t \qquad (2.7.7-9)$$

式中：E_{ci}——养护至 28d 龄期时混凝土的弹性模量（MPa）；

$\qquad \sigma(t_0)$——加载时的应力（MPa）。

根据式（2.7.7-9）对基准素混凝土养护至不同龄期后加载的徐变应变进行预测，并与试验数据相拟合，本文选用编程软件为 Matlab 软件，所用程序语言见本文附录。预测数据与试验数据的对比图见图 2.7.7-1。

根据图 2.7.7-1 所示，该模型对基准素混凝土的徐变应变预测比较准确，对试验值和预测值进行拟合相关度计算，得到养护龄期分别为 7d、14d 和 28d 的拟合数据和试验数据的相关度 R^2 分别为 0.90515，0.9475，0.96618。相关度均大于 90%，养护龄期越长，拟合相关度越高，28d 龄期加载的试件拟合数据与试验数据相关性最好。由于材料在长期荷载下会产生应力松弛，引起徐变应力的减小需要进行补载，使徐变应力恢复到 40% 轴压应力水平，补载可能引起试验数据出现波动，影响与模拟数据的相关性。

掺入纤维后对混凝土徐变性能的影响主要受纤维与基体之间的界面层缺陷和纤维释放内部水分促进周围基体水化的内养护作用的发挥程度互相作用共同影响，与纤维掺量和养护龄期密切相关。纤维掺量增大，混凝土拌合物中可吸收的自由水量不变，纤维的饱水程度会受到影响，若纤维吸水不饱和，对混凝土后期水化的促进作用会相应有所削弱，界面过渡区的缺陷则会对混凝土徐变性能影响较大。同时，纤维掺量增大会在一定程度上影响纤维在基体中的分散程度。考虑纤维对混凝土徐变性能的影响，对上述模型进行修正，根据试验得到了纤维的指数函数影响条件：

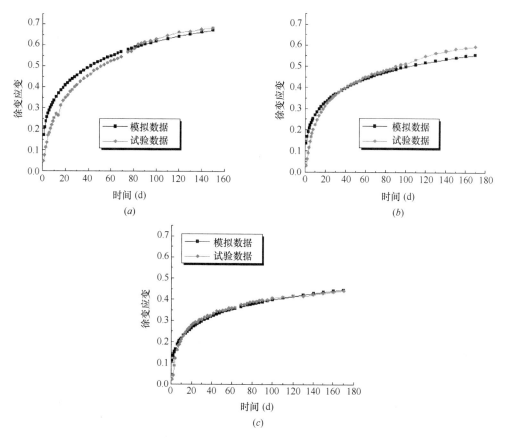

图 2.7.7-1　不同养护龄期的 PC 加载后徐变应变与预测值的比较

(a) 7d；(b) 14d；(c) 28d

$$\beta_{\text{fiber}}(t) = 1 - \text{erf}\left(-x\left(1 - \frac{1}{t}\right)^{y}\right) \qquad (2.7.7\text{-}10)$$

式中：$\beta_{\text{fiber}}(t)$——纤维对混凝土徐变影响的与时间有关的参数；

　　　x、y——CFRC 徐变受纤维掺量和加载时试件龄期的影响系数，根据试验数
据拟合得到。x 值主要受加载时试件龄期影响，y 值主要受纤维掺量
影响。

代入纤维影响参数，得到纤维素纤维混凝土的徐变应变计算公式为式（2.7.7-11）。

$$\varepsilon_{\text{ct}} = \frac{\sigma(t_0)}{E_{\text{ci}}} \cdot \phi_t \cdot \beta_{\text{fiber}}(t) \qquad (2.7.7\text{-}11)$$

根据式（2.7.7-11）对不同纤维掺量的 CFRC 养护至不同龄期后的徐变应变进行
模拟，并与试验数据进行相关度计算，模拟数据和试验数据对比图见图 2.7.7-2～
图 2.7.7-4，x、y 值和相关度计算结果见表 2.7.7。

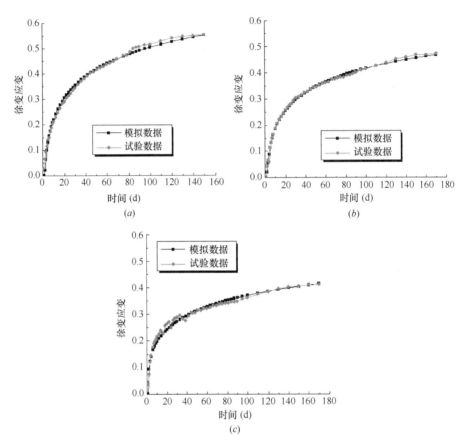

图 2.7.7-2　纤维掺量为 $0.9kg/m^3$ 的 CFRC 养护不同龄期后加载
的徐变应变-模拟数据和试验数据

(a) 7d；(b) 14d；(c) 28d

纤维混凝土徐变应变拟合结果　　　　　　　　表 2.7.7

混凝土	养护龄期（d）	x 值	y 值	相关度 R^2
	7	0.87	3.91	0.98850
C0	14	0.93	3.07	0.99576
	28	3.91	3.82	0.99400
	7	1.22	3.83	0.99161
C1	14	1.38	3.71	0.99636
	28	2.37	3.42	0.98604
	7	1.43	3.96	0.99241
C2	14	1.73	3.05	0.99445
	28	1.95	4.53	0.99204
	7	0.97	4.14	0.99145
C3	14	0.73	4.58	0.99886
	28	1.62	3.58	0.99450

　　根据图 2.7.7-2～图 2.7.7-4 和表 2.7.7 可见，考虑纤维影响对混凝土徐变应变的模型公式加入纤维影响参数进行修正后，得到的模拟数据与试验数据相关性很好，

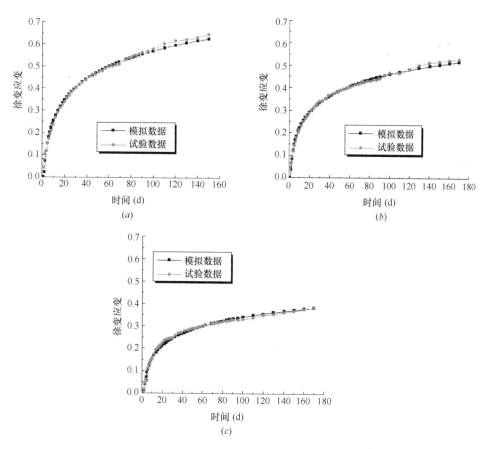

图 2.7.7-3　纤维掺量为 1.1kg/m³ 的 CFRC 养护不同龄期后加载的
徐变应变-模拟数据和试验数据
(a) 7d；(b) 14d；(c) 28d

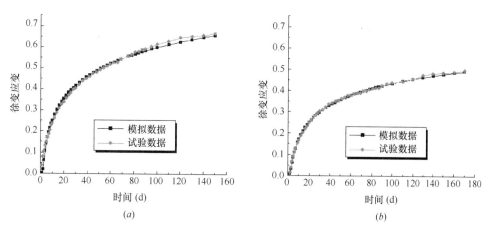

图 2.7.7-4　纤维掺量为 1.3kg/m³ 的 CFRC 养护不同龄期后加载的徐变应变-模拟数据
和试验数据（一）
(a) 7d；(b) 14d

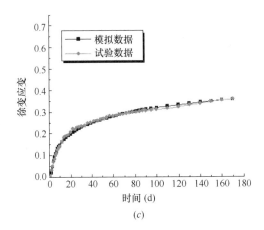

(c)

图 2.7.7-4　纤维掺量为 $1.3kg/m^3$ 的 CFRC 养护不同龄期后加载的徐变应变-模拟数据
和试验数据（二）

(c) 28d

拟合相关度 R^2 大于 0.98，可以根据该公式对混凝土的长期徐变进行预测。

根据修正后的公式对混凝土的长期徐变的徐变应变进行预测，结果见图 2.7.7-5。

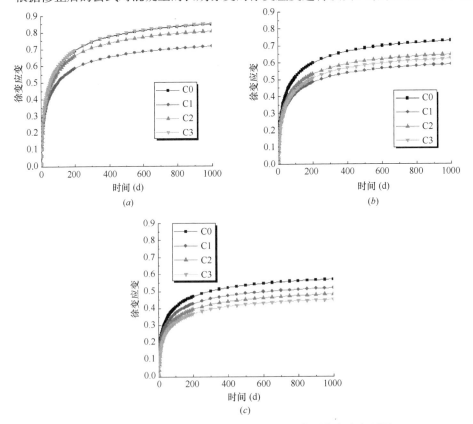

图 2.7.7-5　不同养护龄期的混凝土试件加载后徐变应变预测

(a) 7d；(b) 14d；(c) 28d

2.7.8　小结

本节对纤维素纤维掺量为 0、0.9kg/m³、1.1kg/m³、1.3kg/m³ 的混凝土在 40%应力水平下的受压徐变性能进行了试验研究，并简要分析了纤维素纤维对混凝土徐变性能的影响机理。得出：混凝土养护龄期对混凝土徐变性能影响较大，养护龄期越长，混凝土的徐变变形越小。随着加载龄期的延长，混凝土试件的徐变变形逐渐增大，早期发展较快，发展速度不断减小。掺入纤维素纤维后，混凝土的徐变变形有所减小。掺入纤维后对混凝土徐变性能的影响主要受纤维与基体之间的界面层缺陷和纤维释放内部水分促进周围基体水化的内养护作用的发挥程度互相作用共同影响，与纤维掺量和养护龄期密切相关。

通过对 CEB-FIP（2010）的徐变模型进行修正，引入纤维的影响这一参量，与试验数据进行拟合计算，得到拟合相关度均大于 0.98，相关性较好。采用修正后的模拟方程对上述四个系列混凝土的长期徐变变形性能进行了预测。

2.8　弯曲荷载作用下纤维素纤维混凝土的耐久性

2.8.1　引言

隧道衬砌混凝土随着服役期的延长，逐渐产生各种各样的病害，导致衬砌结构劣化、承载能力下降等结构耐久性问题逐渐突出[5-6]。我国《铁路隧道设计规范》TB 10003—2016 明确提出隧道建筑物按 100 年使用年限设计，其混凝土结构设计应考虑耐久性问题。由于隧道结构遭受复杂应力和多重恶劣环境因素的作用，既有来自内部空气环境的侵蚀，又有来自外部土壤环境的侵蚀，且地下水中含有很多侵蚀性介质，严重影响隧道的耐久性、服役寿命和运营安全。尤其，相对于高铁隧道具有连续密集的运营特点，在其服役周期内，衬砌结构具有不可替换性，且损伤结构经修补或加固后的性能无法显著提升且有效时限极短；一旦发生结构破坏，将会造成巨大经济损失、人员伤亡和社会负面影响。因此，提高高铁隧道结构材料耐久性，具有重大的工程应用价值。

近五年来，有机合成纤维和改性植物纤维等已在我国重大基础工程中得到了推广应用，可试验研究与工程应用均表明，纤维增强混凝土能大幅提高混凝土抗开裂性能，显著改善混凝土抗渗、抗冻融、抗化学腐蚀等耐久性能。其中，纤维素纤维作为新一代的工程纤维，在我国已开始应用于南水北调工程的饮水渡槽、高速铁路隧道衬砌和无砟轨道板等重大基础工程中。

郭丽萍等[7-9]曾针对贵广高铁隧道二次衬砌工程的耐久性要求，研究了纤维素纤维混凝土的抗渗性、电通量和抗碳化等耐久性，表明纤维素纤维混凝土可以提高部分耐久性能指标，适合在隧道结构中使用。Banthia 等[10]人研究了纤维素纤维对混凝土抗裂性能的影响，对比混凝土掺入不同体积掺量的纤维素纤维与聚丙烯纤维的抗冻性能，结论表明纤维素纤维的掺入显著改善了混凝土的抗冻性能，并且其作用明显优于聚丙烯纤维。但是，目前的研究主要集中在单因素耐久性的作用，而针对高铁隧道衬砌这类在服役周期内需要承受外部荷载与环境因素耦合作用的结构，其耐久性如何却尚未见报道。

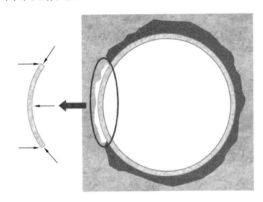

图 2.8.1　隧道结构混凝土与灌浆混凝土接触不良的情况[11]

隧道结构混凝土在正常情况下主要承受压应力，而当岩体表面的喷射灌浆层出现分布不均匀或脱落的情况[11]（如图 2.8.1 所示），则会产生空鼓，空鼓区域的衬砌结构混凝土将不再是小偏心受压状态而变为大偏心受压状态，主要承受弯拉荷载，成为结构混凝土的薄弱环节。在实际施工过程中，很难保证灌浆层的表面平整，隧道结构混凝土将大量承受弯拉荷载。因此，为了科学评价纤维素纤维混凝土在承受弯拉应力与环境因素耦合作用下的耐久性，保证其满足设计寿命和高铁运营安全要求，本文开展了施加 40％应力水平弯拉荷载与典型环境因素耦合作用下的纤维素纤维混凝土关键耐久性能研究，具有重要的理论意义和工程应用价值。

2.8.2　基本力学性能

本文测试了基准素混凝土与不同纤维掺量的纤维素纤维混凝土的抗弯和抗压强度，如图 2.8.2 所示。

由图 2.8.2 可以得出，掺入纤维素纤维后，混凝土的抗弯强度有所提高，随着纤维掺量的增加，混凝土抗弯强度提高 6％～14％。纤维在混凝土抗弯破坏中，起到了桥接阻裂的作用。而抗压强度随着纤维掺量的增加先减小后增大，这是由于纤维素纤维的掺入，引入纤维与基体之间界面的薄弱区，与纤维的桥接作用相互抵消，从而影响纤维混凝土的抗压强度。但是，纤维掺量为

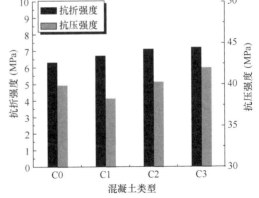

图 2.8.2　混凝土 28d 龄期的力学性能

$0.9kg/m^3$ 的 CFRC 仍满足 C30 强度等级要求。

2.8.3　预加载后混凝土试件的损伤程度

　　本文研究纤维素纤维混凝土在弯拉荷载作用下的耐久性，其中冻融循环试验和氯离子渗透性试验均采用预加载方式对混凝土试件预先引入损伤，需要对混凝土经过预加载后的损伤程度进行评价。近年来，超声波无损测试技术已经成功应用于复合材料相关研究和生产行业。本文采用超声波测试仪测试预加载后试件的损伤程度。

　　混凝土的超声波速主要取决于其弹性参数，将混凝土视为基体、微裂缝和宏观裂缝组成的复合材料，其超声声速可以表示为：$V_c = 1/(i_1/V_1 + i_2/V_2 + i_3/V_3)$，其中 V_c 为超声波在混凝土中的传播速度；i_1，i_2，i_3 和 V_1，V_2，V_3 分别为基体、微裂区和宏观裂缝在混凝土中的体积分数以及超声波在三者中的传播速度；V_3 即超声波在空气中的速度，340m/s。

　　可见超声波速与材料内部的细观结构密切相关，超声波速的变化可以有效反映材料内部的损伤情况。因此，定义混凝土经过预加载后的损伤程度 $D = 1 - V/V_0 = 1 - T_0/T$，其中 D 为材料的损伤度，V、T 分别为受载后材料的超声波速和声时，V_0、T_0 分别为受载前材料的超声波速和声时。

　　采用超声测试仪测试每块混凝土试块预加 40% 弯拉荷载后的超声波声时，根据上述方法计算经过预加载后混凝土的损伤程度，结果见表 2.8.3。碳化试验试件尺寸为 70mm×70mm×280mm，氯离子电通量试验试件尺寸为 100mm×100mm×400mm，因此，超声声时结果有所不同，根据表 2.8.3 计算得到预加载混凝土试件的平均损伤程度 D 为 8.2%。

预加载试件损伤程度　　　　　　　　　　表 2.8.3

	碳化试件			氯离子电通量试件		
预加载前声时（μs）	60.20	60.80	60.00	75.00	75.40	75.40
预加载后声时（μs）	65.80	66.20	65.20	81.60	82.00	82.20
损伤程度（%）	8.5	8.2	8.0	8.1	8.0	8.3

2.8.4　抗氯离子渗透性

　　混凝土的渗透性是影响混凝土的耐久性能的重要因素，混凝土的抗渗性能还对混凝土的抗碳化能力和抗冻性能力有一定的影响。对于地下建筑（如隧道）、水渠和海港工程等，均要求混凝土有足够的抗渗性。影响混凝土渗透性的驱动力包括毛细孔压力、液体的压力和液体内离子浓度差引起的渗透压力；阻力有孔隙的摩擦阻力和质点的扩散阻力，混凝土的抗渗性受到上述某种驱动力或三种驱动力和阻力的共同作用[12]。因此混凝土的渗透机理有以下三种解释：①液体在毛细孔压力作用下渗入混凝土，可以成为毛细孔压力渗透；②液体在压力或重力的作用下渗入混凝土内部，称为水压力渗透；③在不同离子浓度的流体中的分子或离子通过无序运动从高浓度向低浓度区的传输渗入混凝土。提高混凝土的密实性，可以有效降低混凝土的渗透性。对于混凝土的渗透性可以通过氯离子渗透试验对其进行评价。本文采用电通量法测试混凝土的氯离子渗透性，成型 100mm×100mm×400mm 的棱柱体块，经过预加载后使用切割机切取每块试件纯弯段中部 50mm 长的棱柱体进行试验。基准素混凝土和加载与未加载的纤维素纤维混凝土的电通量测试结果如表 2.8.4 所示。

混凝土 6h 电通量（C）   表 2.8.4

C0	C1	C1-Load
984	738	864

注：C1-Load 为加载后纤维掺量为 0.9kg/m³ 的纤维素纤维混凝土，下同。

测试结果表明：

三组混凝土的电通量均小于 1000C，满足原铁道部高铁隧道衬砌混凝土在 L1 环境等级电通量的相关规定，另据 ASTM C1202 标准给定的基于混凝土电通量大小评价混凝土氯离子渗透性的指标判定方法得知，氯离子渗透性都很低[13]。

掺入纤维素纤维的混凝土的电通量小于基准素混凝土，说明了纤维素纤维的掺入，有效提升了混凝土抗氯离子渗透能力。混凝土的抗氯离子渗透性能与混凝土内部孔隙结构密切相关，降低孔隙率和孔隙直径可以大幅提高混凝土的抗氯离子渗透能力，由此可见纤维素纤维的掺入对改善混凝土结构的孔隙结构十分有利，可以提高混凝土的抗氯离子渗透能力。这是因为纤维素纤维具有独特的空腔结构，而且本身具有亲水性，在混凝土搅拌初期可以保有一定的水分，并在水化后期释放促进水泥的进一步水化，细化混凝土的孔隙结构。

经过预加载后纤维素纤维混凝土的电通量值大于未加载纤维素纤维混凝土的电通量值，小于基准素混凝土的电通量值，即经过预加载的纤维素纤维混凝土内部产生了微裂缝，这些缺陷全部变成氯离子的扩散通道，加速了氯离子在基体中的渗透，但相对素混凝土而言，仍可提高混凝土抗氯离子渗透的能力。

2.8.5 抗冻性

混凝土的冻融破坏是引起混凝土结构破坏的主要因素之一。在负温度条件下，处于水饱和状态下的混凝土结构，内部孔隙中的水结冰膨胀产生应力，孔隙水引入静水压、渗透压等，使混凝土结构内部产生微裂损伤。多次冻融循环作用后，这些损伤积累扩展，最终导致混凝土结构松散破坏。

混凝土冻融破坏机理的研究从 20 世纪 30 年代开始，至今已经形成了一系列假说。混凝土在冻融循环作用下，内部的损伤破坏机理比较复杂，目前形成的理论主要有静水压假说和渗透压假说。

静水压假说由 Powers 在 1945 年提出，认为在冰冻过程中，混凝土孔隙中的部分孔溶液结冰膨胀，迫使未结冰的孔溶液向外迁移，迁移过程需要克服水泥浆体结构的黏滞阻力，产生静水压力。静水压力的大小与孔溶液的流程长度成正比，当流程长度大于其临界值，则静水压力超过基体的抗拉强度，从而引起内部结构的破坏。因此，混凝土的冻融破坏主要受孔隙结构的影响，优化孔隙结构，在浆体中多引入不与毛细孔连通的、封闭的气孔，可以大大提高混凝土的抗冻性。

渗透压假说认为[14]，混凝土中的孔隙按孔径可以分为三类，凝胶孔、毛细孔以及封闭气孔。孔径越小，冰点越低，凝胶孔中的水在温度低于 $-78℃$ 时也不会结冰，而毛细孔里的水在温度低于 $-2℃$ 时就会结冰。温度下降的过程中，由于冰的饱和蒸汽压低于同温下水的饱和蒸汽压，使得小孔中未结冰的孔溶液会向部分冻结的大孔迁移。而且，混凝土孔溶液中含有 Na^+、K^+、Ca^{2+} 等盐类，大孔中的部分溶液先结冰后，未结冰溶液中盐的浓度上升，与周围小孔中的溶液形成浓度差，使小孔中的溶液向部分结冰的大孔迁移。渗透压假说成功解释了混凝土会被一些冻结过程中体积不膨胀的有机液体的冻结所破坏，非引气浆体在温度保持不变时出现的连续膨胀等，对静水压假说做出了补充。

本文测试了冻融循环对混凝土试件的相对动弹性模量和质量损失的影响，试验结果如图 2.8.5 所示。采用超声检测法代替动弹性模量测试，超声检测试验是测得两探头间脉冲波的时间差 Δt，即超声脉冲在混凝土中传播的时间，而且两探头间距离，即传播的距离为 L，则声速为：

$$V = L/\Delta t \qquad (2.8.5\text{-}1)$$

纵波波速 V 和动弹性模量 E_d 之间存在这样的关系：

$$V = \sqrt{\frac{E_d}{\rho} \frac{1-\nu}{(1+\nu)(1-2\nu)}} \qquad (2.8.5\text{-}2)$$

混凝土超声检测的物理量是声时，则相对动弹性模量为：

$$E_r = \frac{E_{dn}}{E_{d0}} = \frac{(\rho \cdot V_n^2)}{(\rho \cdot V_0^2)} = \frac{V_n^2}{V_0^2} = \frac{t_0^2}{t_n^2} \qquad (2.8.5\text{-}3)$$

式中：E_r——n 个循环后混凝土的相对动弹性模量（%）；

E_{dn}、E_{d0}——分别表示试件经 n 次循环后和初始的动弹性模量（GPa）；

V_n、V_0——分别表示超声波经过 n 次循环后和初始的声速（m/s）；

t_n、t_0——分别表示超声波经过 n 个循环后和初始的声时（μs）；

　　ν——泊松比；

　　ρ——混凝土密度（kg/m^3）。

由图 2.8.5 可以看出，在经历 25 次冻融循环后，纤维素纤维混凝土的质量略有增加，而后随着冻融循环次数的增加，质量损失逐渐增大。主要是由于在经历冻融作用后，纤维素纤维混凝土内部孔隙由于冻胀压力的作用进一步扩展，吸水率增大，而此时冻融循环次数较少，混凝土表面剥落较少，因此试件的质量反而略有提高；当冻融循环次数增加时，试件表面冻融剥落增多，大于吸水率的增加，导致质量损失逐渐随之增加。相对动弹性模量是表征混凝土结构内部损伤程度的重要指标。冻融循环作用下，混凝土内部结构逐渐损伤，动弹性模量逐渐下降。冻融循环初期对混凝土的损伤很小[15]，经历 25 次冻融循环后，经过预加载的纤维素纤维混凝土试块的相对动弹性模量仍高达 99.24%。

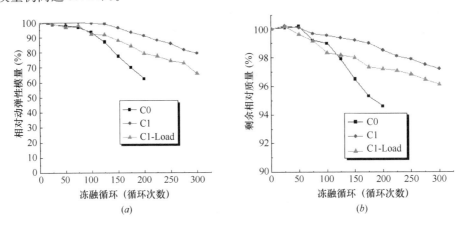

图 2.8.5　冻融循环次数对纤维素纤维混凝土相对动弹性模量和剩余相对质量的影响
(a) 相对动弹性模量；(b) 剩余相对质量

　　结合本课题组前期研究成果[16]发现：①经历 100 次冻融循环后，基准素混凝土的相对动弹性模量为 96.0%，未经加载的纤维素纤维混凝土 C1 的为 97.0%，预加载后的纤维素纤维混凝土 C1-Load 的为 92.3%，未经加载的纤维素纤维混凝土 C1 的相对动弹性模量值最高，纤维改善了混凝土的抗冻性能；而经过预加载纤维素纤维混凝土 C1-Load 的相对动弹性模量最低，表明预加载在混凝土内部留下了不可恢复的结构劣化，导致混凝土的抗冻性能下降。②经过 200 次冻融循环后，基准素混凝土的质量损失超过 5%，相对动弹性模量也低于 60%，停止试验。而未加载与预加载的纤维素纤维混凝土的质量损失均小于 3%，相对动弹性模量在 80% 左右，经过预加载的试块略低于未经加载的试块，表明纤维素纤维混凝土的抗冻性能得到了明显的提高，纤维素纤维改善了混凝土内部的孔隙结构，延缓了冻融循环作用下内部裂纹的形成与扩展。③经过 300 次冻融循环，未经预加载的纤维素纤维混凝土试块 C1 的相对动弹性模量为 78.4%，经过预加载纤维素纤维混凝土试块 C1-Load 为 70.0%，下降了 10.7%，进一步证明了预加载使混凝土试块内部产生了微裂缝，经历 300 次冻融循环后，这些损伤的劣化作用愈加明显。综上所述，掺入纤维素纤维可以提高混凝土的抗冻性，经过预加载在试件内部引入损伤后混凝土试件的抗冻性有所下降，但依然优于基准素混凝土。

2.8.6　抗碳化性能

　　在高铁隧道结构中，钢筋是最重要的受力材料，若采用纤维素纤维混凝土作为钢筋保护层，则必须要重视混凝土碳化过程对结构内部钢筋的保护作用。碳化是混凝土中性化的过程。较高的碱度可以使钢筋表面形成钝化膜，使钢筋免受外界环境的侵蚀破坏，同时碱性环境也是混凝土中水化产物稳定存在并保持良好胶结能力的必要条件。而碳化使混凝土的碱度降低，引起混凝土的结构酥松，诱发钢筋的锈蚀，造成结构的破坏。

　　因此，良好的抗碳化性能对于保证混凝土的结构耐久性有着重要意义。本文测试了三组混凝土养护至 28d 龄期后，分别碳化 3d、7d、14d 和 28d 的碳化深度，试验结果见图 2.8.6。

　　由图 2.8.6 可见，在不同的碳化龄期，基准素混凝土的碳化深度最大，未加载纤维素纤维混凝土 C1 和加载耦合作用下的纤维素纤维混凝土 C1-Load 的碳化深度均小于基准素混凝土。而荷载耦合作用下的纤维素纤维混凝土 C1-Load 的碳化深度也都大于未加载的纤维素纤维混凝土

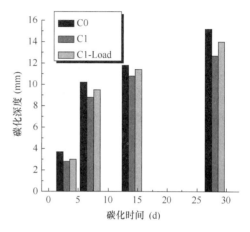

图 2.8.6　混凝土的碳化深度

C1，即纤维素纤维混凝土在荷载作用下会加速碳化，但仍比基准素混凝土碳化速度慢。

　　混凝土碳化主要取决于两方面因素，$Ca(OH)_2$ 的数量和混凝土的结构密实性。由于这三组混凝土除纤维掺量外配合比均一致，因此，混凝土的密实性是影响碳化深度的主要原因。碳化过程是 CO_2 由表及里的扩散过程，混凝土结构的密实性越好，内部缺陷越少，扩散就越困难。试验结果进一步表明，纤维素纤维具有的亲水性和独特的中空结构，优化了混凝土的孔隙结构，减少其内部缺陷，增强了混凝土的抗碳化性能。而在加载作用下，产生的微裂缝成为 CO_2 扩散的通道，使其抗碳化性能有所降低；但纤维素纤维的优化作用显著，使加载后的纤维素纤维混凝土结构仍然优于基准素混凝土。

2.8.7　抗硫酸盐侵蚀

　　对于地处西部盐湖地区、盐渍土地区和滨海环境下的高铁隧道而言，由于地下水和岩石裂隙水中往往富含硫酸盐溶液，该侵蚀性介质会导致高铁隧道结构混凝土发生胀裂与抗渗性显著下降，尤其是与干湿循环耦合作用下会造成更快更严重的结构病害，因此，必须要采用高抗硫酸盐侵蚀的混凝土。硫酸盐对混凝土的侵蚀作用主要是由于环境中的硫酸根离子与混凝土的水化产物（C-S-H 凝胶、$Ca(OH)_2$ 等）发生化学反应，产生膨胀性的物质（如钙矾石等），使混凝土发生膨胀破坏[17]。而提高混凝土的密实性和抗渗性可以提高混凝土的抗硫酸盐侵蚀能力[18]，根据前期研究可知，

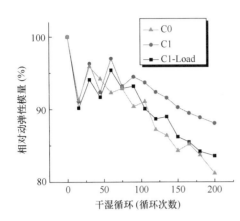

图 2.8.7 干湿循环次数对混凝土相对动弹性模量的影响

纤维素纤维混凝土具有较高的密实性和抗渗性，理论上应该具有较好的抗硫酸盐侵蚀能力。本文研究了纤维素纤维混凝土在硫酸盐-干湿循环耦合作用下的抗侵蚀性能，相对动弹性模量结果见图 2.8.7。

从图中可以看出，在硫酸盐-干湿循环耦合作用下，混凝土早期发生比较大的损伤，主要由于浸泡-烘干循环引起的温度差、浓度差等造成的初始损伤。随即发生的相对动弹性模量上升段是由于 SO_4^{2-} 扩散到混凝土近表面区，在孔隙和界面区钙矾石和硫酸盐结晶物不断累积，密实了混凝土结构。随着干湿循环次数的增加，钙矾石结晶长大的膨胀应力，和硫酸盐结晶物不断累积的结晶应力超过混凝土孔壁的极限抗拉强度，将导致混凝土内部产生很多裂纹，并不断扩展、贯通，最后导致剥落，甚至在静载作用下发生宏观断裂。

干湿循环初期三个系列混凝土都发生了较大破坏，随着循环次数的增加，基准素混凝土的破坏加速，而加载和未加荷载的纤维素纤维混凝土的破坏速度都小于基准素混凝土。纤维素纤维在混凝土内部乱向分布，不仅提高了混凝土的密实性，同时优化了混凝土的孔隙结构，使硫酸根离子的扩散通道减少，扩散速度减慢，延缓了硫酸盐对混凝土的侵蚀作用。

2.8.8 小结

对纤维素纤维混凝土在荷载水平为 40% 的弯拉荷载作用下的耐久性进行了试验，主要包括电通量法测试抗氯离子渗透性能试验、抗冻融循环试验、抗碳化试验和抗硫酸盐干湿循环试验，试验结论如下：

（1）掺入纤维素纤维后，混凝土的抗弯强度提高 6%～14%，且随着纤维掺量的增加而提高，抗压强度随着纤维掺量的增加先减小后增大。

（2）未加载的纤维素纤维混凝土与基准素混凝土相比，耐久性显著提高，电通量降低了 25%；经过 200 次冻融循环后，基准素混凝土的质量损失超过 5%，相对动弹性模量也低于 60%，而未加载纤维素纤维混凝土的质量损失小于 3%，相对动弹性模量仍为 93.6%；碳化深度减小了 0.9～2.5mm。

（3）施加应力水平 40% 弯拉荷载的纤维素纤维混凝土与基准素混凝土相比，耐久性仍有所提高，电通量降低了 12%；碳化深度减小了 0.7～1.2mm；200 次硫酸盐干湿循环后，加载后的纤维素纤维混凝土相对动弹性模量仍比基准素混凝土少降低 3%。

（4）施加应力水平 40% 弯拉荷载的纤维素纤维混凝土与未加载的纤维素纤维混凝土相比，耐久性略有削弱，经过 300 次冻融循环，未经预加载的纤维素纤维混凝土试块的相对动弹性模量为 78.4%，经过预加载的纤维素纤维混凝土试块为 70.0%，下降了 8.4%；电通量增加了 17%；碳化深度增加了 0.2～1.3mm。

2.9　工　程　应　用

2.9.1　纤维素纤维混凝土在二衬结构中的应用技术研究

1. 试验段工点和任务要求

根据科研大纲的要求，东南大学于 2009 年 8 月 11 日至 17 日和 2009 年 9 月 15 日至 25 日来到位于广西壮族自治区贺州市的中铁十四局贵广铁路工程指挥部中心实验室进行现场实验室试验，并于 2009 年 9 月下旬在棋盘山隧道进行现场试验段的试验（见图 2.9.1-1、图 2.9.1-2）。

图 2.9.1-1　中铁十四局贵广铁路工程指挥部　　　图 2.9.1-2　贵广铁路广西贺州段棋盘山隧道
　　　　　　中心实验室

科研大纲中明确要求东南大学主持现场实验室试验，主要任务是：

（1）结合施工现场材料性质，综合考虑力学性能、抗裂性能和耐久性能的要求，进行纤维素纤维混凝土配合比设计；

（2）将现场实验室关键性能试验数据与校内试验数据对比，建立换算关系；

（3）提出施工现场施工工艺。

2. 现场实验室配合比设计

（1）施工环境

C30 纤维混凝土主要用于隧道Ⅲ级以上（包括Ⅲ级）围岩衬砌，施工坍落度要求 160～200mm，混凝土所处环境等级为 T2、H1，按照《铁路混凝土结构耐久性设计暂行规定》（铁建设〔2005〕157 号）的规定，电通量要求小于 1200C。

（2）混凝土配合比选定依据

现场实验室混凝土原材料中，除纤维素纤维外，其他原材料与校内使用的存在差异。因此，在配合比设计时我们首先征求了中心实验室人员的建议，对现场实验室纤维混凝土配合比做出如下设计方案：

按照绝对体积法进行配合比设计；

选定水胶比为 0.39、0.41、0.43 三组混凝土进行试验；

胶凝材料用量不大于 400kg/m³，其中粉煤灰等质量取代 30% 水泥；

每组单掺体积分数为 0.08%（即质量分数 0.9kg/m³）的纤维素纤维；

外加剂掺量不大于胶凝材料用量的 1%；

混凝土配合比设计遵循以下标准或文件的规定：

《普通混凝土配合比设计规程》JGJ 55—2011

《铁路混凝土工程施工质量验收标准》TB 10424—2018

《铁路混凝土工程施工质量验收补充标准》铁建设〔2005〕160 号

《客运专线高性能混凝土暂行技术条件》科技基〔2005〕101 号

《铁路混凝土结构耐久性设计暂行规定》铁建设〔2005〕157 号

《粉煤灰混凝土应用技术规范》GB/T 50146—2014

《混凝土泵送施工技术规程》JGJ/T 10—2011

（3）原材料

水泥：海螺牌 P·O42.5；产地：兴安；生产单位：广西兴安海螺水泥有限责任公司。

砂：河砂，中粗砂，细度模数 2.6；产地：黄洞河。

石：碎石，粒径范围 5～16mm、16～31.5mm；产地：新燕石场。

外加剂：聚羧酸高效减水剂 NOF-AS；产地：山东淄博；生产单位：山东银凯建材有限公司。

粉煤灰：Ⅱ级粉煤灰，细度 19.8%；产地：广东台山；生产单位：广东台山电厂。

水：自来水；符合拌合用水要求。

纤维素纤维：纤维素纤维 UF500，各项性能与校内所用相同；产品提供商：上海罗洋新材料科技公司。

（4）主要参数计算

1）配制强度的计算：

混凝土强度标准差 σ 取 5.0MPa，配制强度为：

$$f_{cu,0}=30+1.645\times5.0=36.6\text{MPa}$$

2）确定水胶比：

根据经验及水泥厂家提供的报告，水泥的富余系数取 1.05，

$$f_{ce}=\gamma_c\cdot f_{ce},g=1.05\times42.5=42.6\text{MPa}$$

$$\frac{w}{c} = \frac{0.46 \times 44.6}{36.6 + 0.46 \times 0.07 \times 44.6} = 0.54$$

3）确定水泥、掺合料、外加剂及用水量：

按混凝土设计使用年限为 100 年，环境作用等级 T2、H1，电通量指标小于 1200C，根据《客运专线高性能混凝土暂行技术条件》（科技基〔2005〕101 号）、《铁路混凝土工程施工质量验收补充标准》（铁建设〔2005〕160 号）、《ASTM C1579-06》和设计要求，考虑掺入粉煤灰能降低混凝土强度，选取水胶比为 0.41 时，为提高混凝土的耐久性，改善混凝土的施工性能和抗裂性能，混凝土中掺加优质的粉煤灰和高性能纤维素纤维。经过试拌确定用水量为 155kg/m³，胶凝材料总量为 380kg/m³，掺入占胶凝材料 30% 的粉煤灰，粉煤灰用量 114kg/m³；水泥用量为 266kg/m³；外加剂为高效减水剂，掺量为 1.0%，纤维为纤维素纤维，掺量（质量分数）为 0.9kg/m³。

4）选定砂率：

根据《普通混凝土配合比设计规程》JGJ 55—2011 选定砂率为 $\beta_s = 42\%$。

计算粗细集料用量：

采用体积法计算粗细集料用量：

$$\begin{cases} \dfrac{C}{\rho_C} + \dfrac{W}{\rho_w} + \dfrac{S}{\rho_S} + \dfrac{G}{\rho_G} + \dfrac{F}{\rho_F} + 0.01\alpha = 1 \\ \dfrac{S}{S+G} \times 100\% = 42\% \end{cases} \Rightarrow \begin{cases} m_S = 760 (\text{kg/m}^3) \\ m_G = 1050 (\text{kg/m}^3) \end{cases}$$

其中，$\rho_C = 2940$（kg/m³），$\rho_w = 1000$（kg/m³），$\rho_S = 2620$（kg/m³），$\rho_G = 2730$（kg/m³），$\rho_F = 2210$（kg/m³），$\alpha = 2.9$（按经验取值）。

（5）混凝土配合比

混凝土配合比设计采用 0.39、0.41、0.43 三个水胶比，设计方案如前文所述，如表 2.9.1-1 所示。

混凝土配合比（单位：kg/m³）　　　　　　　　　　　　　　　　表 2.9.1-1

编号	水胶比	水泥	粉煤灰	水	砂	石	外加剂	纤维
1	0.39	278	119	155	752	1040	3.97	0.9
1-1	0.39	278	119	155	752	1040	3.97	—
2	0.41	266	114	155	760	1050	3.8	0.9
2-1	0.41	266	114	155	760	1050	3.8	—
3	0.43	252	108	155	766	1060	3.6	0.9
3-1	0.43	252	108	155	766	1060	3.6	—

3. 试件成型数量及施工工艺

现场混凝土成型尺寸、数量及测试内容如表 2.9.1-2 所示。混凝土施工成型工艺与校内试验相同。

现场混凝土成型尺寸、数量及测试内容 表 2. 9. 1-2

试件尺寸（mm）	成型数量	用途
100×100×400	12	28d、56d 弯曲强度（6个） 冻融循环性能（3个） 疲劳、断裂性能（3个）
150×150×150	18	1d、3d、28d、56d 立方体抗压强度（12个） 28d、56d 电通量（6个）
φ75×150	6	抗渗性能（6个）

4. 混凝土性能测试结果

（1）新拌混凝土工作性能

混凝土成型完毕后，立即对其坍落度、坍落扩展度、含气量、抗离析指标、表观密度和纤维分散程度等进行测试，测试结果如表 2.9.1-3 所示，纤维分散程度如图 2.9.1-3 所示，抗离析测试见图 2.9.1-4。

新拌纤维素纤维混凝土工作性能 表 2. 9. 1-3

配合比编号	水胶比	新拌混凝土性能					
		坍落度 （mm）	坍落扩展度 （mm）	含气量 （%）	抗离析指标 （%）	表观密度 （kg/m³）	纤维分散
1	0.39	200	500	3.8	2.3	2390	好
2	0.41	210	510	3.8	6.6	2380	好
3	0.43	205	500	3.9	5.2	2370	好

（a）   （b）

图 2.9.1-3 纤维素纤维在新拌混凝土中的分散情况

（a）新拌纤维混凝土；（b）纤维素纤维分散情况

从表 2.9.1-3 中可以看出，现场实验室试验拌合的混凝土具有非常好的坍落度和坍落扩展度，即流动性很好，但由于减水剂中引气组分过大等原因，新拌混凝土含气量稍偏高（标准要求<4%），从图 2.9.1-3（a）中可以看出纤维素纤维在混凝土中分散情况很好。

图 2.9.1-4　新拌纤维素纤维混凝土抗离析测试

（2）28d 和 56d 龄期混凝土关键性能测试结果

试验成型完毕后送至标准养护室进行养护，养护 1d、3d、28d 后测试纤维混凝土立方体抗压强度、电通量、抗折强度和抗渗性能，试验结果如表 2.9.1-4 所示。冻融试验正在进行当中，尚未结束。

基准混凝土和纤维素纤维混凝土关键性能测试结果　　　　　　表 2.9.1-4

配合比编号	水胶比	立方体抗压强度（MPa）				抗折强度（MPa）		电通量（C）		抗渗等级（渗水高度 mm）	
		1d	3d	28d	56d	28d	56d	28d	56d	28d	56d
1	0.39	13.8	22.2	42.3	52.2	5.43	6.56	947	941	＞P12	—
2	0.41	12.1	20.8	39.8	45.9	5.24	6.57	1062	1017	P30（98）	P40（136）
2-1	0.41	9.6	20.1	38.7	47.6	5.10	6.56	—	—	P30（116）	P40（143）
3	0.43	10.3	18.8	36.3	45.0	2.86	6.66	1310	1101	＞P12	—

由表 2.9.1-4 中所列数据可知：

水胶比为 0.39 的混凝土 28d 龄期时已达到了 C35 设计强度等级的要求，水胶比为 0.41 和 0.43 的混凝土 28d 龄期时也达到了 C30 设计强度等级的要求。

水胶比为 0.39 和 0.41 的混凝土 28d 和 56d 龄期时的电通量均达标（＜ 1200C）；而水胶比为 0.43 的混凝土 28d 龄期时的电通量不达标。

三个水胶比混凝土 28d 龄期时的抗渗等级均达到了 P9，满足铁路隧道耐久性要求。

（3）平板法测定混凝土早期塑性收缩试验

现场试验同样进行了平板法测定混凝土早期塑性收缩试验，试验于 2009 年 8 月 13 日至 15 日与纤维混凝土成型工作同步进行，主要任务是比较水胶比相同情况下，纤维素纤维掺量不同对混凝土早期塑性收缩的抑制能力，试验配合比设计如表 2.9.1-5 所示。测试现场如图 2.9.1-5、图 2.9.1-6 所示。

平板法现场试验用混凝土配合比（kg/m³）　　　　表 2.9.1-5

编号	水胶比	水泥	粉煤灰	水	砂	石	外加剂	纤维
1	0.39	278	119	155	752	1040	3.97	0.9
1-1	0.39	278	119	155	752	1040	3.97	—
1-2	0.39	278	119	155	752	1040	3.97	1.1
1-3	0.39	278	119	155	752	1040	3.97	1.65
2	0.41	266	114	155	760	1050	3.8	0.9
2-1	0.41	266	114	155	760	1050	3.8	—
2-2	0.41	266	114	155	760	1050	3.8	1.1
2-3	0.41	266	114	155	760	1050	3.8	1.65
3	0.43	252	108	155	766	1060	3.6	0.9
3-1	0.43	252	108	155	766	1060	3.6	—
3-2	0.43	252	108	155	766	1060	3.6	1.1
3-3	0.43	252	108	155	766	1060	3.6	1.65

图 2.9.1-5　平板法抗裂试验现场

图 2.9.1-6　现场测量裂缝长度、宽度

现场实验室平板法试验结果　　　　表 2.9.1-6

试验日期	编号	掺量（kg/m³）	初裂时间（min）	裂缝总面积（mm²）	改善率（%）
2009.8.13	1	0.9	—	—	100
	1-1	—	50	75.23	—
	1-2	1.1	—	—	100
	1-3	1.65	—	—	100
2009.8.14	2	0.9	—	—	100
	2-1	—	95	168.91	—
	2-2	1.1	—	—	100
	2-3	1.65	—	—	100
2009.8.15	3	0.9	—	—	100
	3-1	—	95	261.92	—
	3-2	1.1	—	—	100
	3-3	1.65	—	—	100

平板法试验数据如表 2.9.1-6 所示，平板的开裂情况如图 2.9.1-7 所示，可以得出如下结论：

三个水胶比的基准混凝土试件均在中部贯穿开裂，其中，0.43 水胶比混凝土的早期裂缝总面积最大，分别为 0.39 水胶比和 0.41 水胶比混凝土的 3.5 倍和 1.6 倍。

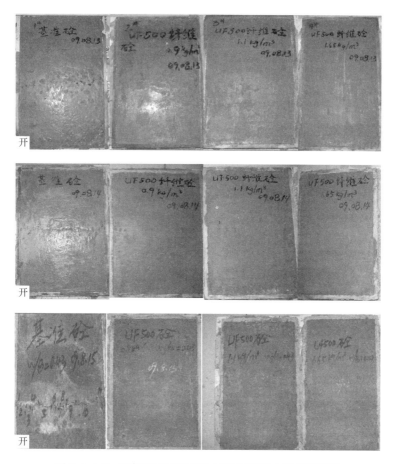

图 2.9.1-7　现场实验室平板法试验各混凝土板开裂情况

掺 UF500 纤维素纤维的三个配合比混凝土在掺量（质量分数）为 0.9kg/m³ 时均未发生开裂，改善率达到 100%，达到国标一级抗裂标准（改善率 75% 以上）。

掺缓凝型减水剂时，基准试件的初裂时间延长，配合比 2、3 均掺缓凝型减水剂，初裂时间为 95min，配合比 1 掺无缓凝性的减水剂，初裂时间为 50min。

5. 现场试验室研究结论

综合分析上述三个水胶比混凝土的工作性能、力学性能、抗渗性、电通量和早期塑性抗裂性能之后，可以得出如下结论：

（1）水胶比 0.39 的混凝土，由于其 28d 抗压强度已达到了 C35 混凝土的设计强度等级，而且其他各项性能均满足新拌混凝土工作性要求、力学性能要求和铁路隧道耐久性要求，因此，推荐在Ⅳ级围岩条件下建造的铁路隧道二次衬砌结构中使用。

（2）水胶比 0.41 的混凝土，在满足新拌混凝土工作性要求、力学性能要求和铁路隧道耐久性要求的前提下，28d 抗压强度达到了 C30 混凝土的设计强度等级，可推荐在Ⅱ、Ⅲ级围岩条件下建造的铁路隧道二次衬砌结构中使用。

（3）水胶比 0.43 的混凝土，由于 28d 电通量不满足铁路隧道耐久性要求，而且，其基准混凝土的早期抗裂性差，因此，不推荐使用。

6. 现场实验室配合比申报

由于棋盘山隧道所处地质环境为Ⅲ级围岩，本课题要求二次衬砌纤维混凝土的强度等级达到C30即可，因此，2009年9月19日中铁十四局贵广铁路GGTJ-9标项目指挥部在完成现场试验段C30纤维混凝土配合比选定工作的基础上，提交了C30纤维混凝土配合比申报材料，申报报告原文如表2.9.1-7所示：

现场试验室配合比申报报告　　　　　　　　　　　　表 2.9.1-7

<table>
<tr><td colspan="9" align="center">新建贵广铁路</td></tr>
<tr><td colspan="5" rowspan="2" align="center">混凝土配合比选定报告</td><td colspan="4">表号：铁建试报 15</td></tr>
<tr><td colspan="4">批准文号：铁建设〔2009〕027 号</td></tr>
<tr><td colspan="2">委托单位</td><td colspan="3">中铁十四局集团贵广铁路工程指挥部</td><td colspan="2">报告编号</td><td colspan="2">GGTJ9-ZTSSJ0-HPB-20090813</td></tr>
<tr><td colspan="2">工程名称</td><td colspan="3">贵广铁路 GGTJ-9 标隧道工程</td><td colspan="2">委托编号</td><td colspan="2">GGTJ9-ZTSSJ0-HPHB-20090811-1</td></tr>
<tr><td colspan="2">施工部位</td><td colspan="3">衬砌</td><td colspan="2">记录编号</td><td colspan="2">GGTJ9-ZTSSJ0-HPBXD-20090813-1、2、3、4</td></tr>
<tr><td colspan="2">配合比编号</td><td colspan="3">GGTJ9-ZTSSJ0-HPB-20090813-1</td><td colspan="2">报告日期</td><td colspan="2">2009-9-18</td></tr>
<tr><td>强度等级</td><td colspan="2">环境类别、等级</td><td colspan="2">抗渗等级</td><td colspan="2">抗冻等级</td><td>电通量要求（C）</td><td>拌合及捣实方法</td></tr>
<tr><td>C30</td><td colspan="2">T2、H1</td><td colspan="2">P8</td><td colspan="2">—</td><td>＜1200</td><td>机械拌合人工捣实</td></tr>
<tr><td>要求坍落度（mm）</td><td colspan="2">要求维勃稠度（s）</td><td colspan="2">最大胶材用量限值</td><td colspan="2">最小胶材用量限值</td><td>最大水胶比限值</td><td>标准差（MPa）</td></tr>
<tr><td>160～200</td><td colspan="2">—</td><td colspan="2">400（kg/m³）</td><td colspan="2">300（kg/m³）</td><td>0.5</td><td>5.0</td></tr>
</table>

（1）使用材料

<table>
<tr><td>水泥</td><td>产地</td><td>广西兴安</td><td>品种</td><td>P·O</td><td>强度等级</td><td>42.5</td><td>报告编号</td><td>GGTJ9-ZTSSJ0-SN-20090809-1</td></tr>
<tr><td>掺和料1</td><td>产地</td><td>广东台山</td><td>名称</td><td>粉煤灰</td><td>掺量（%）</td><td>30</td><td>报告编号</td><td>GGTJ9-ZTSSJ0-FMH-20090811-1</td></tr>
<tr><td>掺和料2</td><td>产地</td><td>—</td><td>名称</td><td>—</td><td>掺量（%）</td><td>—</td><td>报告编号</td><td>—</td></tr>
<tr><td>砂子</td><td>产地</td><td>黄洞河</td><td>表观密度</td><td>2620</td><td>细度模数</td><td>3</td><td>报告编号</td><td>GGTJ9-ZTSSJ0-XGL-20090304-1</td></tr>
<tr><td rowspan="2">碎/卵石</td><td rowspan="2">产地</td><td rowspan="2">新燕石场</td><td>表观密度</td><td>2730</td><td>紧密空隙率</td><td>40</td><td rowspan="2">报告编号</td><td rowspan="2">GGTJ9-ZTSSJ0-CGL-20090811-1</td></tr>
<tr><td>级配组成</td><td>连续</td><td>最大粒径</td><td>31.5</td></tr>
<tr><td>外加剂1</td><td>产地</td><td>山东淄博</td><td>名称</td><td>减水剂</td><td>掺量（%）</td><td>1.0</td><td>报告编号</td><td>GGTJ9-ZTSSJ0-WJJ-20090806-3</td></tr>
<tr><td>外加剂2</td><td>产地</td><td>美国</td><td>名称</td><td>纤维</td><td>掺量（kg/m³）</td><td>0.9</td><td>报告编号</td><td>JST-XW200900326</td></tr>
<tr><td>拌合水</td><td>水源种类</td><td colspan="6">饮用水</td><td>GGTJ9-ZTSSJ0-SZFX-20090214-3</td></tr>
</table>

续表

(2) 配合比选定结果			
试配强度（MPa）	实测坍落度（mm）	理论配合比	水胶比
38.2	210	1：2.86：3.95：0.43：0.0143：0.0034：0.58	0.41

(3) 每方混凝土用料量（kg/m³）

水泥	掺合料 1	掺合料 2	砂	碎/卵石	外加剂 1	外加剂 2	拌合用水	胶材总量
266	114	—	760	1050	3.80	0.90	155	380

(4) 混凝土拌合物性能测试结果

表观密度（kg/m³）	初始坍落度（mm）	初始扩展度（mm）	初始含气量（%）	停放 30min 坍落度（mm）
2380	210	510	3.8	200

停放 30min 扩展度（mm）	停放 30min 含气量（%）	停放 60min 坍落度（mm）	停放 60min 扩展度（mm）	停放 60min 含气量（%）
505	—	190	480	—

泌水率（%）	压力泌水率（%）	初凝时间（h：min）	终凝时间（h：min）	维勃稠度（s）
0	9	—	—	—

(5) 硬化混凝土性能测试结果

电通量（C）		抗压强度（MPa）				抗裂性改善率（%）	抗渗等级	抗冻等级	总碱含量（kg/m³）	氯离子总含量（%）
28d	56d	1d	3d	28d	56d					
1062	—	12.1	20.8	39.8	—	100	P9	—	1.712	0.0069

检测评定依据：《客运专线高性能混凝土暂行技术条件》【科技基〔2005〕101 号】

《铁路混凝土工程施工质量验收补充标准》【铁建设〔2005〕160 号】

《铁路混凝土结构耐久性设计暂行技术条件》【铁建设〔2005〕157 号】

《客运专线铁路隧道工程施工质量验收暂行标准》【铁建设〔2005〕160 号】

《ASTM C1579-06》

《The European Guidelines for Self Compacting Concrete 57-58：2005》

试验结论：

该配合比混凝土各项指标满足《铁路混凝土工程施工质量验收补充标准》(铁建设〔2005〕160 号)、《铁路混凝土结构耐久性设计暂行技术条件》(铁建设〔2005〕157 号)和设计要求

7. 工点试验段研究

在现场实验室完成二次衬砌用纤维素纤维混凝土各项性能指标测试满足要求并完成配合比审批程序后，分别于 2009 年 10 月 13 日、17 日在贵广铁路 9 标棋盘山隧道进行了两次纤维素纤维混凝土二次衬砌试验段现场试验（见图 2.9.1-8、图 2.9.1-9），同时进行了相关试件的留样和部分测试工作。浇筑二次衬砌混凝土用台车示于

图 2.9.1-10，试验段纤维混凝土搅拌现场见图 2.9.1-11。

图 2.9.1-8 第一段二次衬砌纤维混凝土试验段　　图 2.9.1-9 第二段二次衬砌纤维混凝土试验段

图 2.9.1-10 浇筑二次衬砌混凝土用台车　　图 2.9.1-11 试验段纤维混凝土搅拌现场

1）试验段混凝土配合比

试验段混凝土的配合比采用表 2.9.1-7 所示的基准配合比。并在此基础上，根据现场所用砂子含水率、外加剂性能变化情况和新拌混凝土运输时间，对基准配合比中的集料质量、实际用水量和外加剂掺量进行调整，得到了表 2.9.1-8 和表 2.9.1-9 所示的两个搅拌站所拌混凝土的实际配合比。

2009 年 10 月 13 日莲塘搅拌站纤维素纤维混凝土配合比（kg/m³）　　表 2.9.1-8

水泥	粉煤灰	细集料	粗集料		水	减水剂	纤维素纤维
			5～16mm	16～31.5mm			
266	114	789	420	630	126	2.6	0.9

注：细集料由 760kg/m³ 改为 789kg/m³ 是因为细集料含水率 3.8%，扣除水的质量，为保证细集料质量为 760kg/m³，另加细集料 29kg，此时实际加水量则为 126kg/m³，经前期试拌，减水剂由原来的 1.0% 改为 1.2%。

2009 年 10 月 17 日棋盘山搅拌站纤维素纤维混凝土配合比（kg/m³）　　表 2.9.1-9

水泥	粉煤灰	细集料	粗集料		水	减水剂	纤维素纤维
			5～16mm	16～31.5mm			
266	114	807	630	420	108	3.8	0.9

注：细集料由 760kg/m³ 改为 807kg/m³ 是因为细集料含水率 5.8%（砂的含水率和减水剂质量不稳定，对配合比进行了多次调整），扣除水的质量，为保证细集料质量为 760kg/m³，另加细集料 47kg，此时实际加水量则为 108kg/m³；综合考虑混凝土施工性能及搅拌站与现场距离、天气等因素，最终确定减水剂掺量为 1.0%。

2）试验段混凝土制备工艺

为了得到良好的新拌混凝土工作性能，保证铁路隧道二次衬砌的施工效率和工程质量，在校内试验推荐的纤维混凝土制备工艺基础上，结合现场两次试验段施工试验，纤维素纤维混凝土在工程现场的制备工艺推荐如下：

（1）纤维素纤维用量根据每盘混凝土搅拌的实际方量，按推荐掺量（质量分数 0.9kg/m³）准确称量。

（2）计量后的纤维素纤维应与粗骨料一起人工添加。

（3）根据砂石供料系统的特点选择人工投料的位置。如果是水平输送（平皮带型皮带输送机）料斗上料，工人可在粗骨料配料结束前将纤维素纤维投入料斗。如果是垂直输送（斜皮带输送机），工人可在骨料配料结束后跟随骨料倒在皮带上，或者在全部骨料配料结束后立即直接加入料仓内。

（4）添加完纤维素纤维和粗骨料后，按铁路施工规程规定的高性能混凝土拌制工艺进行。

（5）若需根据实际施工需要调整实际搅拌时间，必须在混凝土使用现场进行纤维分散性检验，以实际浇筑时纤维混凝土满足施工各项要求，同时纤维以得到良好的分散为前提确定实际搅拌时间。

（6）按铁路施工规程规定对纤维素纤维混凝土进行正常养护。

3）试验段所处环境条件及新拌混凝土工作性能

棋盘山隧道内两段二次衬砌混凝土试验段所处环境条件及新拌混凝土工作性能测试结果，分别见表 2.9.1-10 和表 2.9.1-11。

新拌混凝土工作性能主要从和易性、流动性、抗离析性能、纤维分散性等几个方面进行测试。两段二次衬砌试验段混凝土研究情况表明：纤维素纤维混凝土在实际施工过程中易于使用，混凝土和易性和流动性良好，未出现离析、泌水等现象（图 2.9.1-12）；混凝土搅拌、泵送、灌注等工作性能良好；纤维在混凝土中分散性良好（图 2.9.1-13）。

另外，对浇筑 1d 后拆模的两个试验段混凝土表面情况进行了观测，如图 2.9.1-14、图 2.9.1-15 所示。观测结果发现：经正常养护脱模后的试验段混凝土表面光洁、外观良好，未发现素混凝土衬砌常见的微细裂纹，也无纤维结团、露头现象。

纤维素纤维混凝土二次衬砌现场试验段记录表（莲塘搅拌站）　表 2.9.1-10

试验日期	2009-10-13	备注
天气状况	阴转小雨	北风小于 3 级，气温 20～30℃
泌水率/%	0	
拌站纤维分散性	良好	100％分散
现场纤维分散性	良好	100％分散
拌站（初始）坍落度（mm）	220	测试时间：00：36
现场坍落度（mm）	170	测试时间：01：12（经时 36min）
拌站（初始）扩展度（mm）	510×510	测试时间：00：36
现场扩展度（mm）	420×420	测试时间：01：12（经时 36min）
含气量（％）	2.9	
离析率（％）	1.2	
密度（kg/m³）	2383	
开盘时间（h：min）	00：34	总结：新拌 UF500 纤维混凝土状态良好，各项性能优越，满足施工要求，施工、泵送顺利，于 14：35 圆满完成试验段二次衬砌试验
试验段里程	DK571＋027.6～DK571＋018.7	
施工起止时间（h：min）	01：10～14：35	
试验段长度（m）	8.9	
试验段厚度（m）	0.4	
现场温度（℃）	28.5	
现场湿度 RH（％）	55	
纤维混凝土总方量（m³）	148	

纤维素纤维混凝土二次衬砌现场试验段记录表（棋盘山搅拌站）　表 2.9.1-11

试验日期	2009-10-17	备注
天气状况	晴转多云	北风小于 3 级，气温 20～32℃
泌水率（％）	0	
现场纤维分散性	良好	百分百分散
现场坍落度（mm）	180	测试时间：09：25
现场扩展度（mm）	470×470	测试时间：09：25
含气量（％）	2.5	
离析率（％）	2.8	
密度（kg/m³）	2378	
开盘时间（h：min）	08：25	总结：试拌确定减水剂掺量为 1.0％后，新拌 UF500 纤维混凝土状态良好，各项性能优越，满足施工要求，施工、泵送顺利，于 2009-10-18 00：55 圆满完成试验段二次衬砌试验
试验段里程	DK571＋009.8～DK571＋000.9	
施工起止时间（h：min）	08：10～00：37	
试验段长度（m）	8.9	
试验段厚度（m）	0.4	
现场温度 T（℃）	30.5	
现场湿度 RH（％）	45	
纤维混凝土总方量（m³）	161	

图 2.9.1-12　两个试验段新拌混凝土和易性和流动性测试

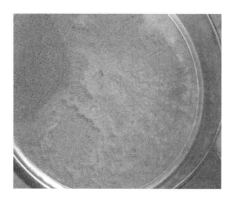

图 2.9.1-13　新拌混凝土内的纤维分散性测试

图 2.9.1-14　第一段试验段混凝土表面情况

图 2.9.1-15　第二段试验段混凝土表面情况

4）标准养护和同条件养护相同配比混凝土主要性能测试结果

在浇筑两个二次衬砌试验段混凝土时，分别预留了一些混凝土立方体试件和棱柱体试件。这些预留混凝土试件的配合比与试验段混凝土的相同，养护条件有两种：标准养护条件、现场试验段同条件养护。

两个试验段预留混凝土试件尺寸、数量，以及标养条件和工点同条件养护下的主要性能测试结果分别列于表 2.9.1-12 和表 2.9.1-13。

棋盘山隧道二次衬砌现场试验段混凝土预留试件标养条件和
工点同条件养护条件下主要性能测试结果（莲塘搅拌站）　　表 2.9.1-12

试验内容	成型日期	成型项目		试件尺寸（mm）	组数	检测项目及测试结果（标养条件/工点同条件养护）			
		同条件养护	标准养护			1d	3d	28d	56d
纤维素纤维混凝土 $W/B=0.41$	2009-10-13	抗压		150×150×150	6	抗压强度 9.8MPa	抗压强度 20.8MPa	抗压强度 37.8/32.2(MPa)	抗压强度 47.2/46.5(MPa)
		1d 3d 28d 56d	28d 56d						
		电通量		150×150×150	1			抗折强度 5.3/3.7(MPa)	抗折强度 6.7/5.2(MPa)
		—	28d 56d						
		抗折		100×100×400	4			劈拉强度 2.74/2.56(MPa)	劈拉强度 2.50/3.60(MPa)
		28d 56d	28d 56d						
		劈拉		150×150×150	4				电通量 915/942(C)
		28d 56d	28d 56d						

续表

试验内容	成型日期	成型项目		试件尺寸(mm)	组数	检测项目及测试结果(标养条件/工点同条件养护)			
		同条件养护	标准养护			1d	3d	28d	56d
素混凝土 W/B=0.41	2009-10-13	抗压				抗压强度 8.4MPa	抗压强度 18.9MPa	抗压强度 36.6/33.4(MPa) 抗折强度 2.8/3.3(MPa) 劈拉强度 2.28/2.09(MPa)	抗压强度 42.3/42.8(MPa) 抗折强度 5.6/5.2(MPa) 劈拉强度 3.29/2.88(MPa) 电通量 988/1042(C)
		1d 3d 28d 56d	28d 56d	150×150×150	6				
		电通量							
		—	28d 56d	150×150×150	1				
		抗折							
		28d 56d	28d 56d	100×100×400	4				
		劈拉							
		28d 56d	28d 56d	150×150×150	4				

棋盘山隧道二次衬砌现场试验段混凝土预留试件标养条件和工点同条件养护条件下主要性能测试结果(棋盘山搅拌站) 表 2.9.1-13

试验内容	成型日期	成型项目		试件尺寸(mm)	组数	检测项目(标养条件/工点同条件养护)			
		同条件养护	标准养护			1d	3d	28d	56d
纤维素纤维混凝土 W/B=0.41	2009-10-17	抗压				抗压强度 11.4MPa	抗压强度 21.3MPa	抗压强度 36.0/33.4(MPa) 抗折强度 5.4/3.3(MPa) 劈拉强度 2.67/2.09(MPa) 电通量 —	抗压强度 42.3/42.8(MPa) 抗折强度 5.6/5.2(MPa) 劈拉强度 3.29/2.88(MPa) 电通量 915/942(C)
		1d 3d 28d 56d	28d 56d	150×150×150	6				
		电通量							
		—	28d 56d	150×150×150	1				
		抗折							
		28d 56d	28d 56d	100×100×400	4				
		劈拉							
		28d 56d	28d 56d	150×150×150	4				

续表

试验内容	成型日期	成型项目		试件尺寸（mm）	组数	检测项目（标养条件/工点同条件养护）			
		同条件养护	标准养护			1d	3d	28d	56d
素混凝土 W/B=0.41	2009-10-17	抗压 1d 3d 28d 56d	28d 56d	150×150×150	6	抗压强度 10.7MPa	抗压强度 20.8MPa	抗压强度 35.2/32.2(MPa) 抗折强度 5.3/3.7(MPa) 劈拉强度 2.41/2.56(MPa) 电通量 —	抗压强度 47.2/46.5(MPa) 抗折强度 6.7/5.2(MPa) 劈拉强度 2.50/3.60(MPa) 电通量 988/1042(C)
		电通量 —	28d 56d	150×150×150	1				
		抗折 28d 56d	28d 56d	100×100×400	4				
		劈拉 28d 56d	28d 56d	150×150×150	4				

5）现场试验段后期跟踪测试结果

现场试验段浇筑成型后，课题组分别于 2009 年 12 月 24 日、2010 年 7 月 24 日和 2012 年 12 月 26 日来到棋盘山隧道，对二次衬砌试验段进行相关指标的测试，此时距离衬砌浇筑分别间隔 72d、284d 和 1165d，测试指标包括：回弹仪测试衬砌的强度、衬砌表面的裂缝观测、钻芯取样等。

（1）试验段二衬表面裂缝观测

浇筑成型后混凝土是否会开裂是工程人员最为关心的问题之一，而混凝土在浇筑成型后会由于表面失水等因素导致收缩，进而产生开裂的可能，前文试验表明纤维素纤维对于早龄期混凝土的开裂就有较好的抑制作用，通过 72d、284d 和 1165d 的观测，如图 2.9.1-16～图 2.9.1-18 所示，二次衬砌各个部位表面无论是普通混凝土还是纤维混凝土均未出现肉眼可见裂纹（即 0.2mm 裂缝宽度的裂纹）。为了深入研究试验段混凝土是否存在肉眼不可见裂纹，需要在试验段上钻芯取样并采用无损三维探伤设备进行定量分析。

（2）试验段二衬混凝土钻芯取样

为了深入研究现场试验段混凝土的质量和主要物理力学参数，284d 在现场试验段进行了钻芯取样。取纤维混凝土和普通混凝土样品各 4 根，样品为圆柱体，直径 100mm，长度 180mm，钻芯取样现场如图 2.9.1-19 所示，所取样品如图 2.9.1-20 所示，在距离试验段混凝土表面以下 5cm 深度范围内，素混凝土中的气泡含量明显高于纤维素纤维混凝土。

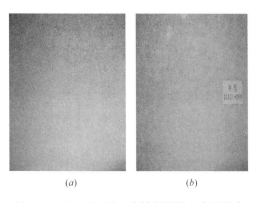

图 2.9.1-16　72d 时二次衬砌混凝土表面形态
（a）普通混凝土；（b）纤维混凝土

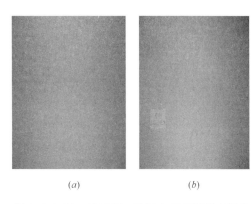

图 2.9.1-17　284d 后二次衬砌表面混凝土形态
（a）普通混凝土；（b）纤维混凝土

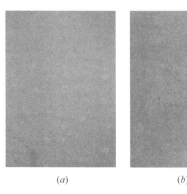

图 2.9.1-18　1165d 时二次衬砌混凝土表面形态
（a）普通混凝土；（b）纤维混凝土

图 2.9.1-19　钻芯取样现场

（3）试验段二衬混凝土强度测试

回弹法测强度

现场试验段的另一项主要工作就是检测二次衬砌混凝土随龄期增长的强度损失，采用方法如上文的钻芯取样，测试其轴心抗拉强度，也可采用无损检测方法，如回弹法，测试其抗压强度，回弹采用立式回弹仪，在二次衬砌上部、中部、底部共选出 10 个测试区，每个测试区测 10 个点，回弹仪测试现场如图 2.9.1-21 所示。回弹测试结果显示，现场试验段 284d 龄期的基准混凝土和纤维

图 2.9.1-20　钻芯法取混凝土试样

素纤维混凝土的平均抗压强度分别为 38.9MPa 和 39.5MPa，均满足 C30 混凝土的设计强度要求。

图 2.9.1-21　立式回弹仪测二次衬砌强度现场

芯样轴心抗压强度实测值

将现场试验段 284d 龄期的基准混凝土和纤维素纤维混凝土芯样沿长轴方向两端切割平整之后，在 50t 液压试验机上进行了轴心抗压强度测试。试件高度为试件直径的 2 倍。测得的基准混凝土和纤维素纤维混凝土芯样的平均抗压强度分别为 32.7MPa 和 35.2MPa，均满足 C30 设计强度等级要求。

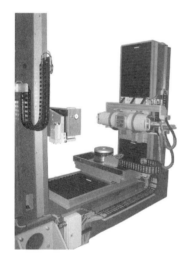

图 2.9.1-22　微焦点 X 射线
CT 系统

（4）芯样的无损检测与分析

在测试基准混凝土和纤维素纤维混凝土芯样轴心抗压强度之前，将两端修整后的芯样和修整过程中自芯样端部切割下来的混凝土薄片，分别采用微焦点 X 射线 CT 系统（图 2.9.1-22）和混凝土气孔结构分析仪（丹麦，图 2.9.1-23），并分别依据《ASTM E1695-95》标准中的 CT 系统性能标准测试方法和 ASTM C 457 标准中的 413mm 横贯线法，对芯样内部气孔进行了检测和统计分析。

通过微焦点 X 射线 CT 系统和混凝土气孔结构分析仪的无损三维扫描及孔隙三维分布图（图 2.9.1-24、图 2.9.1-25）可知：二者在 0.01～0.2mm 尺度范围内均未存在裂纹；纤维素纤维混凝土的气泡含量低于基准混凝土，仅为基准混凝土的 60%；而且纤维素纤维混凝土中的气泡平均弦长和平均气泡间距也均小于基准混凝土，均为基准混凝土的 52%；纤维素纤维混凝土内部多为直径 0.01～0.1mm 的小气泡，而基准混凝土内部存在较多直径大于 0.1mm 的气泡，这表明纤维素纤维混凝土内部结构的均匀性优于基准混凝土，其抗冻性也将优于基准混凝土。这些气孔结构都有利于提高纤维素纤维混凝土的耐久性能，如抗冻性等。

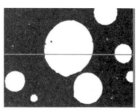

图 2.9.1-23　混凝土气孔结构分析仪

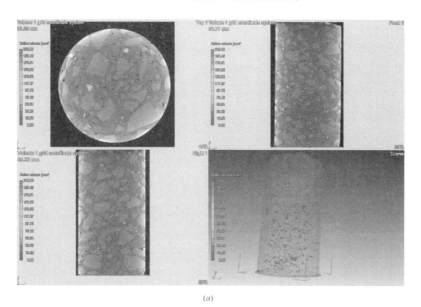

(a)

(b)

图 2.9.1-24　芯样的 X 射线 CT 三维重建图像

（a）素混凝土芯样（直径 100mm，高度 180mm）；（b）纤维混凝土芯样（直径 100mm，高度 185mm）

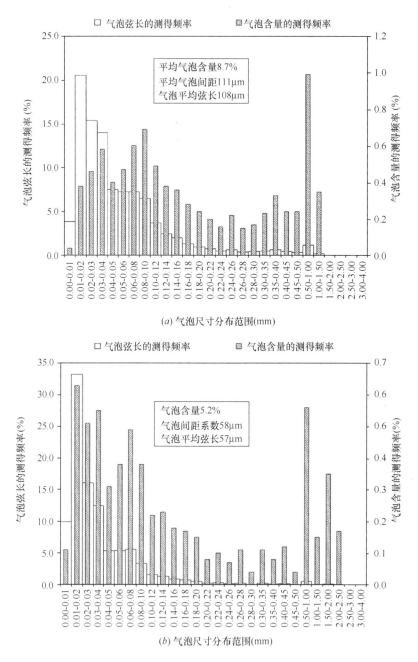

图 2.9.1-25　基于 CT 三维重建图像的芯样内部硬化气泡参数分析结果

（a）素混凝土芯样（硬化气泡尺寸分布柱状图、平均气泡含量）；（b）纤维混凝土芯样

（硬化气泡尺寸分布柱状图、平均气泡含量）

其次，由于纤维素纤维密度与水的密度十分接近，加之纤维素纤维直径小于三维 X 射线 CT（折射管头）的最大分辨率（约 50μm），因此，通过 CT 重建纤维素纤维混凝土的三维图像无法分辨纤维素纤维在混凝土中的实际分布情况。因而，采用了环

境扫描电子显微镜（ESEM）来分辨微米尺度下的纤维素纤维分布情况，如图 2.9.1-26、图 2.9.1-27 所示，图像放大倍数分别为 100 倍和 6000 倍。

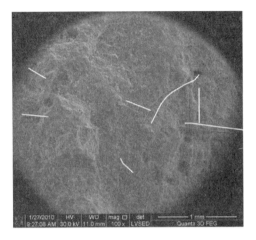

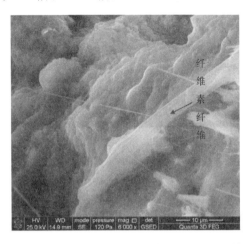

图 2.9.1-26　纤维素纤维在芯样中分布情况的　　图 2.9.1-27　纤维素纤维与水泥石界面区形貌
　　　　　　　ESEM 扫描图像

由图可知：

① 现场试验段纤维混凝土中的纤维素纤维分布均匀，无结团现象；

② 纤维素纤维表面与水泥石界面区粘结良好，纤维耐碱性好，表面无碱腐蚀现象；

③ 由 ESEM 图像得到每 mm^2 混凝土中分布的纤维素纤维根数统计值为 1.0～1.7 根（纤维掺量 $0.9kg/m^3$）；

④ 基于体视学理论，计算得到每 m^3 混凝土中分布的纤维素纤维根数约为 14 亿根（纤维掺量 $0.9kg/m^3$）；

⑤ 发明了荧光显微镜图像分析法，计算得到纤维素纤维在硬化混凝土中的分散基本均匀（如图 2.9.1-28 所示）；

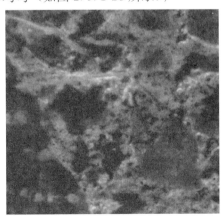

图 2.9.1-28　透反射偏光显微镜内置 CCD 相机获取的荧光图像

⑥ 基于纤维间距理论，计算得到呈三维乱向分布的纤维素纤维平均中心间距为 0.78mm。由该理论可知，混凝土中纤维间距越小，混凝土抗早期开裂的能力也越强。根据 Remuald 理论分析，当水泥基体中纤维的平均中心间距小于 7.6mm 时，水泥石的抗拉和抗弯初裂强度均明显提高。

计算依据 Krenchel 提出的有机纤维间距计算公式（2.9.1）如下：

$$S = 12.5d\sqrt{\frac{1}{V_f}} \tag{2.9.1}$$

式中：S——纤维中心的平均间距（mm）；

d——纤维的当量直径（mm）；

V_f——纤维体积率（%）。

由纤维间距理论可知，纤维对水泥基体的阻裂效果主要取决于两个因素，1）纤维的平均间距 S 值，要求 $S>0$；2）每 $1m^3$ 水泥基体中纤维的根数 N 值。在纤维充分均匀分散的前提下，纤维的平均间距 S 值与阻裂效果成反比，S 值愈小，效果愈好；纤维根数 N 值则与纤维材料的相对密度成反比，与阻裂效果成正比，N 值愈大，阻裂效果愈好。

2.9.2 贵广高铁隧道二衬结构服役寿命预测

大岐山隧道位于广西壮族自治区贺州市和广东省连州市，全长 8531m，设计使用寿命为 100 年。混凝土所处环境等级为 T2（碳化等级）、H1（化学侵蚀等级）。该地区年平均气温为 19.9℃，无霜期 320d，年降水量 1621.8mm，相对湿度 78%。因而，结构混凝土寿命预测主要基于多因素碳化模型进行。

衬砌使用 FPC-3（用于Ⅲ、Ⅳ级围岩条件下）和 C0（用于Ⅱ级围岩条件下）系列混凝土，衬砌层厚度为 45mm（即保护层厚度），保护层变异系数 $k_{cover}=1.7$，则混凝土有效保护层厚度为 26.5mm。结构混凝土承受的运行荷载率一般不超过 30%，在此按 30% 荷载率进行计算；2100 年，大气中 CO_2 浓度会上升 540ppm，在此取 500ppm；混凝土养护龄期一般为 3d；考虑到扩散系数的时间依赖型，衬砌混凝土为内部半封闭环境，$b=0.098$；混凝土快速测试温度为 20℃，该地区年平均气温为 19.9℃。将上文推导的各系数（表 2.9.2）及基本参数代入方程，可求得普通混凝土和基体原位与纤维复合增韧混凝土衬砌结构的使用寿命。

基于多因素碳化模型的寿命预测   表 2.9.2

编号	粉煤灰掺量（%）	聚合物掺量（%）	钢纤维掺量（%）	养护龄期（d）	应力下寿命（年）	
					0	30
C0	30	0	0	3	302	174
FPC-3	30	5	0.8	3	387	232

由表 2.9.2 可知：衬砌中普通混凝土在养护 3d，荷载为 30% 的情况下可以运营 174 年，而基体原位与纤维复合增韧混凝土可以运营 232 年；而衬砌中普通混凝土在

养护 3d，荷载为 0 的情况下可以运营 302 年，而基体原位与纤维复合增韧混凝土可以运营 387 年。均满足二衬设计寿命 100 年的要求。

本章参考文献

[1] Banthia N，Majdzadeh F，Wu J，Bindiganavile V. Fiber synergy in hybrid fiber reinforced concrete (HyFRC) in flexure and direct shear [J]. Cement and Concrete Composites，2014，48(4)：91-97.

[2] Bazant Z P，Wittmann F H. Creep，shrinkage and durability mechanics of concrete and other quasi-brittle materials [C]. Proceedings of the sixth international conference，20-22 August 2001，Cambridge，USA.

[3] 惠荣炎，黄国兴，易冰若. 混凝土的徐变 [M]. 北京：中国铁道出版社，1988.

[4] 赵金辉. C60 高性能混凝土徐变性能研究 [D]. 湖南：中南大学，2009.

[5] 王梦恕，谭忠盛. 中国隧道及地下工程修建技术 [J]. 中国工程科学，2010，12(12)：4-10.

[6] 曹擎宇，孙伟，赵勇，等. 纤维素纤维混凝土性能及在二次衬砌中的应用[J]. 铁道学报，2012，34(7)：103-107.

[7] Cao Q Y，Sun W，Guo L P. The effect of organic fibers on crack resistance of concrete and applicable for secondary lining [J]. Advanced Materials Research，2012，374：811-814.

[8] 王德志，孟云芳，万良兴. 纤维素纤维矿物掺和料复掺改善高性能混凝土抗裂性能 [J]. 水利水电科技进展，2010，30(5)：41-44.

[9] Soroushian P，Elzafraney M，Nossoni A，Chowdhury H. Evaluation of normal-weight and light-weight fillers in extruded cellulose fiber cement products [J]. Cement and Concrete Composites，2006，28(1)：69-76.

[10] Banthia N，Nandakumar N. Crack growth resistance of hybrid fiber reinforced cement composites [J]. Cement and Concrete Composites，2003，25(1)：3-9.

[11] Albert D L F，Liao L，Sergio C，Antonio A. Design of FRC tunnel segments considering the ductility requirements of the MC-2010 application to the Barcelona Metro Line 9[A]. FRC 2014 Joint ACI-fib International Workshop [C]，2014：480-499.

[12] 张巨松. 混凝土学[M]. 哈尔滨：哈尔滨工业大学出版社，2011：161-167.

[13] 中国铁道科学研究院. 铁路混凝土结构耐久性设计规范：TB10005—2010[S]. 北京：中国铁道出版社，2010.

[14] 胡国强. 中低强度混凝土抗冻性的试验研究 [D]. 杭州：浙江工业大学，2011：8-10.

[15] Li V C，Leung C K Y. Steady state and multiple cracking of short random fiber composites [J]. ASCE，Journal of Engineering Mechanics，1992，188(11)：2246-2264.

[16] Guo L P，Sun W，Cao Q Y，Zong J Y. Study on optimized mix-proportion and crack resistance of modern secondary lining concrete for high-speed railway tunnel [J]. Advanced Materials Research，2011，168-170：106-110.

[17] 梁咏宁，袁迎曙. 硫酸盐侵蚀环境因素对混凝土性能的影响——研究现状综述 [J]. 混凝土，2005 (3)：27-30.

[18] 马继明，孙兆雄，葛毅雄，等. 高性能混凝土的抗硫酸盐、镁盐侵蚀研究 [J]. 新疆农业大学学报，2005，28(2)：67-71.

第3章
生态型超高性能纤维增强水泥基复合材料 ECO-UHPFRCC 关键性能与服役寿命预测

　　超高性能纤维增强水泥基复合材料（UHPFRCC）是 20 世纪 80 年代发展起来的一种新材料，具有超高的强度、耐久性和工作性，最先出现在法国，名为活性粉煤混凝土（RPC）。2006 年，日本土木工程师协会给出了 UHPFRCC 的定义：纤维增强水泥复合材料，并且抗压强度大于 150MPa，抗拉强度大于 5MPa，初裂强度大于 4MPa。高性能混凝土（HPC）和普通混凝土（NC）相比，其具有优异的力学性能和耐久性，并且由于在其体系内掺加了大量的微细纤维，在受力开裂过程中存在多缝开裂和应变强化的过程，韧性显著提高，具有极强的阻裂能力。

　　混凝土在生产时不仅消耗巨大的自然资源和能源，其主要原材料水泥在生产过程中排放大量有害气体、污水和固体废弃物，对环境造成了巨大的压力。进入 21 世纪以来，环境问题变得越来越严重，建筑材料不仅要求使用性能优异，还要考虑其环境协调性问题，这种具有优异环境协调性的混凝土称为生态混凝土。生态型混凝土的重要特点就是生产过程中少用或者不用天然资源，大量使用废弃物作为再生资源。

　　利用粉煤灰、矿渣等工业废弃物取代水泥制备 UHPFRCC 可以降低生产的成本，并且有利于节省资源、抑制废弃物的产生和 CO_2 等气体的排放。利用河砂代替磨细石英砂可以避免生产磨细石英砂造成的巨大能耗，从而间接地减轻了环境负担。采用这种方法制备得到的 UHPFRCC 将其称为生态型超高性能水泥基复合材料（ECO-UHPFRCC）。迄今为止，ECO-UHPFRCC 最为常用的配置方法为高标号水泥＋超细矿物掺合料＋高效减水剂＋微细钢纤维，具有优异的力学性能和耐久性能。

3.1　ECO-UHPFRCC 的制备技术及测试方法

3.1.1　原材料性能

（1）优质水泥

　　南京江南-小野田生产的 P·Ⅱ 52.5R 硅酸盐水泥。其化学成分、矿物组成及物理性能见表 3.1.1-1，表 3.1.1-2 和表 3.1.1-3，粒径分布如图 3.1.1-1 所示。

水泥的化学成分　　　　　　　　　　　　　　表 3.1.1-1

化学成分	CaO	SiO$_2$	Al$_2$O$_3$	Fe$_2$O$_3$	SO$_3$	MgO	Na$_2$O＋0.625K$_2$O	烧失量
质量分数（％）	64.70	20.40	4.70	3.38	1.88	0.87	0.82	3.24

水泥的矿物组成　　　　　　　　　　　　　　表 3.1.1-2

矿物成分	C$_3$S	C$_2$S	C$_3$A	C$_4$AF	f-CaO	烧失量
质量分数（％）	60.55	16.71	6.03	12.81	0.90	2.95

水泥的物理与力学性质　　　　　　　　　　　表 3.1.1-3

	标准稠度（％）	初凝（min）	终凝（min）	抗折强度（MPa）		抗压强度（MPa）		比表面积（m^2/kg）
				3d	28d	3d	28d	
P·Ⅱ 52.5·R	26.3	140	245	7.2	10.6	34.7	62.8	362

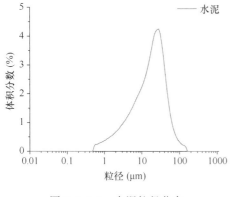

图 3.1.1-1　水泥粒径分布

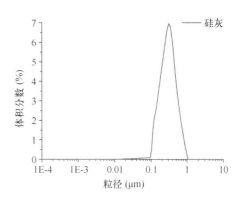

图 3.1.1-2　硅灰粒径分布

（2）超细混合材

选取混合材时主要考虑两个方面，一是面广量大，来源丰富；二是有利于粒径填充和化学成分互补和功效互补的优势，其最终目的是最大限度地取代水泥熟料用量，一方面降低水化热对材料带来的负面影响，另一方面起到节能减排，低碳环保的作用。本文通过原材料优选，选用的是硅灰（SF）和Ⅰ级粉煤灰（FA），通过这些粉体材料的粒径叠加和化学成分的互补优势，提高材料的致密性，从而提高 ECO-UH-PFRCC 的各项性能。

粉煤灰选用的是镇江谏壁电厂生产的Ⅰ级超细粉煤灰。硅灰选用的是埃肯公司生产的微硅灰，粒径分布见图 3.1.1-2 所示。其化学成分和物理性能示于表 3.1.1-4 和表 3.1.1-5。

粉煤灰和硅灰的主要化学成分 表 3.1.1-4

矿物掺合料	化学成分（%）								
	SiO$_2$	Al$_2$O$_3$	Fe$_2$O$_3$	CaO	MgO	SO$_3$	K$_2$O	Na$_2$O	烧失量
FA	54.88	26.89	6.49	4.77	1.31	1.16	1.05	0.88	2.56
SF	94.48	0.27	0.83	0.54	0.97	0.8	—	—	2.11

粉煤灰和硅灰的物理性能 表 3.1.1-5

矿物掺合料	需水率（%）	烧失量（%）	密度（kg/m^3）	比表面积（m^2/kg）
FA	92	3.1	2240	454
SF	—	1.04	2500	22000

从表 3.1.1-4 可以看出，粉煤灰和硅灰中含有大量的活性 SiO$_2$，能促进水泥的二次水化生成更多的 CSH 凝胶，并消耗大量的六方板状的脆性 Ca(OH)$_2$ 晶体，从而改善水泥基材料的微观结构，提高材料的宏观力学性能和耐久性。由表 3.1.1-5 可以看出，就粒径大小而言，硅灰＜粉煤灰＜水泥，这使得硅灰和粉煤灰在水泥浆体中能更好地发挥填充效应。且粉煤灰颗粒呈球形，有利于提高水泥基材料的工作性，发挥减水效应。

（3）细集料

最大粒径为 2.36mm 的普通河砂；测得细度模数为 2.44；连续级配；堆积密度为 1.4g/cm^3，表观密度为 2.4 g/cm^3。

（4）高效减水剂

瑞士西卡（中国）建筑材料有限公司生产的 Visconcrete 3301 型高效减水剂，固含量 28%，减水率≥30%。

（5）钢纤维

贝卡尔特 Dramix 镀铜超细钢纤维。直径 0.2mm，长度 13mm，长径比 l_f/d_f ＝65。

（6）自来水

3.1.2 制备工艺

ECO-UHPFRCC 的制备技术除了优化材料组成外，为了使得各个组分（包括粉体材料和钢纤维）在体系中均匀分布，制备工艺是保证水泥基材料超高性能的主要环节。其关键技术在于矿物掺合料与水泥的均匀混合以及纤维在材料基体中的均匀分布。

本文采用的制备工艺见图 3.1.2：

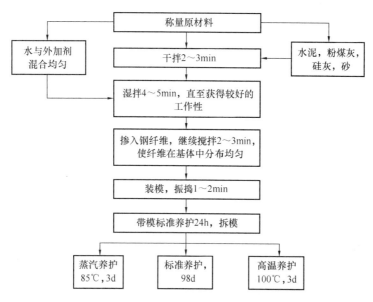

图 3.1.2　ECO-UHPFRCC 制备工艺

3.1.3　配合比设计

在前期大量试验的基础上，确定了 ECO-HPFRCC100，ECO-UHPFRCC150，ECO-UHPFRCC200 三种不同强度的水泥基复合材料的配合比。另外为了揭示钢纤维对 ECO-UHPFRCC 力学性能和耐久性的影响，设计了三组钢纤维掺量分别为 0、1％和 3％的 ECO-UHPFRCC 试件。具体采用的配合比见表 3.1.3。其中 C（％）、FA（％）、SF（％）表示胶凝材料的组成，总量为 100％，S/B 为砂胶比，SP％为外加剂掺量，W/B 为水胶比，V_f 为钢纤维体积掺量。

本文采用的配合比　　　　　　　　表 3.1.3

	C（％）	FA（％）	SF（％）	S/B（％）	SP（％）	W/B	V_f（％）
ECO-HPFRCC100	50	45	5	120	3.5	0.17	1
ECO-UHPFRCC150	50	40	10	120	3.5	0.16	2
ECO-UHPFRCC200	50	35	15	120	3.5	0.15	3
ECO-UHPFRCC150-0	50	40	10	120	3.5	0.16	0
ECO-UHPFRCC150-1％	50	40	10	120	3.5	0.16	1
ECO-UHPFRCC150-3％	50	40	10	120	3.5	0.16	3

3.1.4　试验方法

1. 力学性能试验方法

力学性能试验方法按《混凝土物理力学性能试验方法标准》GB/T 50081—2019 规

定进行。

根据标准 GB/T 50081—2019，弯曲试件尺寸为：40mm×40mm×160mm 的棱柱体，采用三点弯曲，跨距 100mm。试验设备为深圳新三思公司生产的 CMT5105 电子万能试验机（见图 3.1.4-1（a）所示），加载速度为 1mm/s，试验记录下试件的弯曲荷载-挠度曲线。

抗压试件尺寸为：40mm×40mm×40mm 的立方体，试验设备为无锡新路达仪器设备有限公司生产的 TYA-2000 型电液式压力试验机（见图 3.1.4-1（b）所示）。

(a)　　　　　　　　　　　　(b)

图 3.1.4-1　力学性能测试装置
(a) 抗折试验装置；(b) 抗压试验装置

2. 耐久性试验方法

加载方式：

加载装置通过定制加工获得，加载时，试件安装在两块不锈钢板之间，并通过弹簧向下施加压应力。试验选用的荷载应力比为 50% 的弯曲应力。加载装置如图 3.1.4-2、图 3.1.4-3 所示。

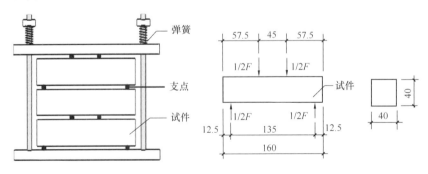

图 3.1.4-2　加载装置示意图

图 3.1.4-3　加载装置

（1）干缩试验

干缩试验按照《普通混凝土长期性能和耐久性能试验方法标准》GB/T 50082—2009 进行。试件成型养护 3d 后，置于恒温恒湿室中，温度 20℃±2℃，湿度 60%±5%。从标准养护室取出并立即移入恒温恒湿室测定其初始长度，并以下时间测量其变形量：1d、3d、7d、14d、28d、45d、60d、90d、120d、150d、180d。试验装置见图 3.1.4-4。

（2）抗氯离子渗透性能测试

对 UHPFRCC 的抗氯离子渗透性能许多学者做过相关的研究。文献 [1-2] 选用电通量法测 RPC 的导电量，试验结果显示通过电量很低，根据美国 ASTMC1202 标准可以视为不渗透，并指出抗渗性随着硅灰占胶凝材料的质量百分数的减小而下降，以及掺入钢纤维与不掺的试件相比电通量明显减小，即钢纤维的加入有利于提高抗渗性。但是在原材料配合比近似，测试参数相同的条件下，两文献分别测得的通过掺入钢纤维的 RPC 的电通量有一定出入。此外，文献通过快速氯离子渗透试验测试了超高强自密实纤维增强混凝土的抗渗透性能，试验发现随着纤维体积掺量的增加，电通量随着增加，并解释说可能是由于纤维的导电性所致。这个结论与文献 [1-2] 得出相反的结论，这可能是因为文献 [1-2] 排除了钢纤维导电导致的误差，但在文献中缺乏相应的说

图 3.1.4-4　干缩试验装置

明。总之电通量法测 ECO-UHPFRCC 将会给试验结果带来较大的偏差。

同样，RCM 法也需要将试件置于外电源产生的电位差中再测定试件的初始和最终电流，考虑到 ECO-UHPFRCC 中钢纤维的导电性，该试验方法也将带来一定误差。因此考虑放弃外加电场加速渗透法而选用自然扩散法进行 ECO-UHPFRCC 抗氯离子渗透性能的研究。

本文采用的测试方法根据试验标准 NT Build 443-94 进行，先将试件浸泡在氯化钠溶液中，待浸泡完毕通过切片或钻取的方法，借助化学分析得到氯离子浓度与扩散距离的关系，最后计算氯离子扩散系数。其具体的步骤为：

试件经养护后，除 1 个暴露面外，其余表面涂覆环氧树脂，保证一维扩散；

将试件浸泡在质量分数为 10％的 NaCl 溶液中；

钻孔，收集粉末，滴定依据《水运工程混凝土试验检测技术规范》JTS/T 236—2019；

计算表观氯离子扩散系数。

随着氯离子浓度的升高，溶液浓度对氯离子扩散系数影响减小，因此本文选取的 NaCl 溶液的质量分数为 10％，从而加快氯离子渗透过程。

（3）冻融试验

冻融试验采用快冻法，按标准《普通混凝土长期性能和耐久性能试验方法标准》GB/T 50082—2009 进行。将养护后试件放入冻融箱中，每隔 25 次循环测试一次试件的质量和相对动弹性模量。当相对动弹性模量下降至 60％或者重量损失率达 5％时，试验停止。

质量损失率和相对动弹性模量的计算方法如下：

1）质量损失率计算

试件冻融后质量损失率按式（3.1.4-1）计算：

$$W_1 = \frac{G_0 - G_n}{G_0} \times 100\% \qquad (3.1.4-1)$$

式中：W_n——n 次冻融循环后试件质量损失率（％）；

G_0——冻融循环前试件质量（kg）；

G_n——n 次冻融循环后试件质量（kg）。

2）相对动弹性模量计算

相对动弹性模量按式（3.1.4-2）计算：

$$P_n = \frac{(f_n^2)}{(f_0^2)} \times 100\% \qquad (3.1.4-2)$$

式中：P_n——n 次冻融循环后试件相对动弹性模量（％）；

f_0——试件冻融循环前横向振动时的基频振动频率（Hz）；

f_n——试件 n 次冻融循环后横向振动时的基频振动频率（Hz）。

试件的质量和相对动弹性模量分别由天平和共振法混凝土动弹性模量测定仪测得。

（4）抗碳化试验

快速碳化试验参照标准《普通混凝土长期性能和耐久性能试验方法标准》GB/T 50082—2009 进行。具体步骤为：

试件在养护结束前 2d 取出，在 60℃温度下烘 48h。烘干后，表面用石蜡予以密封，只留一个暴露面。

后置于碳化箱中进行碳化，其中 CO_2 浓度保持在（60±3）％，湿度控制在（70±5）％的范围内，温度控制在 20℃±5℃。

本文选用的 CO_2 浓度为（60±3）％，高于标准《普通混凝土长期性能和耐久性能试验方法标准》GB/T 50082—2009 规定的（20±3）％，一方面是因为在不同 CO_2 浓度环境中水泥基材料的抗碳化性能已经有所研究[3]，本文的试验研究可以借鉴，另一方面是由于 ECO-UHPFRCC 极其致密，按照标准的试验方法，很难在较短的时间内得到试验结果，因此选用了较高的 CO_2 浓度。

3.2　ECO-UHPFRCC 的流动性能

超高性能水泥基材料的制备通常采用超低水胶比，浆体拌合成型过程中可以利用的水的量严重不足，必须依靠大掺量的高效减水剂来改善其流动性能。低水胶比也使得矿物掺合料对浆体流动性能的影响与高水胶比时略有不同。本节研究了矿物掺合料和水胶比等因素对净浆、砂浆以及纤维掺量对砂浆流动性能的影响。

3.2.1　单掺硅灰或粉煤灰对浆体流动性能的影响

如图 3.2.1-1 和图 3.2.1-2 所示，单掺硅灰对 0.15 水胶比净浆的流动度的影响表现为先增大后减小。低水胶比的净浆在搅拌过程中容易结团，浆体质硬导致拌合水难以得到释放，成型困难。硅灰的掺入有效地增加了等效水灰比，使得水泥颗粒附近的拌合水的含量增加，起到了软化浆体的作用。透射电镜图片清晰地显示了硅灰呈圆球状，和粉煤灰一样具有一定的滚珠减水效应。在掺量低于 15％时，这两个因素占主导作用使流动度有了明显的提高。掺量大于 20％后，由于硅灰的比表面积较大，需水量提高，浆体黏度大幅增大，流动度急剧下降，硅灰掺量达到 40％时已无法成型。

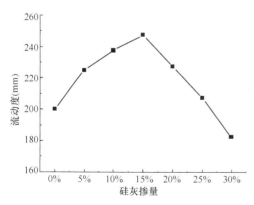

图 3.2.1-1　硅灰对 J15 流动度的影响

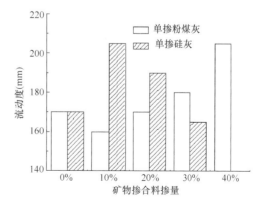

图 3.2.1-2　单掺矿物掺合料对 M15
流动度的影响

　　硅灰对低水胶比砂浆的流动度的影响表现为相同的趋势，而粉煤灰并没有出现意料中的随着掺量升高而流动度增加。低水胶比条件下，砂浆的流动度相比净浆有明显下降。单掺 40％粉煤灰的砂浆与单掺 10％硅灰的砂浆流动度相当，少掺量的硅灰对改善低水胶比浆体的流动性能起到了重要作用。单独掺加粉煤灰特别是在低掺量时增加了浆体的硬度，包裹在胶凝材料中的水分难以在搅拌过程中释放，导致成型困难，流动度反而下降。从流动性的角度考虑，矿物掺合料的掺入方式应该选择复掺。

　　为了定性表征低水胶比净浆的屈服应力和塑性黏度两者对浆体流动特性的影响，本文采用砂浆稠度仪对净浆的流变性能进行表征，记录试锥沉降深度随时间的变化，每 5s 对沉入深度进行测量。试验方法与试验结果见图 3.2.1-3 和图 3.2.1-4。

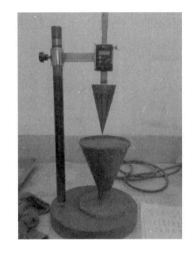

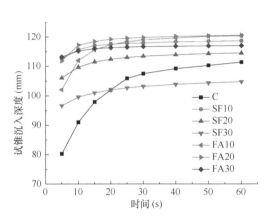

图 3.2.1-3　低水胶比净浆
稠度试验示意图

图 3.2.1-4　矿物掺合料单掺对
低水胶比净浆稠度的影响

　　图 3.2.1-4 给出了对不同矿物掺合料净浆进行试锥沉降试验，沉降深度随时间的变化。其中 5s 沉入深度 h_5 更多地反映了试锥下降过程中浆体对试锥的贯入阻力，h_5 的值越高，屈服应力越小；而 60s 后试锥的沉入深度已基本不变，60s 沉入深度 h_{60} 能在一定程度上反映塑性黏度，h_{60} 的值越高，浆体的黏度越小。

　　纯水泥净浆 C 的 h_5 值较低，初始贯入阻力大。如果浆体在剪切作用下发生形变时 τ/η 的值会暂时性降低，则浆体具有触变性。C 的沉降速率随时间的变化较大，说明浆体的触变性大。水泥基材料的触变性能[4]反映了材料内部结构在剪切作用前后的变化，即反映了水泥基材料内部结构的稳定性，浆体的触变性越大，则浆体的内部结构稳定性越差。

　　硅灰掺量为 10％时，SF10 的 h_5 和 h_{60} 的值均有了明显的升高，浆体的流动性能得到了很好的改善。随着硅灰掺量的增加，两个值迅速下降，当硅灰掺量达到 30％时，浆体黏度过大，SF30 的 h_{60} 值已经低于纯水泥净浆，但 h_5 的值仍高于纯水泥净浆。从宏观上看，硅灰能软化浆体。

粉煤灰也能降低浆体对试锥的贯入阻力，但与硅灰相反，随着粉煤灰掺量的升高，贯入阻力下降，FA10 的 h_5 相对于其他组别较低，这可能是低掺量粉煤灰砂浆流动度先下降后上升的原因。在掺入砂子和钢纤维后，粉煤灰对屈服应力的增加作用会更加明显，从宏观上看，低掺量粉煤灰会使浆体质硬。

3.2.2　硅灰和粉煤灰复掺对浆体流动性能的影响

图 3.2.2-1 给出了硅灰和粉煤灰复掺情况下，分别从硅灰掺量和粉煤灰掺量的角度出发，分析掺入方式对砂浆流动度的影响。硅灰相对于粉煤灰对浆体流动度的影响更为明显。硅灰掺量低于 20% 时，浆体呈现出良好的工作性能，流动度均大于200mm。硅灰掺量超过 30% 后，砂浆体系的需水量过大，流动度急剧下降至 160mm以下。硅灰掺量一定时，粉煤灰掺量的增加对浆体流动度有略微的提升，但效果并不明显，硅灰对低水胶比砂浆的流动性能起到了决定性的作用。

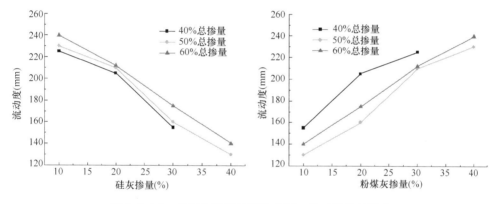

图 3.2.2-1　硅灰和粉煤灰复掺对 M15 流动性能的影响

对于剪切应力必须超过某一特定值才开始发生连续变形运动的非牛顿流体可以称为塑性流体。宾汉姆模型是描述塑性流体的一种常用模型，低水胶比浆体在流变学上符合宾汉姆模型[5]，且具有触变性。该流变模型用屈服应力 τ_0 和塑性黏度 η 两个流变参数组成的线性方程表征：

$$\tau = \tau_0 + \eta \cdot \dot{\gamma} \tag{3.2.2}$$

式中：τ_0——屈服剪切应力；

　　　η——塑性黏度；

　　　τ——剪切应力；

　　　$\dot{\gamma}$——剪切速率。

试验采用旋转黏度仪对硅灰和粉煤灰 40% 总掺量复掺新拌水泥浆体进行流变学性能测试，具体配比选用 J15 中 SF5FA35、SF10FA30、SF15FA25、SF20FA20、SF25FA15 以及对照组 C。对剪切应力－剪切速率曲线用宾汉姆模型进行拟合得到屈

服应力 τ_0 和塑性黏度 η，以此来解释矿物掺合料对浆体流动性能影响的机理[6]。

硅灰和粉煤灰复掺净浆的流变学方程与相关参数　　　表 3.2.2

组别	拟合方程	τ_0	η	R^2
C	$\tau=14.45+17.42\eta$	14.45	17.42	0.9826
SF5FA35	$\tau=21.02+31.99\eta$	21.02	31.99	0.9994
SF10FA30	$\tau=12.45+19.94\eta$	12.45	19.94	0.9934
SF15FA25	$\tau=12.54+16.20\eta$	12.54	16.20	0.9984
SF20FA20	$\tau=52.06+19.60\eta$	52.06	19.60	0.9911
SF25FA15	$\tau=53.92+14.42\eta$	53.92	14.42	0.9897

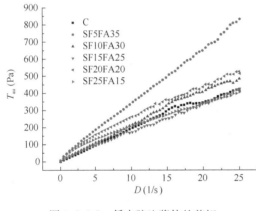

图 3.2.2-2　低水胶比浆体的剪切
应力-剪切速率曲线

从表 3.2.2 的计算结果可以看出，SF5FA35 的 τ_0 和 η 比纯水泥净浆 C 分别提高了 45% 和 84%，粉煤灰相对掺量过高，硅灰相对掺量过低时，浆体的流动性能并不好。塑性黏度与剪切应力主要来自于胶凝材料水化产物的胶结力以及水泥基材料内部各组分间的摩擦力，水分的存在起到了很好的润滑作用。低水胶比条件下，拌合水严重不足，包裹在水泥颗粒团聚小球里的水难以释放而导致颗粒间的摩擦力增大，不易拌合成型。粉煤灰与水泥颗粒的粒径相近，并不能起到填充密实作用，并且掺加粉煤灰后团聚体小球更加质硬，导致屈服应力和塑性黏度增加。硅灰的粒径小于水泥和粉煤灰，并且含有大量的纳米级颗粒，优化了胶凝材料的颗粒级配，有利于更多的水从团聚小球中释放出来，显著降低了浆体的屈服应力。但硅灰的掺量过高后，硅灰因比表面积过高而引起需水量急剧增大，屈服应力 τ_0 是纯水泥净浆 C 的 3.6 倍。从流变学的角度讲，硅灰对于 UHPFRCC 的制备并不可缺，掺量既不能太高，也不能太低，掺量宜控制在 10%~20%。

浆体的触变性能可以通过剪切应力-剪切速率曲线中剪切应力上升段和下降段之间的触变环曲线的面积来计算，见图 3.2.2-2 相同条件下，触变环的面积越大，浆体的触变性越大。

图 3.2.2-3 给出了触变环曲线和触变环面积，SF5FA35 的触变环面积为 C 的 2.9 倍，可以预见单掺粉煤灰会大幅增加浆体的触变性能。随着硅灰相对掺量的增加，浆体的触变性能呈下降趋势，甚至硅灰掺量达到 20% 以上后，虽然浆体的流动性能在

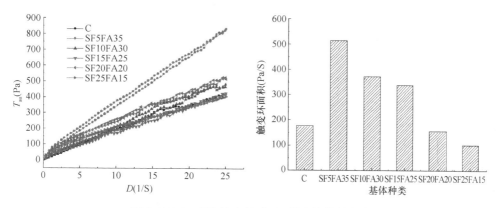

图 3.2.2-3　矿物掺合料对 J15 触变性能的影响

逐渐下降，但是浆体同时也具有更低的触变性能，其触变性能低于纯水泥净浆 C，这使得掺入硅灰后胶凝材料搅拌成浆体所需的时间更短。

3.2.3　硅灰、粉煤灰、矿渣三掺对浆体流动性能的影响

图 3.2.3 描述了硅灰、粉煤灰和矿渣三掺的情况下，各种矿物掺合料以不同的相对比例掺入对流动度的影响。本组试验的砂浆中加入了 3% 体积百分率的钢纤维，流动性普遍较低。

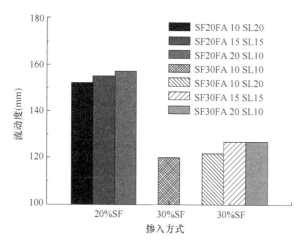

图 3.2.3　矿物掺合料三掺对 U15 流动性能的影响

三掺时，硅灰掺量依然对浆体的流动度起到了决定性作用，硅灰掺量一定，改变粉煤灰与矿渣的相对比例只对浆体的流动度产生了微小的变化。硅灰掺量为 20% 时，浆体流动度在 150～160mm 之间；硅灰掺量为 30% 时，浆体的流动度在 120～125mm 之间。矿渣对三掺体系流动度的影响并不明显。

3.2.4　钢纤维掺量对浆体流动性能的影响

图 3.2.4 给出了钢纤维掺量对低水胶比砂浆流动度的影响，为了减小硅灰对测试结果的影响，这里将硅灰的掺量控制在 20％，采用 M15 SF20FA30 作为基体，钢纤维的最高掺量为 4％。

结果表明，掺入 1％钢纤维后浆体的流动度由原来的 210mm 降低到 190mm，继续增加钢纤维含量至 2.5％，浆体流动度出现了一个缓慢的变化区间，基本维持在 180～190mm，这个掺量范围内钢纤维对流动性的影响不大。当钢纤维掺量大于 3％后，纤维总表面积的增大增加了需水量，并且过多的钢纤维穿插在硬质拌合物团聚体之间导致拌合水难以得到释放，流动度急剧下降。

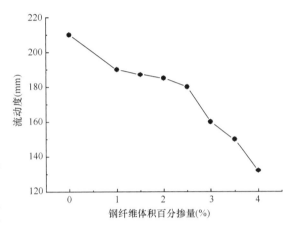

图 3.2.4　钢纤维掺量对 U15 流动性能的影响

试验过程中流动度大于 180mm 时，浆体呈现出良好的工作性能，易于成型并且具有较好的抹面性能。单从流动性出发，钢纤维的掺量不宜超过 2.5％。

3.2.5　水胶比对浆体流动性能的影响

水胶比对流动度的影响				表 3.2.5
水胶比	0.13	0.14	0.15	0.16
流动度（mm）	125	140	160	175

表 3.2.5 给出了水胶比对 SF20FA30 掺 3％钢纤维的砂浆体系流动度的影响。在硅灰掺量控制在 20％以内，浆体未因为硅灰过多而黏度过大时，流动度与水胶比大致呈线性关系。水胶比每升高 0.01，流动度增加约 15～20mm。水胶比大于 0.15 时，矿物掺合料以不同比例掺入均能获得较好的工作性能；水胶比小于 0.15 时，浆体的工作性能变差，必须采取降低硅灰掺量或降低砂胶比的方式来提高流动度；水胶比低于 0.13 时，浆体已无法成型。

3.2.6　砂胶比对浆体流动性能的影响

图 3.2.6 给出了不同水胶比、不同矿物掺合的掺入方式下砂胶比对流动性能的影

响。从 U15 SF20FA30 和 U14 SF20FA30 的流动度可以看出，硅灰掺量不超过 20%，水胶比高于 0.14 时，浆体的流动度随着砂胶比的降低而增加。砂胶比越低，降低砂胶比所带来的流动度的提升越小，并且砂胶比过低会使浆体稠度下降，不能使纤维得到良好的分散，容易发生纤维的集聚、离析。水胶比降低至 0.13，硅灰掺量升高到 30% 时，这两个因素对流动度起到了主导作用，浆体的流动度在 120mm 左右，改变砂胶比并不能对浆体的流动性能起到多大的帮助。

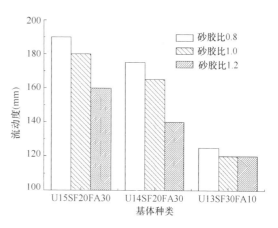

图 3.2.6　砂胶比对不同基体流动性能的影响

3.2.7　小结

（1）硅灰掺量小于 15% 时能提高 0.15 水胶比净浆的流动度，大于 15% 时流动度急剧下降，硅灰对 0.15 水胶比砂浆的流动度的影响表现为相同的趋势。粉煤灰对 0.15 水胶比砂浆的流动度表现出先降低后升高的趋势，粉煤灰掺量为 40% 时流动度与硅灰掺量为 10% 时相当。从优势互补的角度应该采用复掺。

（2）复掺时，硅灰对浆体的流动性能起到了主导作用，硅灰相对掺量达到 30% 后，浆体的流动度比较差。采用宾汉姆模型对 40% 矿物掺合料总掺量的净浆进行流变学分析可以发现，硅灰相对掺量大于 20% 后，浆体的塑性黏度显著提高，但降低了浆体的触变性，有利于拌合成型。然而硅灰相对掺量低于 5% 时，屈服应力和塑性黏度反而有所上升。一定掺量的硅灰对 UHPFRCC 的成型来说不可或缺。

（3）硅灰、粉煤灰、矿渣三掺时，依然是硅灰掺量对流动度起决定性的作用。钢纤维掺量高于 2.5% 时，浆体的流动度急剧下降；水胶比降低，流动度变差，本试验采用的极限水胶比为 0.13。降低砂胶比能提高流动度，当水胶比过低，硅灰掺量过高时，改变砂胶比并不能对浆体的流动性能起到多大的帮助。

3.3　ECO-UHPFRCC 的力学性能

ECO-UHPFRCC 的一个重要特征就是其具有优异的力学性能，其中，抗压、抗折强度是表征材料力学性能的重要指标，代表着材料抵抗外力而不被破坏的能力，因此，研究该材料在不同因素影响下的强度变化规律显得十分重要。此外，由于钢纤维的掺入，不仅使得 ECO-UHPFRCC 的强度得到提高，更是显著地改善了材料的韧性。本节研究了纤维掺量，养护龄期，养护制度对 ECO-UHPFRCC 力学性能的影响规律。

3.3.1 不同强度 ECO-HPFRCC 和 ECO-UHPFRCC 的力学性能

ECO-HPFRCC100，ECO-UHPFRCC150，ECO-UHPFRCC200 不同龄期的抗折和抗压强度见图 3.3.1。

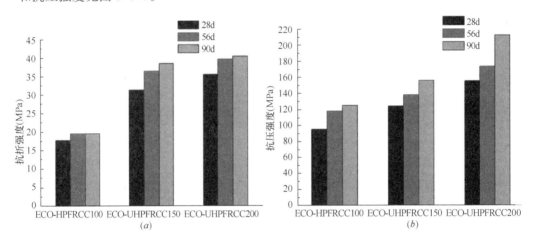

图 3.3.1 ECO-HPFRCC100，ECO-UHPFRCC150，ECO-UHPFRCC200 的力学性能
(a) 抗折强度；(b) 抗压强度

由图 3.3.1 可知，由于粉煤灰的火山灰效应，养护 28d 后，材料的力学性能仍有不同程度增长。标准养护 90d 后，ECO-HPFRCC100、ECO-UHPFRCC150、ECO-UHPFRCC200 的抗压强度分别为 124.9MPa、156.1MPa 和 212.7MPa，均满足强度值设计要求。

3.3.2 纤维掺量对 ECO-UHPFRCC 力学性能的影响

为了改善 ECO-HPFRCC 抗拉性差、延性差等缺点，一般在基体中加入微细高弹、高强钢纤维以改善材料的脆性、提高韧性和阻裂能力。以 ECO-UHP-FRCC150 配合比为基础，研究了钢纤维体积分数分别为 0、1%、2% 和 3% 的 ECO-HPFRCC 的力学性能，以便了解钢纤维对 ECO-HPFRCC 的增强增韧作用。四组纤维掺量不同的试件在标准养护龄期为 90d 时的抗折、抗压强度值见图 3.3.2-1。

钢纤维与超高性能水泥基体复合后的一个显著优点就是它能显著提高材料的初裂强度和极限抗折强度，使裂纹细化分散，材料韧性提高。从图 3.3.2-1 中可以看出其

总的变化规律为：随着纤维体积
掺量的增大，试件的抗折强度和
抗压强度均随之提高；钢纤维对
于材料抗压强度的提高效果远没
有抗折强度明显。与不掺钢纤维
的试件的抗折强度为 15.0MPa 相
比，掺入体积分数 1%钢纤维的试
件的抗折、抗压强度略有提高；
掺入体积分数 2%钢纤维时，抗折
强度达到了 38.6MPa，为不掺钢
纤维的两倍；当钢纤维掺量达到
3% 后，抗折强度达到了
41.8MPa，为不掺纤维时的 2.7
倍。钢纤维增强机理在于：通过

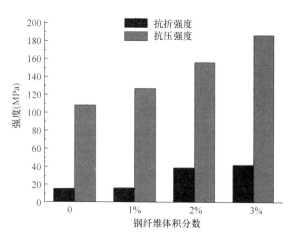

图 3.3.2-1　不同纤维掺量的 ECO-UHPFRCC
的力学性能

基体与纤维之间很强的界面粘结，在加载过程中拉应力开始由纤维和基体共同承担，
当基体开裂后，则转移到由钢纤维承担。由于钢纤维有充足的抗拉强度，从而使
ECO-UHPFRCC 的抗折强度大大提高。钢纤维在其中起到桥接裂缝，抑止裂纹扩展
的作用。

　　同样，标准养护 90d 后，对钢纤维掺量分别为 0、1%、2%和 3%的 ECO-UHP-
FRCC 的荷载挠度曲线（图 3.3.2-2）进行研究和分析，显然随着钢纤维掺量的增加，
ECO-UHPFRCC 的抗折强度与韧性改善显著。不掺钢纤维的试件在达到其抗折强度
极限后发生脆断，荷载挠度曲线围成的面积很小；而掺入钢纤维后，即使只掺入了
1%，也提高了试件的抗折强度，荷载挠度曲线下包围的面积大增，明显地提高了材
料的断裂韧性。因此，钢纤维的掺入对于 ECO-HPFRCC 而言至关重要。

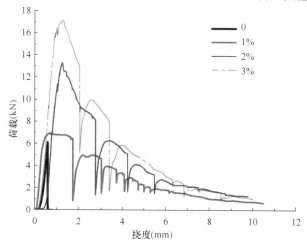

图 3.3.2-2　不同钢纤维掺量试件 90d 的荷载挠度曲线

3.3.3 养护龄期对 ECO-UHPFRCC 力学性能的影响

以 ECO-UHPFRCC150 为例，本文研究了在标准养护条件下不同龄期的 ECO-UHPFRCC150 的力学性能变化。其各龄期强度和强度增长趋势见表 3.3.3 和图 3.3.3-1。

ECO-UHPFRCC150 力学性能随标准养护龄期的变化趋势　　　　表 3.3.3

养护龄期	1d	3d	7d	28d	56d	90d
抗折强度（MPa）	5.7	20.5	29.0	31.4	36.5	38.6
抗压强度（MPa）	19.3	65.6	102.2	124.0	138.0	156.1

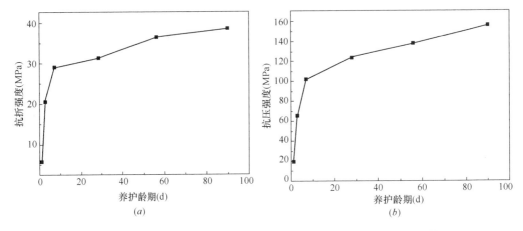

图 3.3.3-1　ECO-UHPFRCC150 力学性能随标准养护龄期的变化趋势
（a）抗折强度；（b）抗压强度

由表 3.3.3 和图 3.3.3-1 可知，随着标准养护龄期的延长，ECO-UHPFRCC150 的抗折和抗压强度不断增长，早期强度增长较快，7d 时，ECO-UHPFRCC150 的抗折和抗压强度已分别达到 29.0MPa 和 102.2MPa，这一方面是由于材料水灰比极低，且粉煤灰、硅灰发挥了填充效应，使材料极为密实；另一方面是由于硅灰的火山灰活性很高，能很快地与水化生成的氢氧化钙发生反应，从而促进水化反应的进行且改善基体与集料间的界面结构，提高材料的早期性能。7d 以后，ECO-UHPFRCC150 的强度仍不断增长，但是相对而言增长较为缓慢，这主要得益于粉煤灰火山灰效应的不断发挥，但由于粉煤灰的火山灰活性较低，反应较慢，因此要充分发挥其火山灰效应需要长时间的养护。ECO-UHPFRCC150 在养护 90d 时仍未完全稳定，可以预计，随着养护龄期的继续延长，其抗折和抗压强度仍能有一定程度的提升空间。

观察表 3.3.3 和图 3.3.3-1，可知，养护后期（56d 以后），材料的抗折强度增长速度明显低于抗压强度的增长。由于钢纤维的掺入，材料的抗折强度主要取决于纤维与基体的粘结强度。在水化前期，由于硅灰的火山灰效应，纤维与基体的界面结构得到极大的改善，界面粘结已经极为良好，而随着水化反应进行到后期，硅灰的火山灰效应已经发挥完全，粉煤灰火山灰效应的发挥对纤维与基体界面结构的改善作用已极其有限，因此在宏观性能上，材料的抗折强度的增长不太明显。而对于材料的抗压强度，虽然纤维的加入能起到一定的增强作用，但是其还是主要取决于材料基体的力学性能。随着养护时间的延长，粉煤灰不断发生火山灰反应，使基体的结构不断密实，从而使材料整体的力学性能不断提高。

图 3.3.3-2 为 ECO-UHPFRCC150 在养护 28d、56d、90d 后的荷载-挠度曲线。从图中可以看出，ECO-UHPFRCC150 在标准养护 56d 和 90d 后的荷载-挠度曲线基本重合，材料的韧性相近，但是均优于 28d 时的荷载-挠度曲线。这与抗折试验的得到的结果一致。

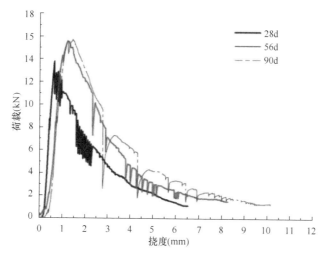

图3.3.3-2　不同龄期下 ECO-UHPFRCC150 试件的荷载-挠度曲线

3.3.4　养护制度对 ECO-UHPFRCC 力学性能的影响

除了养护龄期，养护制度的不同对材料的力学性能也有着显著的影响。在工程应用中，为了在确保产品质量和节约能源的条件下缩短生产周期，提高设备利用率，降低产品成本，往往会采用快速养护。为利于 ECO-HPFRCC 将来在工程实际中的应用，本文研究了标准养护、高温养护和蒸汽养护对材料力学性能的影响。

实验选取了配合比完全相同的 ECO-UHPFRCC150 的三组试件，带模标准养护2d 后脱模，而后分别进行标准养护、高温养护和蒸汽养护。其中，标准养护至 90d，高温养护（100℃）和蒸汽养护（85℃）均养护 3d，测试时取出试件放置并冷却至室温，然后进行力学性能的测试。三组试件的测试结果见表 3.3.4。

由表 3.3.4 中数据可见，3d 的快速养护能使 ECO-UHPFRCC150 达到接近于标准养护 90d 后的强度。这主要是因为对于高掺量活性掺合料的 ECO-UHPFRCC，蒸汽养护和高温养护加速了水泥水化反应和粉煤灰等超细混合材的火山灰反应，使得材料在短龄期内就获得长龄期的力学性能。

不同养护制度下 ECO-UHPFRCC150 的力学性能 表 3.3.4

	抗折强度（MPa）	抗压强度（MPa）
标准养护 90d	38.6	156.1
高温养护 3d	27.2	144.7
蒸汽养护 3d	31.7	160.4

蒸汽养护与高温养护相比，显然前者对材料的抗折、抗压强度有更为显著的增强作用，原因是在高温养护过程中，虽然一方面高温条件加速了水泥颗粒的水化反应及矿物掺和料的火山灰反应，使得材料强度提高很快，但另一方面水泥浆体内部分水分在高温条件下蒸发，形成少量较大的毛细孔，导致材料孔隙率稍有增大，强度略微下降。一般蒸汽养护过程中会出现湿热膨胀从而对材料的结构产生破坏作用，但是 ECO-UHP-FRCC 中钢纤维的掺入改善了基体韧性，提高了抵抗湿热膨胀应力的能力，使得蒸汽养护的效果更好。因此蒸汽养护后试件的强度略高于高温养护后的试件。

标准养护 90d，高温养护 3d 和蒸汽养护 3d 的三组试件的荷载-挠度曲线如图 3.3.4 所示。由图可见，三种养护制度下，ECO-UHPFRCC150 的荷载-挠度曲线基本重合，这说明了快速养护制度如高温养护、蒸养能够在短期内达到长期标准养护的试件的强度，同时保证了 ECO-UHPFRCC 的韧性。

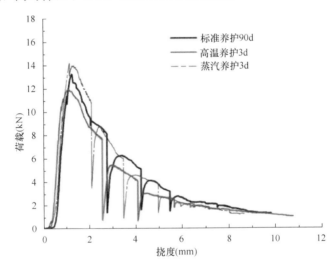

图 3.3.4 不同养护制度下 ECO-UHPFRCC150 的荷载-挠度曲线

3.3.5 小结

通过对不同强度等级，纤维掺量，养护龄期，养护制度下 ECO-UHPFRCC 的力学性能的系统研究，得到了如下结论：

（1）与普通混凝土相比，ECO-UHPFRCC 是一种超高强、高韧性，具有优异的力学性能的新型水泥基复合材料。早期强度增长迅速，后期强度高且平稳增长。ECO-HPFRCC100，ECO-UHPFRCC150，ECO-UHPFRCC200 配合比设计成功，均在标准养护 90d 后达到了预先设计的强度值。

（2）高温养护和蒸汽养护对快速发展 ECO-UHPFRCC 的力学性能十分有利，能够在养护较短的时间内（3d）既保证了材料的强度，又不损失材料的韧性。

（3）钢纤维的掺入能有效地改善 ECO-UHPFRCC150 的强度和韧性，并且随着钢纤维的体积分数增加，材料的抗折抗压强度和韧性均有所提高。

3.4　ECO-UHPFRCC 的耐久性能

3.4.1　水稳定性

对于传统的 UHPFRCC 而言，如 MDF，成型时其水胶比极低，体系中存在着大量的未水化水泥颗粒。这些未水化水泥颗粒在遇水后将继续水化，从而影响材料的整体性能，因此它们的水稳定性较差。研究表明[7]，MDF 长期置于较高的相对湿度（＞60%）环境或者浸于水中时，其力学性能会下降约 60%。这一缺陷极大地限制了这一材料的推广应用。由于 ECO-UHPFRCC 体现内部也存在大量的未水化水泥颗粒，因此在本文中，首先需研究 ECO-UHPFRCC 在水中的稳定性。

图 3.4.1 是经标准养护 90d 的 ECO-UHPFRCC150 未接触水和静置于水中达 7d、28d、60d、90d 后的抗折强度和抗压强度。

从图中可以发现，ECO-UHPFRCC150 在水中浸泡 90d 后，其力学性能发展平稳，并未发生明显下降，这说明本文制备的 ECO-UHPFRCC 水稳定性优良，在有水环境下材料的性能不会发生明显的劣化。这主要是由于 ECO-UHPFRCC 结构致密，水分很难进入基体内部与未水化的水泥颗粒进行反应。

3.4.2　干缩性能

混凝土的体积稳定性是指混凝土在抵抗物理、化学作用下产生变形的能力。体积稳定性差的混凝土容易产生收缩开裂，使混

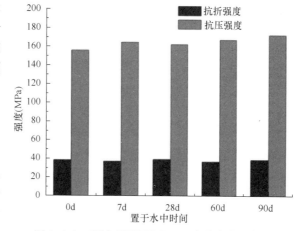

图 3.4.1　ECO-UHPFRCC150 在水中的稳定性

凝土的抗渗性能降低，溶液性的物质渗透到混凝土中，从而使其耐久性下降。因此，研究 ECO-UHPFRCC 的耐久性，还应研究其体积稳定性。

成型后水泥基复合材料在硬化过程中的体积变化主要有两个部分：①干燥收缩，即伴随着干燥失水而发生的收缩；②自收缩，即水泥浆结构形成后，水因水化反应而消耗，使毛细孔失水而产生自收缩。对于普通混凝土，在硬化过程阶段，在这两种收缩中以干燥收缩最为显著，大约占总体积收缩的 $80\%\sim90\%$[8]，因此普通混凝土一般忽略了自收缩值。但是对于 ECO-UHPFRCC，其水胶比低，水泥浆体相对量大，自收缩形变在收缩值中占的比例也相应较大。因此通过干缩试验测出来的收缩值实际上是干燥收缩和自收缩的叠加。

干缩试验按照《普通混凝土长期性能和耐久性能试验方法标准》GB/T 50082—2009 进行。试验采用尺寸为 $40mm\times40mm\times160mm$ 的不同配比的四组试件，成型并在标准养护条件下养护 3d 后，置于恒温恒湿室（温度 $20℃\pm2℃$，湿度 $60\%\pm5\%$）中。架好干缩仪后测定其初始长度，读取千分表上的初始读数。然后在不同龄期测量试件的变形量并计算收缩率。试验结果见图 3.4.2。

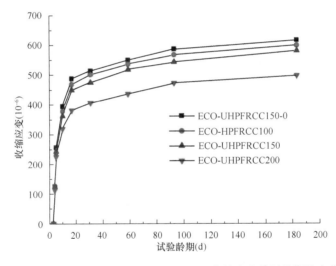

图 3.4.2　ECO-HPFRCC 和 ECO-UHPFRCC 收缩应变值随龄期的变化规律

由上图数据可知，ECO-UHPFRCC 早期收缩较大，后期趋于平缓，180d 的收缩率在 $400\times10^{-6}\sim600\times10^{-6}$ 之间，与普通混凝土相比（一般普通混凝土的收缩极限为 $500\times10^{-6}\sim900\times10^{-6}$）[9]相比略小。水泥基材料的收缩发生主要的原因是基体内部水分的迁移和散失。超高性能水泥基体中由于水胶比低及大量矿物掺合料的加入，大大降低硬化水泥浆的孔隙率以及骨料与水泥浆体之间的过渡区的孔隙，因此降低了干缩应变值。

此外，钢纤维的掺入也显著降低了材料的收缩值。水泥基体与一定量的钢纤维复合后，均匀分布的短细纤维在材料内部形成了复杂的三维乱向体系，不仅可以有效抑制细集料下沉，提高水泥基材料的匀质性，同时钢纤维在水泥基体中也起到了一定集料的作用，使基体本身对变形具有一定的约束能力，从而抑制了水泥基材料的收缩值。

钢纤维对 ECO-UHPFRCC 的体积稳定性的作用，也能从 ECO-HPFRCC100，ECO-UHPFRCC150，ECO-UHPFRCC200 三组试件的收缩率大小间接得到证实。根据相应的配合比，ECO-HPFRCC100，ECO-UHPFRCC150，ECO-UHPFRCC200 掺入钢纤维的体积分数分别为 1％，2％和 3％，而随着钢纤维体积分数从 0 增加到 3％，试件的收缩值逐渐减小。强度值越高的材料收缩率越小，除了由于钢纤维掺量增加外，还有一个原因是水胶比更低，微观结构更为密实。

3.4.3　抗氯离子渗透性能

混凝土中氯离子的侵蚀是引起混凝土结构中钢筋锈蚀的主要原因之一，会造成混凝土结构过早破坏，大大降低混凝土结构的服役寿命。因此，本书研究了在荷载与环境因素耦合作用下，ECO-UHPFRCC 的抗氯离子渗透能力。试验方法采用长期浸泡法，参照标准《NT Build 443-94》进行，分为浸泡、钻粉、滴定等步骤。

1. 浸泡不同时间后 ECO-UHPFRCC 内部氯离子浓度分布

图 3.4.3-1 为未加载的 UHPFRC150 在 10％的 NaCl 溶液中浸泡 2 个月、3 个月和 4 个月后，距试件表明不同深度处的氯离子浓度分布图。从图中可以看出，随着浸泡时间的延长，更多的氯离子进入 ECO-UHPFRCC 内部。浸泡时间为 2 个月和 3 个月时，氯离子集中在 0～5mm 深度处，5～10mm 及 10～15mm 处的氯离子浓度与 ECO-UHPFRCC 内部初始氯离子浓度相近。至 4 个月时，5～10mm 深度处的氯离子浓度才略有上升，微高于初始浓度，说明氯离子在 ECO-UHPFRCC 内部渗透相当缓慢。这主要得益于其致密的微观结构，孔隙率极低，几乎不存在利于氯离子传输的连通孔径，氯离子难以快速的渗透进入 ECO-UHPFRCC 内部。

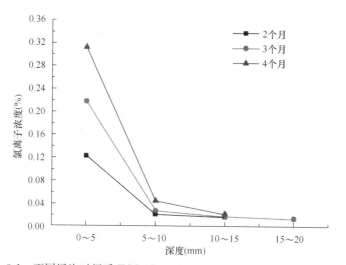

图3.4.3-1　不同浸泡时间后 ECO-UHPFRCC150 不同深度处的氯离子浓度分布

2. 强度对 ECO-HPFRCC 和 ECO-UHPFRCC 抗氯离子渗透性能的影响

图 3.4.3-2 为三种不同强度的 ECO-HPFRCC 和 ECO-UHPFRCC 材料在浸泡 90d 时，不同深度处的自由氯离子浓度分布图。从图中看出，ECO-HPFRCC100 与 ECO-UHPFRCC150 内部氯离子浓度相近，ECO-UHPFRCC150 略高于 ECO-HP-FRCC100。ECO-UHPFRCC200 内部的自由氯离子浓度最低，仅为 ECO-HP-FRCC100 和 ECO-UHPFRCC150 的 50％左右。这主要是由于 ECO-UHPFRCC200 的水胶比最低，仅为 0.15，材料内部结构相较而言更为密实，因此其抗氯离子渗透能力最强。

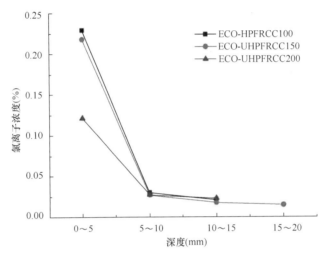

图 3.4.3-2　不同强度的 ECO-HPFRCC 和 ECO-UHPFRCC 浸泡 90d 后不同深度处的氯离子浓度分布

3. 养护制度对 ECO-UHPFRCC 抗氯离子渗透能力的影响

在实际工程应用中，90d 的标准养护时间相对而言太长，需要采用效率更高的养护方法。本文研究了标准养护，蒸汽养护和高温养护三种养护方式对 ECO-UHP-FRCC 抗氯离子渗透性能的影响。图 3.4.3-3 为采用不同养护方式的 ECO-UHP-FRCC150 浸泡 90d 后内部的氯离子浓度分布图。从图中可以发现，在高温 100℃养护条件下，ECO-UHPFRCC150 内部各深度的氯离子含量均高于标准养护和蒸汽养护。特别是在 5～10mm 深度处，其氯离子浓度是其余两者的 5 倍左右，说明大量氯离子已经渗透进入这一区域，而对于其余两者氯离子绝大部分仍只存在于 0～5mm 深度处。在高温养护过程中，由于没有水分补充，且温度较高，基体内部的水分会转化为水蒸气向外逸出，从而会留下部分连通外部的孔道。氯离子可以从这些孔道快速进入混凝土内部，因此其抗氯离子渗透能力最差。对比标准养护和蒸汽养护，蒸汽养护后的 ECO-UHPFRCC 的抗氯离子渗透能力较优。这说明蒸汽养护能加快 ECO-UHPFRCC 水化进程，使 ECO-UHPFRCC 在短时间获得极其致密的微观结构，甚至更优于 90d 标准养护后的材料。

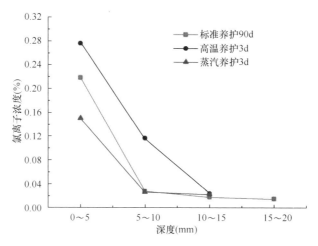

图 3.4.3-3　不同养护制度下 ECO-UHPFRCC150
浸泡 90d 后内部的氯离子分布

4. 荷载和钢纤维对 ECO-UHPFRCC 抗氯离子渗透性能的影响

众所周知，荷载作用直接影响混凝土的耐久性和服役寿命。弯拉应力会加速氯离子等有害离子和物质侵入混凝土内部，而弯压应力则会使混凝土内部微观裂纹闭合，减少有害物质的侵入量。本文的研究结果证明这一观点同样适用于 ECO-UHPFRCC。图 3.4.3-4，图 3.4.3-5 分 别 为 ECO-UHPFRCC150（$V_f = 2\%$）和 ECO-UHP-FRCC150-0 在不同应力状态下浸泡 90d 后的氯离子浓度分布图。

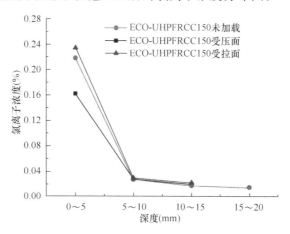

图 3.4.3-4　不同应力状态下 ECO-UHPFRCC150
浸泡 90d 后内部的氯离子分布

从两图中均可发现，在受拉情况下，ECO-UHPFRCC 的抗氯离子能力低于未加载的情况，而在受压时，其抗氯离子能力高于未加载时的情况。这与大量关于荷载与环境耦合作用下普通混凝土的抗氯离子渗透能力的研究结果一致。对比两图可

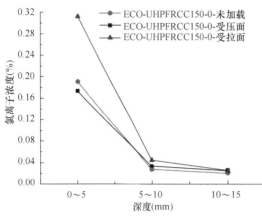

图 3.4.3-5　不同应力状态下 ECO-UHPFRCC150-0
浸泡 90d 后内部的氯离子分布

知：（1）在未加载和压应力作用下，掺加了 2% 钢纤维后，ECO-UHPFRCC 的抗氯离子渗透能力变化不大。在不加载的情况下，0～5mm 深度处，掺加了 2% 纤维的 ECO-UHPFRCC150 的自由氯离子含量约为 0.22%，而未掺纤维的 ECO-UHPFRCC150-0 这一数值为 0.20%。这说明钢纤维的加入对于 ECO-UHPFRCC 的抗氯离子渗透性影响很小。这主要是由于在 ECO-UHP-FRCC 内部钢纤维和基体界面粘结十分紧密，不存在界面过渡区，因

此钢纤维的掺加并不会对 ECO-UHPFRCC 的抗氯离子渗透能力产生不利影响。（2）在弯拉应力作用下，ECO-UHPFRCC150 在 0～5mm 深度处的浓度仅略高于未加载时的浓度。但是，在未掺纤维的情况下，ECO-UHPFRCC150-0 在弯拉应力作用下 0～5mm 深度处的自由氯离子浓度远高于未加载时，约为未加载时的 1.5 倍。这说明钢纤维的存在可以抑制应力作用造成的微裂纹的产生与扩展，极大地减轻拉应力作用对 ECO-UHPFRCC 抗氯离子渗透能力造成的不利影响。

3.4.4　抗冻融性能

1. 强度及荷载作用对 ECO-HPFRCC 和 ECO-UHPFRCC 抗冻融性能的影响

（1）质量损失率

ECO-UHPFRCC 的质量损失主要是由于其在冻融循环过程中表面浆体剥落所致。随着冻融循环次数增多，材料初始完好的内部结构不断出现劣化裂纹，材料表面也逐渐出现裂缝，并进一步出现层状剥落溃散，质量损失不断增加等现象。

由图 3.4.4-1 可知，800 次冻融循环后，不同强度的 ECO-HPFRCC 和 ECO-UHPFRCC 均未发生破坏，质量损失率较低，大部分集中在 0.5% 左右。只有加载的 ECO-UHPFRCC150（725 次循环）的质量损失率相对较高，达到 1.0% 左右。这主要是由于在荷载的作用下，在试件受拉面更容易发生表面剥落现象，因此其质量损失也相对较高。但是整体而言，在相同条件下，与普通混凝土和一般高性能混凝土相比，ECO-UHPFRCC 的质量损失率仍相当低。普通混凝土一般在冻融循环 100 次时基本已经破坏，而其他高性能混凝土的冻融结果显示循环 100 次时质量损失率也达到了 1.5%～1.8%[10]，远高于本试验所用的 ECO-UHPFRCC。这说明 ECO-UHP-FRCC 具有极为优异的抗冻融性能。

冻融循环次数较少时，ECO-UHPFRCC 质量不但不损失，反而略有增加；冻融

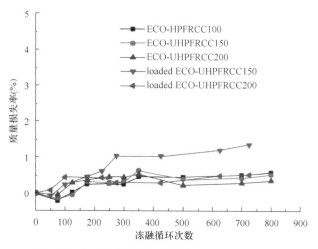

图 3.4.4-1　强度和荷载作用对 ECO-HPFRCC 和
ECO-UHPFRCC 质量损失率的影响

循环至一定次数时，随冻融次数的增加，质量损失逐渐增加。这主要是因为在冻融作用下，超高性能水泥基复合材料内部孔隙由于冻胀进一步扩展，导致吸水率增加，而冻融循环次数较少时，试件表面冻融剥落较少，因此试件的质量反而略有增加；当冻融循环次数增加时，试件表面冻融剥落逐渐增多，大于吸水率的增加，进而导致了试件质量损失逐渐增加。

（2）相对动弹性模量

冻融循环作用下混凝土内部结构逐渐损伤，相对动弹性模量逐渐下降。混凝土材料的相对动弹性模量与本身组成有关。随着冻融循环进行，浆体、界面区和孔隙都受到较大影响，浆体中会出现微裂缝，并随着冻融循环发展，孔隙数量和大小逐渐增大，界面区也会出现孔缝，受到削弱，冻融循环作用下骨料与浆体流失，微裂缝发展贯通，内部结构疏松，材料的相对动弹性模量下降[11]。图 3.4.4-2 表示不同强度的 ECO-HPFRCC 和 ECO-UHPFRCC 在冻融循环过程中相对动弹模模量的变化规律。对于普通混凝土，经过 100 次冻融循环后已大部分发生冻融破坏；高性能混凝土在经过 100 次冻融循环后相对动弹性模量也下降到 90%[12]。而由图 3.4.4-2 可见，在经历 800 次冻融循环后，无论加载与否，所有 ECO-UHPFRCC 的相对动弹性模量损失率均<5%，抗冻性能优异。

ECO-UHPFRCC 之所以具有这么优异的抗冻融性能，原因之一是极低的水灰比可以改善水泥基材料内部的孔结构和使材料内部的饱水程度降低。孔径的减小能降低该孔径内水的冰点，减少受冻时水变成冰的孔的数量；原因之二是 ECO-UHPFRCC 中有钢纤维存在，材料整体的韧性提高，抑制了冻融循环过程中基体裂纹的引发和扩展。

2. 养护制度对 ECO-UHPFRCC 抗冻融性能的影响

图 3.4.4-3、图 3.4.4-4 分别揭示了不同养护制度下 ECO-UHPFRCC150 在冻融

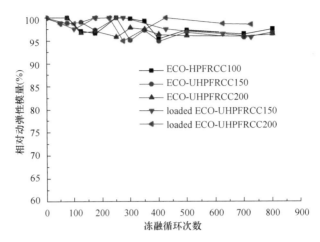

图 3.4.4-2 强度和荷载作用对 ECO-HPFRCC 和
ECO-UHPFRCC 相对动弹性模量的影响

循环过程中的质量损失率和相对动弹性模量变化。从两图中可以发现，在 800 次循环时，三种养护制度下 ECO-UHPFRCC150 的质量损失率均在 1％左右，相对动弹性模量在 95％以上，材料抗冻融性能优异。从试验结果可知，800 次循环时，三种养护制度下 ECO-UHPFRCC150 试件的质量损失率和相对动弹性模量未发生明显的差异，说明在 800 次循环内，蒸汽养护和高温养护对 ECO-UHPFRCC 的抗冻融性能没有显著的不利影响。

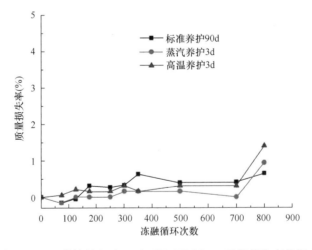

图 3.4.4-3 养护制度对 ECO-UHPFRCC150 质量损失率的影响

3. 纤维掺量对 ECO-UHPFRCC 抗冻融性能的影响

大量研究表明，纤维的掺加能显著提高混凝土的抗冻融性能。图 3.4.4-5、图 3.4.4-6 分别揭示了纤维掺量对 ECO-UHPFRCC 在冻融过程中质量损失率和相对动弹性模量的影响规律。

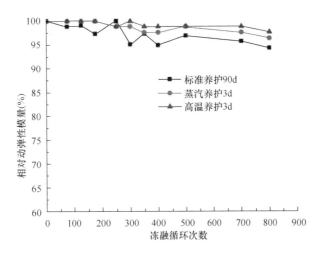

图 3.4.4-4　养护制度对 ECO-UHPFRCC150 相对动弹性模量的影响

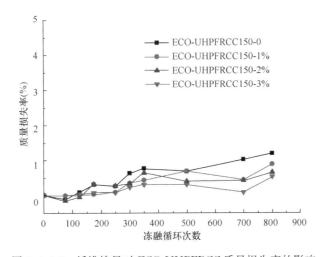

图 3.4.4-5　纤维掺量对 ECO-UHPFRCC 质量损失率的影响

从图 3.4.4-5 可知，随着纤维掺量的增加，在冻融循环过程中 ECO-UHPFRCC 的质量损失减小。在 800 次循环时，ECO-UHPFRCC150-3％，ECO-UHPFRCC150-2％ 和 ECO-UHPFRCC150-1％ 的质量损失在 0.5％ 左右，比未掺纤维的 ECO-UHP-FRCC150-0 质量损失率超过了 1.0％。这主要是由于 ECO-UHPFRCC150-0 没有掺加钢纤维，而掺加纤维的试件在冻融破坏发生过程中，纤维可以起到桥接裂缝，抑制裂纹扩展的作用进而减少材料表面剥落。同样，在图 3.4.4-6 中可以发现，随着纤维掺量的增加，ECO-UHPFRCC 的相对动弹性模量提高。在 800 次循环时，ECO-UHP-FRCC150-3％，ECO-UHPFRCC150-2％ 和 ECO-UHPFRCC150-1％ 的相对动弹性模

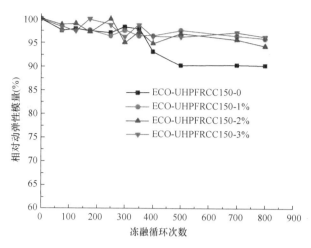

图 3.4.4-6　纤维掺量对 ECO-UHPFRCC 相对动弹性模量的影响

量约为 95％，而 ECO-UHPFRCC150-0 的相对动弹性模量仅为 90％。这也是由于其未掺纤维，冻融造成的裂纹扩展不受约束，因此要比掺纤维的其他试件动弹模损失大。

3.4.5　抗碳化性能

碳化引起的钢筋锈蚀也是工程应用中的钢筋混凝土结构发生破坏的主要因素。当钢筋混凝土材料内部的 pH 值低于 10 时，钢筋就要发生锈蚀，从而导致膨胀开裂。

对 ECO-UHPFRCC 的碳化的试验方法是以酚酞喷在材料断面上，不呈红色的部分判断为碳化部分。用酚酞试液检查时，pH 值 7.8 以下为无色，pH 值 10.0 以上为红色。因此，喷洒酚酞后若 ECO-UHPFRCC 的表面出现一定厚度的无色区域，则表明此厚度的材料发生碳化。

图 3.4.5　加载-ECO-HPFRCC100 的碳化情况

在 CO_2 浓度为 60％ 的碳化箱中碳化 28d、56d、90d 后分别进行测试，试验结果如图 3.4.5 所示。无论试件的强度等级、纤维掺量、加载情况有何不同，试件断面在喷洒酚酞试液后全部均匀地变成了红色，表明材料在碳化 28d、56d、90d 后，均未发生明显的碳化现象。这说明 ECO-UHPFRCC 有着极其优异的抗碳化性能。这是由于 ECO-UHPFRCC 的基体非常密实，孔隙率极低，几乎不存在毛细孔，没有 CO_2 传输的通道，因此在较短时间内不发生碳化。

3.4.6　小结

通过对 ECO-UHPFRCC 水稳定性，干缩性能，抗氯离子渗透性能，抗冻融性能，抗碳化性能的研究，得到如下结论：

（1）ECO-UHPFRCC 具有极为优异的耐久性。ECO-UHPFRCC 具有极强的水稳定性，早期硬化阶段的干缩应变值较低，体积稳定性好；抗氯离子渗透，抗冻融性能以及抗碳化性能均十分优异。这均得益于 ECO-UHPFRCC 致密的微观结构。

（2）本文制备的 ECO-UHPFRCC 具有极优良的水稳定性，在水中浸泡 90d 后，力学性能未发生明显下降。

（3）ECO-UHPFRCC 在 180d 时干缩应变为 $400 \times 10^{-6} \sim 600 \times 10^{-6}$。

（4）ECO-UHPFRCC 的抗氯离子渗透性能优异；未加载时，钢纤维的加入对于 ECO-UHPFRCC 的抗氯离子渗透性影响较小；在拉应力作用下，钢纤维的掺入能减轻拉应力对 ECO-UHPFRCC 抗氯离子渗透能力的负面影响。

（5）ECO-UHPFRCC 的抗冻融性能优异，800 次循环时，质量损失率约为 5%，相对动弹性模量约为 95%。不掺纤维的 ECO-UHPFRCC150-0 和加载的 ECO-UHP-FRCC150 的抗冻融性能相对而言较差。钢纤维的掺加能显著提高 ECO-UHPFRCC 的抗冻融能力。而在弯曲荷载条件下，ECO-UHPFRCC 的抗冻融能力下降。

（6）ECO-UHPFRCC 的抗碳化性能优异，无论加载与否，所有试件进行条件加剧的碳化试验 90d 后均仍未出现肉眼可见的碳化深度。

3.5　ECO-UHPFRCC 的微观结构分析及优异耐久性能的形成机理

3.5.1　ECO-UHPFRCC 的微观形貌分析

1. 扫描电镜基本原理

扫描电子显微镜的主要构成部分是光学系统和成像系统。光学系统通过会聚镜和物镜将电子枪发出的高能电子束缩小、聚焦形成细腰电子束。这样的细腰电子束作用在物体上的斑点叫束斑，大小约为 100Å。成像系统由电子束在物体上逐点扫描，接受从试样中激发出的二次电子或其他信息，转换成电信号并显示出来。由于电子束在试样表面的扫描和显像管中电子在荧光屏上的扫描共同由扫描发生器控制，上述两种扫描在时间和空间上完全同步。

本文电镜试验采用的是 Sirion 场发射扫描电镜，如图 3.5.1-1 所示。

2. 随养护龄期增长 ECO-UHPFRCC 的微观形貌变化

（1）基体的微观形貌

图 3.5.1-2 显示了不同龄期的 ECO-UHPFRCC150 基体的微观形貌。

由上图可以看出，水泥的水化程度随着养护龄期的增长（1d，7d，28d，90d）而增长，微结构越来越密实。养护 1d 时基体水化不充分，整体结构松散，基体中孔隙率较大。养护至 28d 时，基体中只有极少量孔隙，密实程度很高。

图 3.5.1-1　Sirion 场发射扫描电子显微镜

当养护龄期至 90d，基体已十分密实。这是 ECO-UHPFRCC 具有优异力学性能和耐久性能的直接原因。

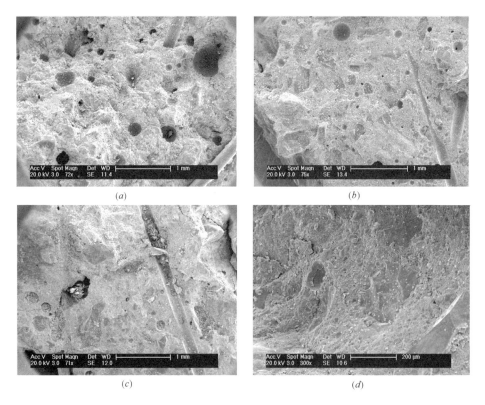

图 3.5.1-2　不同龄期时 ECO-UHPFRCC150 基体的微观形貌

(a) 1d；(b) 7d；(c) 28d；(d) 90d

ECO-UHPFRCC 微观结构密实，未完全水化的水泥、粉煤灰及硅灰颗粒填充在 C-S-H 之间，起到骨架的作用。C-S-H 拥有巨大的表面积和粘附能力，这不仅使水化物趋于彼此牢固粘结，而且与低表面积的物质牢固粘结，如未水化熟料颗粒以及细骨料颗粒。由于水化产物自身性能的提高，使 C-S-H 凝胶与集料间的粘结强度也得到了改善，从而混凝土的强度、韧性以及耐久性均得到提高。随着养护龄期的增长，未水化水泥颗粒的进一步水化，水化产物填充了水分散失留下的空间，同时粉煤灰和硅灰颗粒的火山灰效应，与水化生成的 Ca(OH)$_2$ 发生反应，消耗 Ca(OH)$_2$，消除了浆体中的薄弱环节，进一步提高浆体的致密性和均匀性。

（2）粉煤灰的微观形貌

图 3.5.1-3 给出了不同龄期时 ECO-UHPFRCC150 基体中粉煤灰的表面形貌。

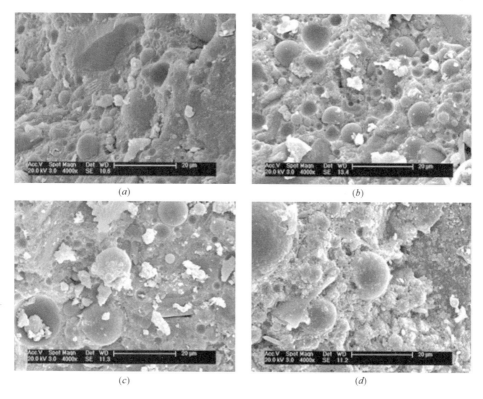

图 3.5.1-3　不同龄期时 ECO-UHPFRCC150 基体中粉煤灰的形貌

（a）1d；（b）7d；（c）28d；（d）90d

从图中可以看出，粉煤灰颗粒填充在 C-S-H 之间，起到骨架的作用。1d 时 FA 颗粒表面光滑，未发生水化反应，在基体中主要起填充作用，使 ECO-UHPFRCC 的微观结构更为密实；7d 时 FA 周围出现许多由水泥颗粒水化产生的层片状的 Ca(OH)$_2$；随着龄期的增长，28d 时 FA 已经开始发生火山灰反应，FA 颗粒表面外层出现纤维状的 C-S-H 凝胶；龄期增长至 90d 时，基体中依然有未反应完的部分粉煤灰，基体中的纤维状 C-S-H 凝胶增多。这很好地解释了前文提到的材料的力学性能在养护后期仍有持续稳定增长的原因：粉煤灰火山灰效应的发挥。

另外，粉煤灰对浆体孔径分布同样有细化的作用，由于粉煤灰平均粒径与水泥平均粒径存在较大的差异，粉煤灰颗粒的填充效应对材料微观结构的改善也起到了一定的作用。

3. 养护制度对 ECO-UHPFRCC 微观形貌的影响

如图 3.5.1-4 和图 3.5.1-5 所示，高温养护和蒸汽养护后水泥浆体与集料的界面结合紧密，基体微观结构密实，图中所示基体中找不到明显的 Ca(OH)$_2$。这表明高温养护和蒸汽养护都可以在短时间内使 ECO-UHPFRCC 材料水化完全，且各项性能发展充分。相对而言，蒸汽养护后的 ECO-UHPFRCC 微观形貌更接近于 90d 养护的试件，而经高温养护的 UHPFCC 表面更为粗糙，且可以发现一定数量的细小的孔道。高温养护过程中，材料内部的水分除用于水化反应外，部分水分转化为成水蒸气从材料内部向外逸出，从而形成了这些孔道。抗氯离子渗透试验结果表明，相比较而言，高温养护的 ECO-UHPFRCC 抗氯离子渗透能力最差。这主要就是因为这些由于水蒸气逸出而形成的孔道为氯离子向材料内部渗透提供了通道。

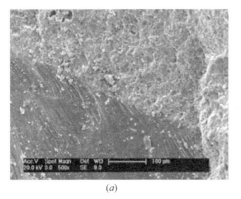 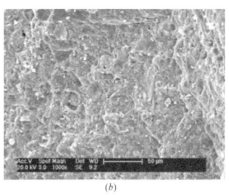

(a)   (b)

图 3.5.1-4　高温养护 3d 后 ECO-UHPFRCC150 的微观形貌

(a) 水泥浆体与集料的界面；(b) 基体微观形貌

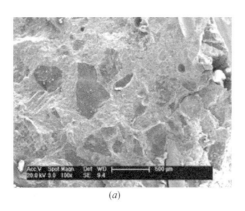 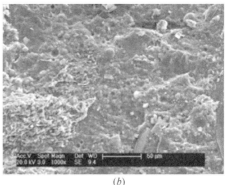

(a)   (b)

图 3.5.1-5　蒸汽养护 3d 后 ECO-UHPFRCC150 的微观形貌

(a) 水泥浆体与集料的界面；(b) 基体微观形貌

4. 钢纤维与基体界面粘结情况

图 3.5.1-6 为不同龄期时 ECO-UHPFRCC150 基体与纤维的粘结情况。1d 时水化反应不充分，基体对钢纤维的握裹能力很弱，部分纤维与基体相接的区域甚至存在缝隙。当养护进行到 28d，此时水化反应已经进行得比较充分，大量水化反应产物在钢纤维周围生成并将纤维包裹，因而基体与纤维的粘结作用增强。养护至 90d 后，在放大 2000 倍的视野里观察钢纤维与水泥基体的界面，发现钢纤维与水泥基体的界面结合非常牢固，纤维表面被水化产物紧密包裹，两者之间有着很强的物理结合，从而使得钢纤维在基体材料中的增强、增韧及阻裂效果得以充分地发挥。这主要是由于随着养护的进行，矿物掺合料的火山灰反应不断进行，有效地改善了 ECO-UHPFRCC 的界面过渡区结构和孔径分布，Ca（OH）$_2$ 和 AFH 晶体减少，C-S-H 凝胶数量明显增加，使界面微观结构变得更为致密。已有学者通过纳米压痕技术，证实 UHP-FRCC 内部不存在界面过渡区。

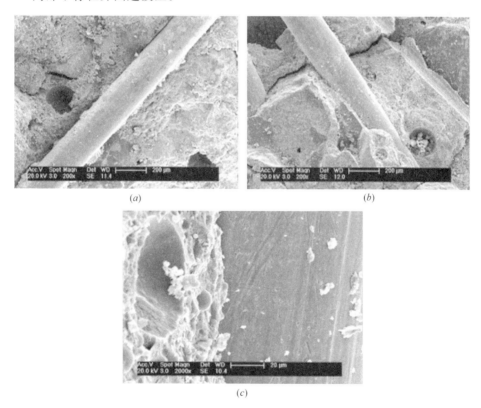

(a)　　　　　　　　　　　　　　　　（b）

(c)

图 3.5.1-6　不同龄期 ECO-UHPFRCC150 基体与纤维的粘结情况
（a）1d；（b）28d；（c）90d

5. 荷载与冻融循环耦合作用对 ECO-HPFRCC 和 ECO-UHPFRCC 微观形貌的影响

图 3.5.1-7 所示的是 ECO-HPFRCC100 在经过 250 次冻融循环后基体中孔隙附

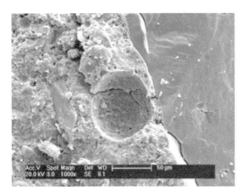

图 3.5.1-7　ECO-HPFRCC100 在 250 次
冻融循环后的微观形貌

近出现了明显的裂缝，这是典型的冻融破坏现象。这主要是因为 ECO-UHPFRCC 在受冻时，基体内部毛细孔壁承受冻胀压力，当冻融循环产生的破坏力超过材料的抗拉强度时，ECO-UHPFRCC 开裂，出现微裂缝。与之相比，图 3.5.1-8 所示的 ECO-UHPFRCC150 的抗冻性能要好一些，孔隙周围还没有出现明显裂缝，但是钢纤维与基体的粘结部分开始出现裂纹，说明冻融循环对 ECO-UHPFRCC 的影响不仅体现在以孔隙为源头发展裂缝，还体现在钢纤维与基体粘结作用的减弱。这主要是因为冻融循环过程中温度变化使材料内部形成温度应力场，由于钢纤维的热膨胀系数大于水泥基材料基体[13]，冻融循环过程中产生冻胀应力和温度应力相互作用，二者变形不协调，会在材料基体和钢纤维界面处产生应力，进而形成裂缝。

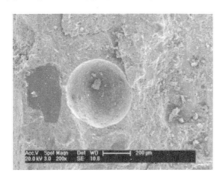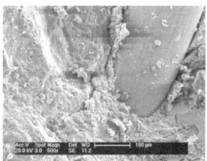

图 3.5.1-8　ECO-UHPFRCC150 在 250 次冻融循环后的微观形貌

　　ECO-UHPFRCC150 在拉应力荷载与冻融循环的共同作用下，基体的微观组织结构变得松散，孔隙处出现微细的裂缝，钢纤维开始与基体脱离，见图 3.5.1-9。荷载加速了冻融循环产生的裂缝的引发和扩展，荷载与冻融循环耦合作用加速了 ECO-

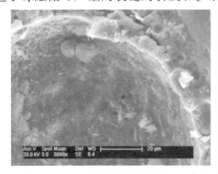

图 3.5.1-9　ECO-UHPFRCC150 在拉应力荷载与冻融耦合作用下的微观形貌

UHPFRCC 的劣化速度，从而降低了材料在冰冻环境中的服役寿命。

3.5.2　ECO-UHPFRCC 的孔结构分析

1. 压汞法（MIP）基本原理

水泥基材料可以视为多孔结构，表征孔结构形态的参数通常有比孔容积、比表面积、孔径分布、孔隙率、平均孔径、孔形状、孔口密度、孔长度、孔径比、孔曲率等，其中孔容积、比表面积、孔径分布和孔隙率是描述孔结构形态的主要参数。

水泥基复合材料中，大多数情况下根据压汞过程的相关曲线进行孔结构分析。孔隙率（porosity）是指在最大压力和最小压力下等效孔径的累计孔隙率。临界孔径（critical pore size diameter）定义为孔隙率曲线（或累计注入水银体积与孔径曲线上）斜率的突变点，是压入汞体积明显增加时所对应的最大孔径。其理论基础为，材料由不同尺寸的孔隙组成，较大的孔隙之间由较小的孔隙连通，临界孔是能将较大的孔隙连通起来的各孔的最大孔径。该表征参数可反映孔隙的连通性和渗透路径的曲折性，对混凝土渗透性影响最为重要，也是能探测到的最大孔径。最可几孔径（Most probable pore size diameter），为混凝土中小于该孔径则不能形成连续通道的孔径，也即为出现几率最大的孔径，是最大的连续孔径，当复合材料中的孔径小于此孔径时，水银渗入增加量很少，高于此孔径时水银注入量急剧增加，标志着复合材料开始易于渗透，是汞注入量与孔径对数的微分曲线的最高点。汞注入量与孔直径的对数的差分曲线实际上反映了不同大小的孔分布情况。

2. 养护龄期对 ECO-HPFRCC 和 ECO-UHPFRCC 孔结构的影响

ECO-HPFRCC100，ECO-UHPFRCC150 以 及 ECO-UHPFRCC200 的基体（未掺纤维）在标准养护 1d，3d，7d，28d，90d 后孔隙率测试结果如表 3.5.2 所示：

ECO-HPFRCC100，ECO-UHPFRCC150，ECO-UHPFRCC200
在不同龄期时的孔隙率（单位:%）　　　　　　　　　　表 3.5.2

	1d	3d	7d	28d	90d
ECO-HPFRCC100	11.8601	10.9088	9.5833	4.0544	2.6801
ECO-UHPFRCC150	12.4874	8.9153	6.7132	2.6186	1.9824
ECO-UHPFRCC200	11.0482	10.1342	7.7819	5.6605	1.6584

从表 3.5.2 中可以看出，各组试件的孔隙率随着龄期的增长而减小，孔结构不断优化，在宏观上则表现为材料的力学性能的不断提升。以 ECO-UHPFRCC150 为例，分析 ECO-UHPFRCC150 在不同龄期（1d，3d，7d，28d，90d）时的累积进汞曲线（图 3.5.2-1）。从图中可以看出，随着养护龄期的增长，累积进汞量明显减少，说明随着水化反应的不断进行，材料内部的孔隙不断被水化产物填满，孔隙率不断降低。对图 3.5.2-1 中的累积进汞量曲线进行微分，可以得到 ECO-UHPFRCC150 在不同龄期的孔径分布曲线，见图 3.5.2-2。

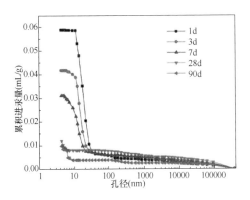 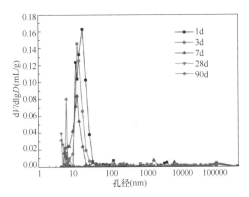

图 3.5.2-1　ECO-UHPFRCC150 累计进汞曲线　　图 3.5.2-2　ECO-UHPFRCC150 孔径分布

压汞法能够测得的孔包括两部分：水化多余的水蒸发形成的大毛细孔和水化产物——水化硅酸钙（C-S-H）内部的凝胶孔。其中大毛细孔的孔径在 100nm 左右，而凝胶孔又可以分为高密度水化硅酸钙（HD C-S-H）和低密度水化硅酸钙（LD C-S-H）中的凝胶孔，其孔径分别为几个纳米和十几个纳米。由于 ECO-UHPFRCC150 的水胶比仅为 0.16，甚至不能使水泥颗粒完全水化，体系内水完全被消耗，没有多余的水存在，因此不存在因水蒸发而出现的毛细孔。图 3.5.2-2 可以看出，在 100nm 附近没有明显的峰，也证明了这一点。随着龄期的增长，ECO-UHPFRCC150 的最可几孔径逐渐减小，1d 时的最可几孔径约为 17nm，90d 的最可几孔径降到 6nm 左右。这一现象说明，在 ECO-UHPFRCC150 水化初期，水化产物中大多为 LD C-S-H，但是随着水化的进行，LD C-S-H 逐渐转化为 HD C-S-H 和 UHD C-S-H，且在 90d 龄期时，LD C-S-H 几乎已经不存在。

ECO-UHPFRCC 基体具有如此小的孔隙率，这是由于：（1）低水胶比，使水泥浆体中的"自由水"空间减小，从而使形成的水化产物结构致密，孔体积减少；（2）大掺量的工业废渣的火山灰效应，由于本文制备的 ECO-UHPFRCC 材料中掺加了大掺量的工业废渣（粉煤灰和硅灰），在水化后期，由于活性粉体的火山灰效应，有效地改善了混凝土的界面过渡区结构和孔径分布，Ca（OH）$_2$ 和 AFH 晶少，C-S-H 凝胶数量明显增加，使微观结构变得致密；（3）粉煤灰和硅灰的填充作用，粉煤灰和硅灰对浆体孔径分布同样有细化的作用，由于他们平均粒径与水泥平均粒径存在较大的差异，其填充效应也是不可以忽视的。

3. 强度对 ECO-HPFRCC 和 ECO-UHPFRCC 孔结构的影响

图 3.5.2-3 是通过压汞法测得的养护龄期为 90d 的 ECO-HPFRCC100，ECO-UHPFRCC150 及 ECO-UHPFRCC200 的累积进汞量曲线与孔径尺寸分布图。从大体趋势来看，随着水灰比降低，以及活性硅灰用量的增加，使得浆体的总孔隙率降低，同时最可几孔径向小孔尺寸偏移。这一方面是由于 ECO-HPFRCC100，ECO-UHP-FRCC150 和 ECO-UHPFRCC200 的水胶比逐个降低，水化产物中 UHD-CSH 的相对含量逐步增加，因此其最可几孔径逐步减小；另一方面是由于 ECO-HPFRCC100，

ECO-UHPFRCC150 和 ECO-UHPFRCC200 的硅灰掺量逐个提高，硅灰的火山灰活性很高，极易与水化生成的 CH 发生二次水化反应，改善材料的微观结构，因此，硅灰掺量也在一定程度上影响了 ECO-UHPFRCC 的孔结构。

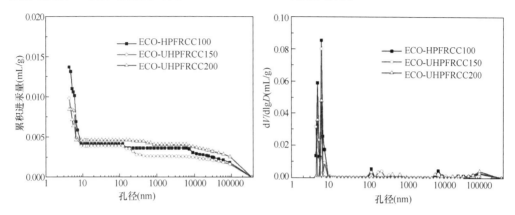

图 3.5.2-3　不同强度的 ECO-HPFRCC 和 ECO-UHPFRCC
养护 90d 后的累积进汞量曲线与孔径分布图

4. 养护制度对 ECO-UHPFRCC 孔结构的影响

图 3.5.2-4 是三种养护制度下 ECO-UHPFRCC150 的孔径分布情况。由图所示，三组试件的最可几孔径均在 4～5nm 左右，说明材料基体的孔隙主要由尺寸很小的凝胶孔组成，这种孔对材料的力学和耐久性能无害。高温养护试件的孔径分布曲线中可以看到其在 10～100nm 的范围内有一定数量的孔隙存在，这是因为高温养护过程一方面加速了水泥颗粒及活性掺合料的水化，另一方面会导致部分水分蒸发，水蒸气从材料内部逸出造成了尺寸较小的毛细孔（10～100nm）的形成。这些孔的存在使经高温养护的ECO-UHPFRCC 试件的抗氯离子渗透性能远低于标准养护和蒸汽养护的试件。

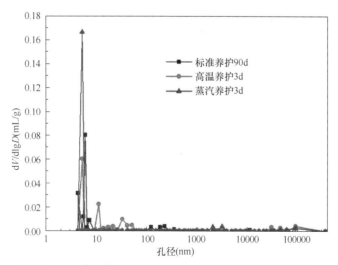

图 3.5.2-4　养护制度对 ECO-UHPFRCC150 孔径分布的影响

5. 荷载与冻融耦合作用对 ECO-UHPFRCC 孔结构的影响

本文还研究了 ECO-UHPFRCC150 在几种不同劣化条件（即冻融循环、冻融循环与拉应力耦合及冻融循环与压应力耦合）下的材料的孔结构，各组试件的累计进汞曲线与孔径分布曲线如图 3.5.2-5。

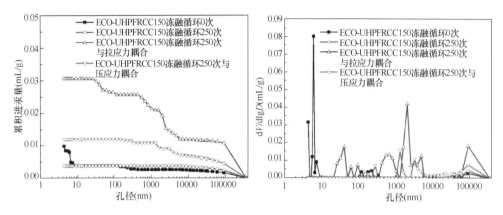

图 3.5.2-5　荷载与冻融循环（250 次）不同耦合方式作用下 ECO-UHPFRCC150
的累积进汞量曲线和孔径分布图

图 3.5.2-5 直观地显示了几种劣化条件下的孔隙率与孔径分布情况，显然，未进行加载的两组试件的累积进汞量比较小，最可几孔径小于 10nm，说明它们的孔隙率小，基体内部的孔主要由＜10nm 的凝胶孔组成，孔结构优异；且两者的累计进汞曲线孔径分布曲线相差不大，说明在冻融循环进行到 250 次时，材料的孔结构未发生明显的变化。而在荷载与冻融循环耦合作用下的两组试件累积进汞量比较大，最可几孔径分布在尺寸较大的范围之内，孔隙率相对而言较大，基体内部形成了一定数量的有害裂纹；与拉应力耦合的试样孔结构劣于与压应力耦合的试样，这是因为材料内部孔隙或在冻融循环过程中形成的微裂缝在压应力作用下尺寸减小甚至闭合，减缓试件受冻融作用的破坏。而拉应力作用下材料表面的原有缝隙尺寸会增大，在冻融循环过程中形成的微裂纹会扩张增殖，加速试件裂缝扩展，最终造成材料破坏。

3.5.3　X-CT 扫描分析

1. X-CT 基本原理

CT（Computed Tomography，计算机断层分析）技术是利用 X 射线源围绕物体旋转收集射线衰减信息来重建图像的一种无损检测技术。CT 可以对材料的内部结构进行无损拍摄，分辨率高，可以对多孔材料的内部结构进行较细致的研究[14-15]。本文使用 CT 扫描技术对 ECO-UHPFRCC 的微观结构进行了初步分析。

CT 扫描图像是一幅与物质对 X 射线吸收系数 QUOTE 相关的数字图像，每一个像素点对应一个 CT 数，在图像上表现为不同的灰度。物质的密度越大，CT 数值越大，表现在 CT 扫描图像上亮度越高，灰度值越低。反之，在 CT 扫描图像上亮度就越低，灰度值越低。就水泥基复合材料的 CT 扫描图像而言，钢纤维密度最大，在图像中为白色或灰白色；而微裂纹、孔隙的密度最小，表现在图像中为黑色。

2. 不同强度等级 ECO-UHPFRCC 的 CT 扫描图像

图 3.5.3-1 显示了三个不同强度的 ECO-HPFRCC 和 ECO-UHPFRCC 的比较典型的扫描层面 CT 图像。

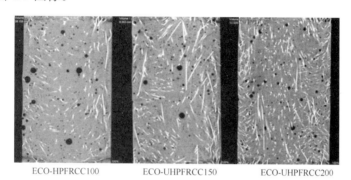

ECO-HPFRCC100　　　　ECO-UHPFRCC150　　　　ECO-UHPFRCC200

图 3.5.3-1　不同强度的 ECO-HPFRCC 和 ECO-UHPFRCC 的 CT 扫描图像

随着 ECO-UHPFRCC 强度提高，钢纤维掺量增加，基体更加密实。另外可以看到，纤维掺量的增加减小了基体中气孔的尺寸。当纤维掺量较高时，由于纤维分布密集，可以限制一些大孔径气孔的形成。

图 3.5.3-2 为 ECO-UHPFRCC150 内部缺陷的三维重构图。从图中我们可以看出，ECO-UHPFRCC 中存在相当数量的气孔，最大孔径为 $1620\mu m$，总的孔隙率为 3.29%。ECO-UHPFRCC 的基体黏性较大，在成型过程中基体内部空气不易被排除，因此在基体内部存在大量的气孔。但是这些气孔的存在对材料的抗冻性是有利的。

图 3.5.3-3 为 ECO-UHPFRCC150 内部纤维分布图。从图中可以发现，纤维在材料基体中呈均匀乱向分布。这说明在本文采用的 ECO-UHPFRCC 制备工艺可行有效，能使纤维充分均匀分散，进而有效地发挥其阻裂增韧的作用。

图 3.5.3-2　ECO-UHPFRCC150
内部缺陷的三维重构图

图 3.5.3-3　ECO-UHPFRCC150
内部纤维分布图

3. 荷载与冻融循环耦合作用后 ECO-UHPFRCC 的 CT 扫描图像

本文还对经历冻融循环 800 次的 ECO-UHPFRCC150 及应力比为 0.5 的静载与冻融耦合循环 800 次的 ECO-UHPFRCC150 等试件进行了 CT 扫描，扫描结果显示，除了纤维掺量为 0 的 ECO-UHPFRCC150 基体中的孔隙附近出现了明显裂缝（见图 3.5.3-4），裂缝首先出现在大孔的边缘，并随着冻融循环的进行，试件表面发生剥落。其余各组掺加纤维 ECO-UHPFRCC 试件均未出现任何裂缝。这说明 ECO-UHP-FRCC 在荷载作用下的抗冻性能优异，并且钢纤维的掺入有利于抑制基体中冻融裂缝的引发和增长。只有未掺加纤维的 ECO-UHPFRCC150-0 试件由于其极强的脆性，当由于冻融作用产生的冻胀力大于材料本身的抗拉强度时，材料即发生开裂，且裂纹扩展迅速。因此 ECO-UHPFRCC 在实际应用中必须掺加纤维，以提高其韧性。

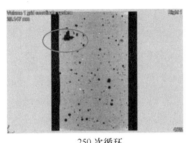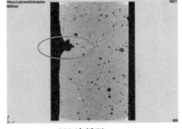

250 次循环　　　　　　　　　　　800 次循环

图 3.5.3-4　ECO-UHPFRCC150-0 冻融循环后的 CT 扫描图像

3.5.4　ECO-UHPFRCC 优异耐久性能形成机理

通过 SEM，MIP，X-CT 等先进微观分析测试方法的应用，可以得出 ECO-UH-PFRCC 具有优异耐久性能的原因：致密的微观结构及钢纤维的积极作用。

ECO-UHPFRCC 致密的微观结构主要体现在裂纹，孔隙，界面，水化产物等 4 个方面：

（1）通过 SEM 图片和 X-CT 图像可知，ECO-UHPFRCC 内部微观裂纹数量极少，且不连通，未形成连通的网络，不存在有害物质沿裂纹进入结构内部的通道。由于 ECO-UHPFRCC 基体本身具有极高的强度，并且材料内部的钢纤维具有阻裂，增韧的作用，因此 ECO-UHPFRCC 材料内部很难出现微观裂纹。

（2）根据 MIP 测试结果，ECO-UHPFRCC 的孔结构以凝胶孔（4～10nm）为主，基本不存在毛细孔（100～1000nm），外部有害物质通过扩散作用进入 ECO-UH-PFRCC 内部的速度极其缓慢。ECO-UHPFRCC 的水胶比极低，水分全部被用于水泥的水化反应，因此 ECO-UHPFRCC 孔结构中只存在凝胶孔，而没有毛细孔。并且由于粉煤灰，硅灰等矿物掺合料的加入，ECO-UHPFRCC 的微观结构进一步改善。一方面，由于粉煤灰，硅灰的颗粒尺寸均比水泥颗粒小，能很好地填充在水泥的颗粒间的空隙中，使材料整体的微观结构更加致密。另一方面，粉煤灰和硅灰的火山灰效应，消耗无定形的 CH，生成 CSH 凝胶，使 ECO-UHPFRCC 微观结构更为致密。

（3）与普通混凝土相比，由于粉煤灰和硅灰在不同时间和不同尺度上发挥火山灰效应，使材料的基体本身和各层次界面的结构均得到优化和强化，ECO-UHPFRCC 内部细集料与基体，纤维与基体，未水化水泥或未参与火山灰反应部分粉煤灰颗粒与 C-S-H 凝胶之间界面粘结均十分紧密，界面过渡区基本消失。已有学者通过纳米压痕技术证实了这一点。因此，在 ECO-UHPFRCC 内部界面已经不是薄弱部分，有害物质无法沿界面向 ECO-UHPFRCC 内部渗透。

（4）由于 ECO-UHPFRCC 的水胶比极低（<0.2），因此其水化产物中大部分是 UHD-CSH 和 HD-CSH，其本身结构十分致密，凝胶粒子之间孔隙极小。如此致密的 CSH 凝胶结构造就了 ECO-UHPFRCC 优异的耐久性能。

ECO-UHPFRCC 具有极其致密的微观结构是其具有优异耐久性能的主要原因之一，另一方面是由于钢纤维的掺入提高了 ECO-UHPFRCC 的韧性，能抑止 ECO-UHPFRCC 内部裂纹的生成和扩展，并且由于基体与钢纤维界面粘结紧密，使钢纤维的增韧阻裂作用发挥更加充分，可以极大地提高 ECO-UHPFRCC 在各种外部荷载和内部应力作用下的服役寿命。

3.5.5　小结

借助 SEM、MIP、X-CT 等先进的测试技术，对 ECO-UHPFRCC 的微观结构（包括微观形貌、孔结构等）进行了研究，揭示了 ECO-UHPFRCC 具有优异力学性能和耐久性能的机理，得到如下结论：

（1）借助 SEM 图像对 ECO-UHPFRCC 进行微观形貌分析，得到结论：随着龄期的增长，ECO-UHPFRCC 基体逐渐密实，与钢纤维的粘结作用增强；粉煤灰的火山灰效应是材料后期性能仍持续稳定增长的原因；高温养护和蒸汽养护能在短期内迅速提高水泥基材料的密实性；冻融循环给 ECO-UHPFRCC 带来的不利作用一是以孔隙为源头引发裂缝，二是降低钢纤维与基体的粘结作用力，削弱钢纤维对基体的阻裂作用；荷载使材料在冻融循环过程中加速劣化。

（2）通过 MIP 对 ECO-UHPFRCC 进行孔结构分析能够得到如下结论：ECO-UHPFRCC 总孔隙率和最可几孔径很小，几乎不存在毛细孔，外部有害物质（如氯离子）很难侵入 ECO-UHPFRCC 内部；随着龄期的增长 ECO-UHPFRCC 的孔结构得到优化；弯曲荷载与冻融耦合作用时，荷载作用能加速冻融循环对 ECO-UHP-FRCC 的损坏程度。

（3）X-CT 扫描得到的结论：纤维的加入有利于抑制 ECO-UHPFRCC 基体中较大气孔的形成；ECO-UHPFRCC 内部存在一定数量的气孔，有利于材料的抗冻融性能；纤维在基体内部分布均匀乱向，能很好地发挥阻裂增韧作用；冻融破坏起源于大孔孔壁处的开裂。

（4）ECO-UHPFRCC 具有极其耐久的原因是：其基体本身极其致密的微观结构

和钢纤维的积极作用。

3.6 基于氯离子扩散理论的 ECO-UHPFRCC 寿命预测方法

3.6.1 混凝土服役寿命的构成

混凝土的服役寿命是指混凝土结构从建成使用开始到结构失效的时间过程。许多文献[16-17]将混凝土的服役寿命分成 3 个阶段，如图 3.6.1 所示，即混凝土的服役寿命公式为：

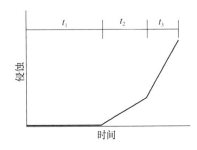

图 3.6.1　混凝土的服役寿命构成

$$t = t_1 + t_2 + t_3 \qquad (3.6.1)$$

式中 t 为混凝土的服役寿命，t_1、t_2、t_3 分别为诱导期，发展期和失效期，所谓诱导期是指暴露一侧混凝土内钢筋表面氯离子浓度达到临界氯离子浓度所需的时间，发展期是指从钢筋表面钝化膜破坏到混凝土保护层发生开裂所需的时间，失效期是指从混凝土保护层开裂到混凝土结构失效所需的时间。自 20 世纪 80 年代以来，国内外关于混凝土使用寿命的研究主要集中于诱导期的预测，对发展期和失效期的研究报道很少，一般是将发展期和失效期作为使用寿命的安全储备对待。本文的研究重点也是诱导期寿命。

3.6.2 混凝土氯离子扩散理论模型研究进展

混凝土中氯离子的来源有两个：配制混凝土时由原材料带入的氯离子以及从外界环境渗透到混凝土中的氯离子。原材料带入的氯离子大部分被水泥浆吸附以结合氯离子的形式存在，对钢筋锈蚀的影响不大。外界环境中的氯离子通过混凝土保护层到达混凝土-钢筋界面并逐渐积聚，使钢筋表面的氯离子浓度逐渐增大最终达到临界浓度，使钢筋发生腐蚀膨胀，进而导致保护层开裂甚至剥落，最终导致结构失效破坏。相对于钢筋从开始锈蚀到导致结构破坏的过程来说，氯离子通过保护层传输到钢筋表面并达到临界值的时间十分漫长，许多学者指出，在混凝土结构耐久性设计和寿命预测的计算中，可以将氯离子传输到钢筋表面达到临界值的时间近似看作钢筋混凝土结构的服役寿命。因此氯离子在混凝土中的传输是耐久性研究及寿命预测中十分重要的一个问题，氯离子在混凝土中的传输模型也一直是研究的热点问题，目前得到广泛认可的主要有 Fick 第二扩散定律及其各种修正模型和多尺度模型。

1. Fick 第二扩散定律及其修正模型

1997 年 Hooton 等指出，当混凝土暴露到氯盐环境时，氯离子进入混凝土内部的传输机制至少有 6 种：吸附、扩散、结合、渗透、毛细作用和弥散等。其中，扩散、毛细作用和渗透是主要的 3 种传输方式，扩散是由氯离子浓度梯度引起的，毛细作用是指氯离子随水一起通过连通毛细孔向内部迁移，渗透是在压力作用下氯离子随水一起进入混凝土内部。此外，在传输过程中混凝土材料对氯离子的吸附和结合作用是不容忽视的，研究者习惯将这两种作用统称为混凝土的氯离子结合能力。为了简单起见，一般将混凝土中的各种氯离子传输机制总体上归纳为"表观扩散"。1970 年 Colepardi 等[18]最先提出用 Fick 第二扩散定律来描述氯离子在混凝土中的表观扩散行为，其基本假设如下：

（1）混凝土是半无限大均匀介质；

（2）混凝土的扩散是一维的；

（3）氯离子扩散时不与混凝土发生吸附和结合，即混凝土的氯离子结合能力为 0；

（4）氯离子扩散系数是一个常数；

（5）边界条件（即暴露表面的氯离子浓度）是常数。

Fick 第二扩散定律可以表示为：

$$\frac{\partial c(x,t)}{\partial t} = D \frac{\partial^2 c(x,t)}{\partial x^2} \tag{3.6.2-1}$$

式中：t——时间；

x——距混凝土表面的距离；

D——氯离子扩散系数；

$c(x,t)$——浸泡时间 t 后距混凝土表面 x 处的氯离子浓度。

当初始条件为：$t=0$，$x>0$ 时，$c=c_0$（初始氯离子浓度）；边界条件为：$x=0$，$t>0$ 时，$c=c_s$（表面氯离子浓度），可以得到解析解：

$$c(x,t) = c_0 + (c_s - c_0)\left(1 - \mathrm{erf}\frac{x}{2\sqrt{Dt}}\right) \tag{3.6.2-2}$$

然而，Fick 第二扩散定律是基于 1 维的半无限大介质，考虑的条件过于简单或理想化，对混凝土并没有普适意义。具体表现在：

（1）混凝土是非均质材料，氯离子扩散系数并非常数，而是随龄期而减小的；

（2）混凝土的氯离子结合能力对氯离子的传输有较大影响；

（3）混凝土表面的氯离子浓度（即边界条件）是随着时间的推移而逐渐增加的动态变化过程，而非常数；

（4）混凝土在荷载、环境和气候条件等作用下产生的结构微裂缝对氯离子扩散有加速作用。

因此，用 Fick 第二扩散定律预测实际混凝土在氯盐环境下的服役寿命并不可靠，必须对其进行修正。

2. 扩散系数的时间依赖性

Fick 第二扩散定律的表达式中，最为重要的参数是氯离子扩散系数，它反映了混凝土材料抵抗氯离子侵蚀的能力。早期的文献中多把扩散系数 D 看作常数，其数值由试验结果计算得出。实际上，混凝土是一种水硬性材料，其水化过程需要很长时间才能完成。混凝土的成熟度（水化程度）对于氯离子的扩散存在很大的影响，水化越充分，混凝土内部越密实，混凝土抗侵蚀能力就越强。随着时间的延长，氯离子在混凝土中的扩散不是一成不变的，而是时间的函数。

许多学者基于 Fick 扩散定律提出了多种扩散修正公式。Takewake 和 Mastumoto[19] 于 1988 年首先提出了氯离子扩散系数随时间衰减的经验公式，认为扩散系数正比于 $t^{-0.1}$。1994 年，Mangat 和 Molloy[20] 提出了随时间减小的扩散系数表达式：

$$D(t) = D_t t^{-m} \tag{3.6.2-3}$$

式中，D_t 为 t 等于 1 个时间单位时的有效氯离子扩散系数，m 是时间依赖系数，该公式的缺陷在于这两个参数均需通过大量试验数据分析拟合得出。因此，1999 年 Thomas 等[21] 改用下式表示扩散系数的时间依赖性：

$$D(t) = D_0 \left(\frac{t_0}{t} \right)^m \tag{3.6.2-4}$$

式中，D_0 是时间 t_0 时的混凝土氯离子扩散系数，D_t 为时间 t 时的混凝土氯离子扩散系数。式（3.6.2-4）和式（3.6.2-3）实质上是一样的，其 m 的意义相同。相比较而言，D_0 这一参数意义更为明确，也容易测得，因而 Thomas 公式更加实用。

3. 氯离子结合能力

对氯离子在混凝土的扩散过程中，"假设混凝土的氯离子结合能力为 0"肯定是不对的，这已经被大量的研究所证实。在混凝土中，总氯离子浓度由自由氯离子浓度和结合氯离子浓度构成，其中，只有自由氯离子才能导致钢筋表面的钝化膜破坏、并造成钢筋锈蚀。因此，研究混凝土在氯离子环境中服役寿命的预测方法时，一个重要的方向就是研究混凝土的氯离子结合能力的规律，即混凝土中的结合氯离子浓度与自由氯离子浓度之间的关系问题，这种关系在表面物理化学中通常用等温吸附表示。该问题对于修正扩散定律、准确预测混凝土结构的使用寿命具有十分重要的作用，在理论上必须解决。

根据表面物理化学的理论和相应的大量实验结果，外界通过扩散进入混凝土内部的氯离子，其自由氯离子浓度与结合氯离子浓度的关系，在不同的浓度范围，会表现出不同的结合规律。目前通过实验，得到了以下 3 种等温吸附关系：

（1）低浓度范围的线性吸附

1982 年 Tuutti 等[22] 发现，在较低的自由氯离子浓度范围内，混凝土中的结合氯离子浓度与自由氯离子浓度之间的关系以线性吸附为主。在表面物理化学中，线性吸附是一种均匀吸附，其规律为：

$$c_b = \alpha_1 c_f \tag{3.6.2-5}$$

式中，c_b 和 c_f 分别是混凝土的结合氯离子浓度与自由氯离子浓度，α_1 为常数。

2003 年 Mohammed 等[23]测定了 Portland 水泥、早强水泥、中热水泥、高铝水泥、矿渣水泥和粉煤灰水泥等混凝土（水胶比为 0.45～0.55）在海水中浸泡 10～30d 后内部的不同氯离子浓度，发现在自由氯离子浓度占水泥质量 0～6％的范围内，结合氯离子与自由氯离子浓度之关系很好地符合式（3.6.2-5）。

（2）低浓度范围的非线性吸附——Freundlich 吸附

在较低自由氯离子浓度范围内，除了常见的线性吸附以外，部分混凝土的结合氯离子浓度与自由氯离子浓度之间存在非线性吸附现象——Freundlich 吸附[24]。根据表面物理化学的知识，Freundlich 非线性吸附几乎是一种不均匀的表面吸附，结合氯离子浓度随着自由氯离子浓度的提高而提高，即使在高浓度时也不存在吸附极限，其公式为：

$$c_b = \alpha_2 c_f^{\beta_2} \qquad (3.6.2\text{-}6)$$

式中，α_2 和 β_2 为常数。

（3）更大浓度范围的非线性吸附——Langmuir 吸附

Tang 等[25]发现，在更大的浓度范围，进入混凝土内部的自由氯离子浓度与结合氯离子浓度符合 Langmuir 非线性吸附。在表面物理化学中，Langmuir 吸附是一种均匀的表面吸附，存在极限吸附特征，其公式为：

$$c_b = \frac{\alpha_3 c_f}{1 + \beta_3 c_f} \qquad (3.6.2\text{-}7)$$

式中，α_3 和 β_3 为常数。

4. 混凝土表面的氯离子浓度

在实际氯盐环境的暴露过程中，混凝土暴露表面的自由氯离子浓度 c_s 并非一成不变，而是一个浓度由低到高、逐渐达到饱和的时间过程。将扩散方程的边界条件由常数更换为时间函数，扩散方程的性质就发生质的变化，由齐次问题变成了非齐次问题，扩散方程的解析难度也大大增加，因此，并不是所有形式的时间函数边界条件都有解析解的。为了套用扩散理论中现成的解析解，1998 年 Amey 等[26]建议采用线性函数和幂函数的时间边界条件，2002 年 Kassir 等[27]根据实验得到了指数函数的时间边界条件。这 3 种时间边界函数分别是：

线性函数：$c_s = kt$（k 是时间常数）　　　　　　　　　　　　　（3.6.2-8）

幂函数：$c_s = kt^{1/2}$（k 是时间常数）　　　　　　　　　　　　（3.6.2-9）

指数函数：$c_s = c_{s0}(1 - e^{-kt})$（$c_{s0}$ 和 k 是时间常数）　　　　（3.6.2-10）

其中，采用幂函数和指数函数边界条件的公式的拟合精度很高，而线性边界条件则与实际存在比较大的差异。

5. 结构微裂缝对氯离子传输的影响

众所周知，混凝土是一种典型的非均匀性材料，在制造和使用过程中，一旦内部产生微裂纹和缺陷等结构损伤劣化现象，氯离子在混凝土中的传输速度将明显提高。Gerard 等[28]发现冻融混凝土产生微裂纹以后，氯离子扩散系数将提高 1.5～7 倍；

Lim 等[29]发现，当压应力超过临界应力水平（约 80%～85%破坏荷载）后，混凝土的氯离子扩散速度明显加快 15%～30%，反复施加压应力疲劳荷载对混凝土氯离子扩散性能的影响随着应力水平和疲劳循环次数的增加而提高；Gowripalan 等[30]发现混凝土在弯曲荷载作用下，受拉区的氯离子扩散系数增加 7%～10%，受拉裂缝处增加 19%～22%，受压区则减小 5%～24%，受压区的跨中减小了 24%～38%。

由此可见，裂缝对氯离子在混凝土中的传输具有重要影响，然而这方面的研究尚处于起步阶段，欧洲 DuraCrete 项目的 Mejlbro 模型[31]中，引入了氯离子扩散系数的养护系数（主要与养护龄期有关）、环境系数和材料系数，余红发提出了劣化效应系数 K，采用分项系数法得到：

$$K = K_e K_y K_m \qquad (3.6.2\text{-}11)$$

式中，K_e、K_y 和 K_m 分别代表混凝土氯离子扩散性能的环境劣化系数、荷载劣化系数和材料劣化系数，均为常数。这些模型虽然在一定程度上反映了混凝土中微裂缝对氯离子传输的影响，然而混凝土在实际使用过程中，由于荷载、环境等因素的作用内部微裂缝不断萌生和扩展，因此采用常数描述微裂缝对氯离子扩散的影响与实际情况存在较大差异。

6. DuCom 多尺度模型

Fick 第二扩散定律及其修正模型从本质上讲，是从宏观的角度描述氯离子在混凝土中的传输行为，模型中的参数虽然有一定的理论支持，但其数值多是通过大量的试验结果拟合而来，很难体现混凝土微观结构与氯离子传输之间的关系，而多尺度模拟技术是建立材料微观结构与宏观性能之定量间关系的重要研究方法，并逐渐成为混凝土领域的一个研究热点。多尺度模拟的基本思想源于材料的宏观性能与其微观结构密切相关，材料的微观结构又与材料的组成、制备工艺以及使用环境密切相关。混凝土的多尺度模型从微观结构出发，在材料结构和性能之间建立了理论联系，具有较高的普适性。然而由于混凝土材料的复杂性，目前多尺度模型多以水泥净浆和砂浆为研究对象，针对混凝土的研究尚未成熟，且多尺度模型较为复杂，工程应用不及 Fick 第二扩散定律及其修正模型简明方便。

Maekawa 等[32]建立的 DuCom 模型根据混凝土的材料组成、水化程度等，首先得出混凝土的孔结构模型，包括混凝土的孔隙率分布、饱和度、曲折度模型等，利用氯离子传输的控制方程，结合混凝土的服役环境，计算得出任意时间混凝土内氯离子浓度的分布情况。DuCom 模型中考虑了裂缝对氯离子传输的影响，将裂缝视为一种特殊的孔，建立了开裂混凝土中氯离子的传输模型，需要指出的是，该模型中裂缝为预设裂缝，长度与宽度均不随时间变化，是一种理想化的情况。

3.6.3 ECO-UHPFRCC 氯离子扩散系数的确定

从第 3.5 节研究结果可知，ECO-UHPFRCC 具有极其均匀致密的微观结构，界面过渡区消失，其孔隙只包含凝胶孔，而不存在尺寸较大的毛细孔。根据有效介质理论，多孔材料中氯离子的有效扩散系数可以通过式（3.6.3-1）计算得到。

$$\frac{D}{D_{cl}} = \phi \frac{\delta}{\tau^2} \qquad (3.6.3\text{-}1)$$

式中，D_{cl} 为氯离子在纯水溶液中扩散系数，25℃时其值为 $2.03 \times 10^{-9}\,\mathrm{m^2/s}$，$\phi$ 为多孔材料的总孔隙率，δ 和 τ 分别反应了材料孔结构的紧缩度（离子与孔壁间的相互作用会引起传输减少）和曲折度（离子的实际传输路径依据孔空间的几何连通性的变化而发生的长度增加）。

对于水泥基材料而言，材料的孔隙率 φ 是随着养护时间的延长而不断减小的，这也是造成混凝土表观氯离子扩散系数具有时间依赖性的根本原因。在 DuCom 多尺度模型中 Maekawa 等[33]提出了水泥浆体的孔隙率计算模型，他们将水泥浆体中的孔分为三部分：层间孔，凝胶孔和毛细孔。简而言之，这三部分的孔隙率均可表示为水化程度的函数，也就是与时间相关的函数。但是，一方面，这一模型针对的纯水泥浆体，且水化程度与时间的关系只能通过热分析（TG，DTA）或定量 X 射线衍射（QXRD）等试验方法得到；另一方面，关于水化程度的预测模型大多是用于预测一定水胶比下水泥颗粒最终的水化程度，如 Extended Powers 模型[34]和 Waller 模型[33]。并且针对 ECO-UHPFRCC 的特殊性，其组分中掺加了大量的粉煤灰和硅灰，无法从理论上直接得到 ECO-UHPFRCC 孔隙率与养护时间的函数关系。

三种不同尺度的孔中，层间孔孔径极小仅为 2.8Å，认为氯离子不通过层间孔进行传输。凝胶孔和毛细孔的孔径率和孔径分布可以通过压汞法（MIP）测得。因此，本文通过 MIP 在不同龄期时测定 ECO-UHPFRCC 的孔隙率，采用曲线拟合的方法得到孔隙率与养护时间的函数关系。

经过大量的尝试，发现如式（3.6.3-2）的函数形式与试验数据拟合效果最佳。

$$\phi(t) = A + Be^{-t/C} \qquad (3.6.3\text{-}2)$$

采用这种函数形式进行拟合的另一原因是计算方便。如今采用最为普遍的形式如式（3.6.3-2）的时间衰减函数来表征氯离子扩散系数的时间依赖性。但是在实际应用过程中，时间依赖性 m 的取值不容易得到。大量文献关于依据短期测试得到的结果不尽统一，其取值受混凝土本身性质，测试时间，试验条件等诸多因素的影响。采用该种形式的函数形式则可避免这一问题，且计算过程相对较为简单。

根据 Maekawa 等[35]建立的 DuCom 模型，水泥基材料的紧缩度 δ 和曲折度 τ 可以通过式（3.6.3-3）和式（3.6.3-4）计算得到。

$$\delta = 0.395\tanh\{4.0[\lg(r_{cp}^{peak}) + 6.2]\} + 0.405 \qquad (3.6.3\text{-}3)$$
$$\tau = -1.5\tanh[8.0(\phi - 0.25)] + 2.5 \qquad (3.6.3\text{-}4)$$

式中，r_{cp}^{peak} 为毛细孔的峰值半径。r_{cp}^{peak} 与紧缩度 δ 的关系见图 3.6.3-1。由于生态型超高性能水泥基复合材料不存在毛细孔，因此紧缩度 δ 可取最小值 0.01。图 3.6.3-2 表示的是曲折度 τ 与孔隙之间的关系。标准养护 90d 以后，ECO-UHPFRCC 的总孔隙率在 0.02 左右，且随着时间的延长，其值将不断降低，而相对应的曲折度

τ 的值在 3.9 左右，且变化很小，为了后续计算方便，取 τ 为定值 3.93，其对应的孔隙率为 0.02。

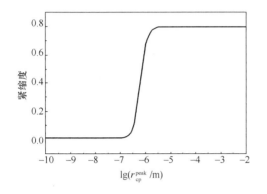

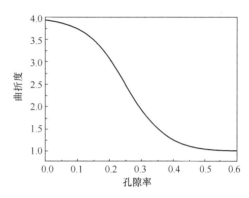

图 3.6.3-1　紧缩度 δ 与毛细孔的峰值半径关系图　　图 3.6.3-2　曲折度 τ 与孔隙率关系图

将式 (3.6.3-2)，(3.6.3-3)，(3.6.3-4) 代入 (3.6.3-1) 可以得到在 ECO-UHPFRCC 氯离子扩散系数的表达式 (3.6.3-5)。

$$D(t) = (A + Be^{-t/C}) \times 1.31435 \times 10^{-12} \, \text{m}^2/\text{s} \tag{3.6.3-5}$$

标准养护 90d 后，ECO-UHPFRCC 的孔隙率约为 0.02。通过式 (3.6.3-5) 计算得到的 ECO-UHPFRCC 的氯离子扩散系数与文献[36]中试验测得的 RPC200 的氯离子扩散系数 ($0.02 \times 10^{-12} \, \text{m}^2/\text{s}$) 十分接近，说明用式 (3.6.3-5) 预测 ECO-UHPFRCC 的氯离子扩散系数是可行的。

3.6.4　ECO-UHPFRCC 氯离子扩散方程的建立

为了使 Fick 第二扩散定律适用于 ECO-UHPFRCC，假设 ECO-UHPFRCC 是半无限等效均匀体，氯离子在其中的扩散是一维扩散。则其扩散方程见式 (3.6.4-1)。

$$\frac{\partial c_{\text{f}}}{\partial t} = D(t) \frac{\partial^2 c_{\text{f}}}{\partial x^2} \tag{3.6.4-1}$$

式中：t——时间；

　　　　x——距离材料表面的深度；

　　　　c_{f}——在时间 t 时刻，深度 x 处的自由氯离子浓度。

$$\frac{\partial c_{\text{f}}}{\partial T} = \frac{\partial^2 c_{\text{f}}}{\partial x^2} \tag{3.6.4-2}$$

当初始条件为：$T = 0$，$x > 0$ 时，$c_f = c_0$；边界条件为 $x = 0$，$T > 0$ 时，$c_f = c_s$（常数），扩散方程最基本的解析解为：

$$c_{\text{f}} = c_0 + (c_s - c_0)\left(1 - \text{erf}\frac{x}{2\sqrt{T}}\right) \tag{3.6.4-3}$$

式中：c_0——ECO-UHPFRCC 内初始自由氯离子浓度；

c_s——ECO-UHPFRCC 暴露表面的自由氯离子浓度；

erf——误差函数。

$$T = \int_{t_0}^{t} D(t)\mathrm{d}t = \int_{t_0}^{t} (A + Be^{-t/C}) \times 1.31435 \times 10^{-12} \mathrm{d}t$$
$$= 1.31435 \times 10^{-12} \cdot \left[A(t - t_0) - BC(e^{-t/C} - e^{-t_0/C}) \right] \quad (3.6.4\text{-}4)$$

其中 t_0 为 ECO-UHPFRCC 开始浸泡的时间，t 的单位取 s，则 T 的单位为 m。

将 T 代入式（3.6.4-4）可得 ECO-UHPFRCC 中氯离子一维扩散的基本方程：

$$c_f = c_0 + (c_s - c_0) \left(1 - \mathrm{erf} \frac{x}{2\sqrt{1.31435 \times 10^{-12} \cdot \left[A(t - t_0) - BC(e^{-t/C} - e^{-t_0/C}) \right]}} \right)$$

$$(3.6.4\text{-}5)$$

如需考虑荷载，外部环境，养护条件等因素对 ECO-UHPFRCC 氯离子扩散性能的影响，则可参照余红发[36]提出的混凝土中氯离子扩散方程，在此方程中引入劣化系数 K 这一参数。

$$c_f = c_0 + (c_s - c_0)(1 - \mathrm{erf} \frac{x}{2\sqrt{K \cdot 1.31435 \times 10^{-12} \cdot \left[A(t - t_0) - BC(e^{-t/C} - e^{-t_0/C}) \right]}})$$

$$(3.6.4\text{-}6)$$

劣化系数 K 表征的是混凝土内部缺陷对其抗氯离子渗透性能的影响。混凝土内部缺陷来自三个方面：①环境和气候的作用，如温度裂缝，干燥收缩，碳化收缩，冻融破坏等；②荷载的作用；③混凝土自身的劣化作用，如碱骨料反应和自收缩产生的裂缝。这些缺陷的存在对氯离子在混凝土中的传输的影响是不可忽视的。劣化系数 K 需要通过试验得到具体数值。

3.6.5　ECO-UHPFRCC 氯离子扩散方程的验证

通过对 ECO-UHPFRCC 微观结构的研究发现，在 ECO-UHPFRCC 内部钢纤维与基体的界面过渡区消失，因此钢纤维的掺入不会在材料内部引入缺陷，从而降低材料抵抗有害物质侵入的能力。第四节关于钢纤维对 ECO-UHPFRCC 抗氯离子渗透性能的试验研究结果也充分证明了这一点。因此，在不加载情况下，假设纤维对 ECO-UHPFRCC 的抗氯离子渗透性能没有影响，在扩散方程验证过程中也不考虑纤维的作用。

对 ECO-UHPFRCC 氯离子扩散方程式（3.6.4-6）进行验证，需要得到 c_s、c_0、A、B、C、K 等 6 个参数。其中 c_0、K 可通过试验测得，A、B、C 可通过不同龄期 ECO-UHPFRCC 的压汞数据拟合得到，而 c_s 则可通过回归分析得到。

根据第四节试验得到的关于 ECO-UHPFRCC 抗氯离子渗透能力的试验数据可知，在质量分数为 10% 的 NaCl 溶液中浸泡 90d 以后，氯离子仍集中在 0~5mm 范围内，我们很难判断氯离子在 0~5mm 范围内的分布情况。这就给 c_s 的计算和扩散方程的验证带来了一定的困难。因此，在验证之前需估算氯离子在 0~5mm 内的分布情况。根据前文提到的 RPC200 的氯离子扩散系数约为 $0.02 \times 10^{-12} \, \text{m}^2/\text{s}$，且根据式（3.6.3-5）可知 ECO-UHPFRCC 的氯离子扩散系数也在这一数量级范围内，因此，假设 ECO-UHPFRCC 的氯离子扩散系数也为 $0.02 \times 10^{-12} \, \text{m}^2/\text{s}$，浸泡时间为 90d，在不考虑氯离子扩散系数的时间依赖性和其他影响因素的情况下，c_f 的表达式即为式（3.6.5）

$$c_f = c_0 + (c_s - c_0)\left(1 - \text{erf}\frac{x}{2\sqrt{Dt}}\right) \tag{3.6.5}$$

取 $D = 0.02 \times 10^{-12} \, \text{m}^2/\text{s}$，$c_0 = 0.01\%$，$t = 90\text{d}$ 时，$c_s = 1\%$，则可通过 Matlab 作图得到 c_f 随深度 x 的分布规律，见图 3.6.5-1。

由图 3.6.5-1 可知，在如上情况下，ECO-UHPFRCC 内部氯离子绝大部分分布在距离材料表面 $0 \sim 2\text{mm}$ 处，尚未扩散到更内部。因此在下文 C_s 的计算和扩散方程的验证中均认为试验得到的 $0 \sim 5\text{mm}$ 处的氯离子浓度其实主要分布在 $0 \sim 2\text{mm}$ 范围内。

1. 不加载，不同强度

在实验室条件下，不加载时，可取劣化系数 $K = 1$。在质量分数为 10% 的 NaCl 溶液中浸泡 90d 后，计算或试验得到的 ECO-HPFRCC100，ECO-UHPFRCC150，ECO-UHPFRCC200 各参数的取值见表 3.6.5-1。

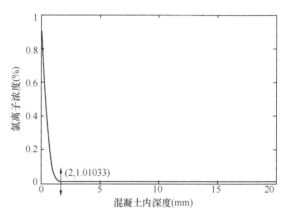

图 3.6.5-1　估算的 ECO-UHPFRCC
内氯离子浓度分布图

	c_s	c_0	A	B	C	K
ECO-HPFRCC100	1.05	0.019	0.025	0.10	16.66	1
ECO-UHPFRCC150	1.02	0.018	0.022	0.11	6.83	1
ECO-UHPFRCC200	0.54	0.014	0.012	0.10	14.75	1

ECO-UHPFRCC 各个参数的取值　　　　表 3.6.5-1

图 3.6.5-2 为由 ECO-HPFRCC100，ECO-UHPFRCC150，ECO-UHPFRCC200 不同龄期孔隙率拟合得到的曲线，A、B、C 的值见上表。相关系数 R^2 均十分接近于 1，拟合效果很好。

在得到各个参数之后，即可通过式（3.6.4-6）计算 ECO-UHPFRCC 在 NaCl 溶液中浸泡 90d 后不同深度处的氯离子浓度。得到的结果与试验结果比较即能验证该预测方法是否准确可行。图 3.6.5-3 为 ECO-HPFRCC100，ECO-UHPFRCC150，ECO-UHPFRCC200 浸泡 90d 后不同深度处的预测值和试验值。其中曲线为预测值。

从图 3.6.5-3 可以看出不同强度等级的 ECO-UHPFRCC 浸泡 90d 后氯离子浓度

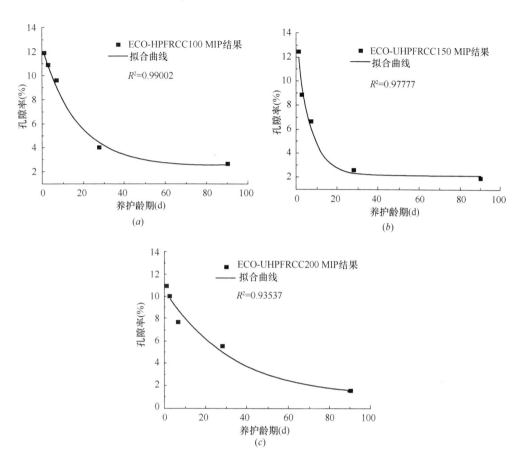

图 3.6.5-2　ECO-HPFRCC 和 ECO-UHPFRCC 不同龄期孔隙率拟合曲线
(*a*) ECO-HPFRCC100；(*b*) ECO-UHPFRCC150；(*c*) ECO-UHPFRCC200

预测值与试验值总体吻合良好。在 0～2mm 范围内第一个试验点均比预测值稍高，这一方面是因为在上述情况下，氯离子其实尚未渗透至 2mm 深度处，而在进行预测时候均假设氯离子刚好渗透至 2mm 处，另一方面在 0～2mm 范围内，氯离子浓度并非线性分布的，而试验值表示的 0～2mm 内的平均浓度，深度取值为 1mm，而 1mm 处的实际氯离子浓度要低于 0～2mm 范围内的平均浓度，因此试验值要比预测值略高。从预测曲线还可看出，氯离子也是主要集中在 0～2mm 范围内，甚至低于 2mm，与前面的假设基本一致。ECO-UHPFRCC200 内部的氯离子浓度最低，其抗氯离子渗透能力优于 ECO-HPFRCC100 和 ECO-UHPFRCC150，而比较 ECO-HPFRCC100 和 ECO-UHPFRCC150，ECO-UHPFRCC150 略优于 ECO-HPFRCC100。这主要是由于它们各自的孔结构不同造成的。

2. 不加载，不同浸泡时间

表 3.6.5-2 为 ECO-UHPFRCC150 在 NaCl 溶液中浸泡不同时间后，各参数的取值。

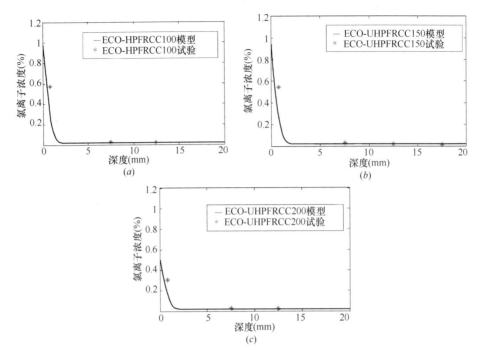

图 3.6.5-3　浸泡 90d 后氯离子浓度预测值和试验值
(*a*) ECO-HPFRCC100；(*b*) ECO-UHPFRCC150；(*c*) ECO-UHPFRCC200

ECO-UHPFRCC 各个参数的取值（二）　　　　　　　　　　　表 3.6.5-2

	c_s	c_0	A	B	C	K
60d	0.47	0.018	0.022	0.11	6.83	1
90d	1.02	0.018	0.022	0.11	6.83	1
120d	1.49	0.018	0.022	0.11	6.83	1

图 3.6.5-4 为 ECO-UHPFRCC150 在 NaCl 溶液中浸泡不同时间后氯离子浓度分布的预测值和试验值。同样，试验值要略高于预测值。从根据预测得到的氯离子浓度分布曲线可以看出，随着浸泡时间的延长，ECO-UHPFRCC 表面氯离子浓度提高，且氯离子不断向 ECO-UHPFRCC 更深处渗透。

3. 加载，不同纤维掺量

假设钢纤维对氯离子在不加载的 ECO-UHPFRCC 内部的扩散行为没有影响，则钢纤维的作用主要体现在当 ECO-UHPFRCC 受到应力作用时，纤维可以起到抑制裂纹形成和扩展的作用，减少氯离子传输的通道。第 4 章的试验也很好地证明了这一点。当 ECO-UHPFRCC 受到 50% 的弯拉应力时，掺加了纤维的 ECO-UHPFRCC150 的抗氯离子渗透能力略微降低，而 ECO-UHPFRCC150-0 则明显地降低。在这种情况下，根据试验结果，可取劣化系数 $K=1.5$。其余参数取值见表 3.6.5-3。

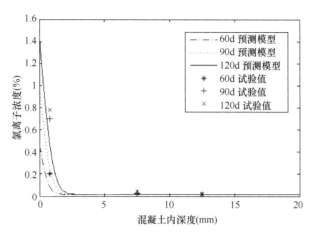

图 3.6.5-4　ECO-UHPFRCC150 浸泡不同时间后
氯离子浓度分布的预测值和试验值

ECO-UHPFRCC 各个参数的取值（三）　　　　　　　　　　表 3. 6. 5-3

	c_s	c_0	A	B	C	K
ECO-UHPFRCC150	1.03	0.018	0.022	0.11	6.83	1
ECO-UHPFRCC150-0	1.44	0.018	0.022	0.112	6.83	1.5

图 3.6.5-5 表示的是 ECO-UHPFRCC150
和 ECO-UHPFRCC150-0 在受 50％弯拉应力
状态下浸泡 90d 后，材料内部氯离子浓度分
布的预测值和试验值。从图中可以看出，试
验值和预测值比较符合。当 ECO-UHP-
FRCC 未掺加纤维的情况下，拉应力对其抗
氯离子性能的不利影响较为明显，而掺加了
纤维则可有效的抑制应力对其抗氯离子性能
的不利影响。

通过上述的验证可以发现，本文提出的
ECO-UHPFRCC 氯离子扩散方程总体上可
以较为准确地描述氯离子在 ECO-UHP-

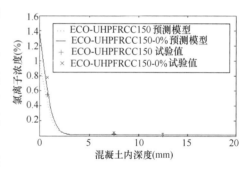

图 3.6.5-5　ECO-UHPFRCC150 和 ECO-
UHPFRCC150-0 在受拉应力作用下内部
氯离子浓度分布的预测值和试验值

FRCC 内部的扩散行为，可以用于 ECO-UHPFRCC 的服役寿命预测。

3.6.6　不同因素对 ECO-UHPFRCC 服役寿命的影响规律

本文中 ECO-UHPFRCC 服役寿命是指诱导期寿命，即暴露一侧混凝土内钢筋表
面氯离子浓度达到临界氯离子浓度所需的时间。ECO-UHPFRCC 服役寿命的影响因
素主要有：暴露表面氯离子浓度 c_s，氯离子临界浓度 c_{cr}，材料内部初始自由氯离子

浓度 c_0，保护层厚度 x，劣化系数 K 及 ECO-UHPFRCC 种类。以上参数的取值均与材料本身的性质（水胶比，组分）和所处的工况（环境和荷载作用）相关，因此在 ECO-UHPFRCC 服役寿命预测过程中，上述参数的取值均决定于工程的实际情况。而本文中是为了研究各参数对 ECO-UHPFRCC 服役寿命的影响，因此在此过程中，各参数所取的均是相对具有代表性的值，但并不能体现所有的工程实际。

1. 暴露表面氯离子浓度 c_s 对 ECO-UHPFRCC 服役寿命的影响

在求解扩散方程时，假定 c_s 是一个常数，但是大量研究表明，c_s 其实也并非是个定值，而是随着时间的延长，其值由低到高，而后逐渐达到饱和。在寿命预测过程中，c_s 是无法通过实验直接得到的，只能通过回归分析得到。本节将以 ECO-UHP-FRCC150 为例，揭示 c_s 对 ECO-UHPFRCC 的服役寿命的影响规律。

大量研究得到混凝土的 c_{cr} 值在 $0.4\%\sim1.0\%$（占水泥质量）或 $0.07\%\sim0.18\%$（占混凝土质量）范围内变化。在预测 ECO-UHPFRCC 服役寿命时采用的 c_{cr} 值是偏于保守的 0.05%（占混凝土质量）。ECO-UHPFRCC150 测得的初始氯离子浓度 c_0 为 0.018%。混凝土的保护层厚度 x 一般为 $30\sim50$mm，ECO-UHPFRCC 一般用于薄壁结构或者用作修补材料，因此这里保护层厚度取较小的 30mm。在实验室条件下，不加载，取 $K=1$。

图 3.6.6-1 为 ECO-UHPFRCC150 暴露面表面自由氯离子浓度 c_s 对其服役寿命的影响。结果表明，暴露面表面自由氯离子浓度 c_s 对 ECO-UHPFRCC150 的服役寿命有决定性影响，c_s 值越高，ECO-UHPFRCC150 服役寿命越短。随着暴露面表面自由氯离子浓度 c_s 的升高，ECO-UHPFRCC150 的服役寿命先急剧降低，而后逐渐趋于平缓。

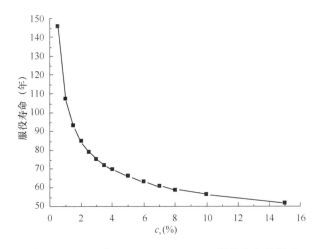

图 3.6.6-1　c_s 对 ECO-UHPFRCC150 服役寿命的影响

2. 氯离子临界浓度 c_{cr} 对 ECO-UHPFRCC 服役寿命的影响

混凝土的临界氯离子浓度一般为水泥质量的 0.4%，或为混凝土质量的 0.05%。当混凝土采用不同的钢筋防腐措施后，其临界氯离子浓度可提高 $4\sim5$ 倍。以 ECO-

UHPFRCC150 为例，图 3.6.6-2 显示了临界氯离子浓度 c_{cr} 对 ECO-UHPFRCC150 服役寿命的影响。此时各参数取值为：$c_s = 1\%$，$c_0 = 0.018\%$，$x = 30\text{mm}$，$K = 1$。结果表明，ECO-UHPFRCC150 的服役寿命随着临界氯离子浓度 c_{cr} 的增加而延长。当临界氯离子提高 5 倍时，其服役寿命超过原来的 3 倍，达到近 350 年。

3. 内部初始自由氯离子浓度 c_0 对 ECO-UHPFRCC 服役寿命的影响

对于一种特定水泥基材料，其内部初始的氯离子浓度是确定的。但是为了探讨初始自由氯离子浓度对 ECO-UHPFRCC 服役寿命的影响，假设由于原材料种类的变更可以影响 ECO-UHPFRCC 内部初始氯离子浓度值，但对其本身孔结构没有影响。本节将以 ECO-UHPFRCC150 为例，揭示 c_0 对 ECO-UHPFRCC 的服役寿命的影响规律。各参数取值为：$c_s = 1\%$，$c_{cr} = 0.05\%$，$x = 30\text{mm}$，$K = 1$。

图 3.6.6-3 为 ECO-UHPFRCC 内部初始自由氯离子浓度对其服役寿命的影响。结果表明，ECO-UHPFRCC 的服役寿命随着初始氯离子浓度的增加而缩短，如 c_0 达到混凝土的临界氯离子浓度，则混凝土的使用寿命为零。

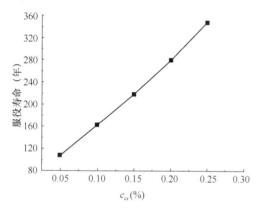

图 3.6.6-2　c_{cr} 对 ECO-UHPFRCC150
服役寿命的影响

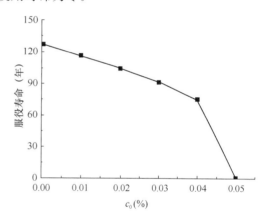

图 3.6.6-3　c_0 对 ECO-UHPFRCC150
服役寿命的影响

4. 保护层厚度 x 对 ECO-UHPFRCC 服役寿命的影响

混凝土结构中钢筋的保护层厚度是决定混凝土结构使用寿命的关键性因素。以 ECO-UHPFRCC150 为例，图 3.6.6-4 为保护层厚度对 ECO-UHPFRCC 服役寿命的影响。各参数取值为：$c_s = 1\%$，$c_{cr} = 0.05\%$，$c_0 = 0.018\%$，$K = 1$。结果表明，随着保护层厚度的增加，ECO-UHPFRCC 服役寿命增长很快，当 $x = 50\text{mm}$ 时，其服役寿命可达 300 年以上，约为 20mm 时的 6 倍。当保护层厚度不足时，即使使用 ECO-UHPFRCC 也不能保证结构在氯离子环境中经久耐用，由此可见，保护层厚度要求在结构耐久性设计中的重要作用。

5. 劣化系数 K 对 ECO-UHPFRCC 服役寿命的影响

本文引入的劣化系数 K 借鉴了余红发的混凝土氯离子扩散理论模型，$K > 1$ 时混凝土内部缺陷对氯离子扩散速度的加速作用，但是，另一个方面，当 $K < 1$ 时则表明

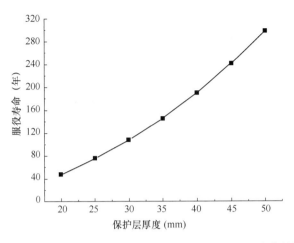

图 3.6.6-4　保护层厚度 x 对 ECO-UHPFRCC150 服役寿命的影响

氯离子扩散系数减小，说明混凝土的内部结构不但没有形成缺陷，反而发生了密实强化作用。以 ECO-UHPFRCC150 为例，图 3.6.6-5 为劣化系数 K 对 ECO-UHPFRCC 服役寿命的影响。各参数取值为：$c_s = 1\%$，$c_{cr} = 0.05\%$，$c_0 = 0.01751\%$，$x = 30mm$。结果表明，当 K 值增大时，ECO-UHPFRCC 的服役寿命急剧下降，当 $K = 4$ 时，ECO-UHPFRCC 的寿命仅约为 $K = 1$ 时的 1/10。当 ECO-UHPFRCC150-0 受 50% 弯压应力时，相对于同等情况下的掺加了 2% 钢纤维的 ECO-UHPFRCC150 而言，$K = 1.5$。此时，其服役寿命仅为 ECO-UHPFRCC150 的 44.8%。因此，对于 ECO-UHPFRCC 而言，在实际使用过程中掺加适量的钢纤维至关重要，不仅可以改善材料的力学性能，还可以大幅提升材料在荷载作用下时的抗氯离子渗透性能，延长其服役寿命。

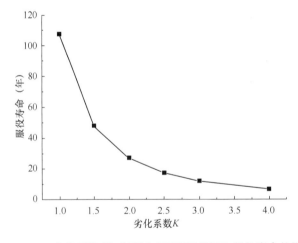

图 3.6.6-5　劣化系数 K 对 ECO-UHPFRCC150 服役寿命的影响

不同强度的 ECO-HPFRCC 和 ECO-UHPFRCC 的服役寿命。

ECO-UHPFRCC 的孔结构对其服役寿命具有至关重要的影响。图 3.6.6-6 即显示了 ECO-HPFRCC100，ECO-UHPFRCC150，ECO-UHPFRCC200 的服役寿命。各参数取值为：$c_s = 1\%$，$c_{cr} = 0.05\%$，$x = 30mm$，$K = 1$，c_0 取值见表 3.6.5-1。结果表明，在上述条件下，ECO-UHPFRCC150 服役寿命略高于 ECO-HPFRCC100，而 ECO-UHPFRCC200 由于孔结构更为致密，其服役寿命接近 ECO-HPFRCC100 和 ECO-UHPFRCC150 的两倍。由此可见，ECO-UHPFRCC 本身的微观结构是影响其服役寿命的重要因素之一。

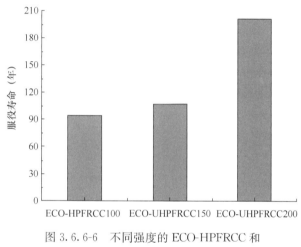

图 3.6.6-6　不同强度的 ECO-HPFRCC 和
ECO-UHPFRCC 的服役寿命

3.6.7　小结

在有效介质理论和 Fick 第二扩散定律的基础上，针对 ECO-UHPFRCC150 的特殊性，提出了氯离子在 ECO-UHPFRCC 中的扩散方程。并将此方程预测值与前期的试验结果进行了对比，发现扩散方程预测得到的数值与试验结果基本吻合，说明此扩散方程可以较为准确地描述氯离子在 ECO-UHPFRCC 内部的扩散行为。在此方程的基础上，探讨了方程中各参数对 ECO-UHPFRCC 服役寿命的影响规律，为 ECO-UHPFRCC 结构的耐久性设计提供了试验和理论依据。

本章参考文献

［1］李忠，黄利东. 钢纤维活性粉末混凝土的耐久性研究［J］. 混凝土与水泥制品，2005(3)：42-43.

［2］施惠生，施韬，陈宝春，等. 掺矿渣活性粉末混凝土的抗氯离子渗透性试验［J］. 同济大学学报，2006，34(1)：93-96.

［3］Crawford P H. Cement and concrete ［M］. Baltimore：American Society for Testing

Materials，1958.

[4] 牛建刚，牛荻涛. 荷载作用下混凝土的耐久性研究 [J]. 混凝土，2008(8)：30-34.

[5] Charron J P, Denarié E, Brühwiler E. Transport properties of water and glycol in an ultra high performance fiber reinforced concrete（UHPFRC）under high tensile deformation [J]. Cement and Concrete Research，2008，38：689-698.

[6] Charron J P, Denarié E, Brühwiler E. Permeability of ultra high performance fiber reinforced concretes（UHPFRC）under high stresses [J]. Materials and Structures，2007，40：269-277.

[7] 司志明. MDF 水泥复合材料的研究和发展 [J]. 山东建材学院学报，1994，8(4)：81-83.

[8] 丹盈，程红强. 纤维混凝土与既有混凝土粘结性能研究 [M]. 北京：科学出版社，2008：124-134.

[9] 湖南大学等. 土木工程材料 [M]. 北京：中国建筑工业出版社，2002.

[10] 苏卿. 高性能混凝土的耐久性试验研究 [D]. 西安：西安理工大学，2005.

[11] 姜磊. 钢纤维混凝土抗冻融性能试验研究 [D]. 西安：西安建筑科技大学，2010.

[12] 庞超明. 高延性水泥基复合材料的制备、性能及基体特性研究 [D]. 南京：东南大学，2010.

[13] 过镇海. 钢筋混凝土原理 [M]. 北京：清华大学出版社，1998：133-135.

[14] 杨淑雁，张强，万惠文，等. 引气高性能混凝土纤维结构研究 [J]. 武汉理工大学学报，2008，30(9)：16-19.

[15] 刘慧. 基于 CT 图像处理的冻融岩石细观损伤特性研究 [D]. 西安：西安科技大学，2006.

[16] 张扬，彭晓峰. 多孔材料内部结构的微 CT 扫描仪分析 [J]. 工程热物理学报，2005，26(5)：850-851.

[17] Clifton J R. Predicting the service life of concrete [J]. ACI Materials Journal，1993，90 (6)：611-617.

[18] Khatri R P, Sirivivatnanon V. Characteristic service life for concrete exposed to marine environments [J]. Cement and Concrete Research，2004，34：745-752.

[19] Collepardi M, Marcialis A, Turrizzani R. The kinetics of penetration of chloride ions into the concrete [J]. Cement，1970，(4)：157-164.

[20] Takewaka K, Mastumoto S. Quality and cover thickness of concrete based on the estimation of chloride penetration in marine environments [C]. in: Malhotra V. M. eds，Proc. 2nd Int. Conf. Concr. Marine Environment，ACI SP-109，1988，381-400.

[21] Mangat P S, Molloy B T. Predicting of long term chloride concentration in concrete [J]. Materials and Structures，1994，27：338-346.

[22] Thomas M D A, Bamforth P B. Modeling chloride diffusion in concrete — effect of fly ash and slag [J]. Cement and Concrete Research，1999，29(4)：487-495.

[23] Tuutti K. Corrosion of steel in concrete [M]. Stockholm：Swedish Cement and Concrete institute，1982，(4)：469-478.

[24] Kassir M K, Ghosn M. Chloride-induced corrosion of reinforced concrete bridge decks [J]. Cement and Concrete Research，2002，32(1)：139-143.

[25] Mohammed T U, Hamada H. Relationship between free chloride and total chloride contents in concrete [J]. Cement and Concrete Research，2003，33(9)：1487-1490.

[26] Tang L, Nilsson L O. Chloride binding capacity and binding isotherms of OPC pastes and mor-

tars [J]. Cement and Concrete Research，1993，23(2)：247-253.

[27]　Amey S L，Johnson D A. Miltenberger M A，Farzam H. Predicting the service life of concrete marine structures：an environmental methodology [J]. ACI Structural Journal，1998，95(1)：27-36.

[28]　Kassir M K，Ghosn M. Chloride-induced corrosion of reinforced concrete bridge decks [J]．Cement and Concrete Research，2002，32(1)：139-143.

[29]　Gérard B，Marchand J. Influence of cracking on the diffusion properties of cement-based materials Part I：Influence of continuous cracks on the steady-state regime [J]. Cement and Concrete Research，2000，30(1)：37-43.

[30]　Lim C C，Gowripalan N，Sirivivatnanon V. Microcracking and chloride permeability of concrete under niaxial compression [J]. Cement and Concrete Composite，2000，22(5)：353-360.

[31]　Gowripalan N，Sirivivatnanon V，Lim C C. Chloride diffusivity of concrete cracked in flexure [J]. Cement and Concrete Research，2000，30(5)：725-730.

[32]　Mejlbro L. The complete solution of Fick's second law of diffusion with time-dependent diffusion coefficient and surface concentration[A]，Durability of concrete in saline environment[C]，Cement AB，Danderyd，1996，127-158.

[33]　Lura P，Jensen O M，van Breugel K. Autogenous shrinkage in high-performance cement paste，an evaluation of basic mechanisms [J]. Cement and Concrete Research，2003，33(2)：223-232.

[34]　Oh B H，Jang S Y. Prediction of diffusivity of concrete based on simple analytic equationsp [J]. Cement and Concrete Research，2004，34(3)：463-480.

[35]　 Maekawa K，Ishida T，Kishi T. Multi-scale Modeling of Structural Concrete [M]．Oxon：Taylor & Francis，2009：291-352.

[36]　余红发. 盐湖地区高性能混凝土的耐久性、机理与使用寿命预测方法[D]. 南京：东南大学，2004.

第4章
荷载与严酷环境因素耦合作用下高性能纤维增强水泥基复合材料 HPFRCC 的耐久性研究

4.1 引　言

当今我国基础工程建设规模空前，重大桥梁工程、隧道工程、高速铁路和高速公路工程、水利大坝工程等全面启动。不仅建设规模空前，而且建设速度快。由于种种原因，开裂问题不断出现，工程过早失效和提前退出服役的现象时有发生，这已是世界性难题。近年来有报道，美国现有桥梁 590750 座，其中有 27% 属于结构有缺陷或性能失效，需要在 20 多年时间内，每年花费 94 亿美元去消除所有桥梁中存在的缺陷。在国内，闻名的某一重大桥梁通车尚不足十年，桥墩已开裂严重，严重危及到其结构设计寿命的实现，其修补费用已不可估量，国家损失巨大。

众所周知，提高重大工程的耐久性与服役寿命，已为国内外混凝土科学与工程界高度关注，最基础和最关键的问题是：提高混凝土材料的强度、韧性和阻裂能力，阻止有害物质向混凝土内部的入侵。对此，国际上已引起极大关注，并积极开展原位增韧和各种内掺、外涂层技术，改善混凝土组成比例。这些工作还在进行中，经过一个时期奋斗，会有所建树。但性价比低，其自身耐久性高低尚无科学定论，而且大大增加了施工过程的复杂性。

在面临这个困境之下，使我们想到钢纤维增强水泥基复合材料 SFRC。这一材料的固有强势特性是增强、增韧和阻裂效应。SFRC 的研究，中国在 20 世纪 70 年代起步，20 世纪 80 年代到 90 年代步入兴旺时期，我国也连续出版了两部钢纤维及钢纤维混凝土技术规程，在工程应用中效果极为显著。

钢纤维混凝土是在普通混凝土中掺入适量短钢纤维而形成的一种复合材料，其中乱向分布的短钢纤维可以抑制混凝土内部微裂缝的萌生和扩展，对于混凝土的力学性能和耐久性能有明显的改善作用。近 20 年来，钢纤维混凝土以其优良的物理力学性能在多个领域得到推广，已应用于隧洞衬砌和护坡，路面、桥面和机场跑道，桥梁结构和铁路轨枕，水工建筑物，港口与海洋工程等重大混凝土结构和工程中[1]，随着应用的不断推广，其耐久性问题逐渐成为人们关注的焦点之一。

1991 年 Mehta 教授[2]在第二届混凝土耐久性会议的主题报告中指出，"当今世界混凝土结构破坏的主要原因，按重要性递降顺序排列为：钢筋锈蚀、寒冷气候下的冻害、侵蚀环境下的物理化学作用"。钢筋锈蚀破坏被确认为影响耐久性的第一因素，而引起混凝土结构中钢筋锈蚀的原因中，氯离子的侵蚀引发的钢筋局部去钝化反应是最为严重也是最为普遍的。已有的耐久性研究和寿命预测多针对普通钢筋混凝土结构，尚未见针对配筋钢纤维混凝土结构的寿命预测。本项目的研究旨在建立氯离子在钢纤维混凝土中的扩散模型，对配筋钢纤维混凝土进行服役寿命预测，对于加深了解钢纤维混凝土的服役特性，推广钢纤维混凝土的应用具有重要意义。

值得注意的是，实际工程中，任何一种混凝土材料和结构都不仅仅遭受环境的侵蚀，同时还要承受外界荷载的作用[3-4]。尽管在服役过程中，混凝土结构通常不会因为荷载的作用而破坏甚至失效，但混凝土材料内由于荷载而不断萌生并扩展的微裂缝为氯离子等有害物质的传输提供了更为便捷的通道，大大加速了有害物质的传输速度，对混凝土的耐久性造成了极大的危害。因此，在近几年混凝土耐久性问题的研究中，环境与荷载耦合作用下混凝土的损伤劣化与寿命预测逐渐成为研究的热点。

可是发展到今天，这一学科领域不仅没有在基础工程建设中成为高耐久与长寿命的重要技术支持，而是出现了令人难以理解的低谷。三十多年来，钢纤维混凝土具有增强、增韧与阻裂的三大优势早已为大众公认，但是，工程上依然不使用，国内外的研究工作远远跟不上实际需求。查阅国际上所有文献资料之后得知，至今还未有钢纤维混凝土耐久性评价和服役寿命预测的新理论与新方法，没有把国内外混凝土科学与技术所关注的工程高耐久与长寿命放在首位，并作为重中之重的问题来开展研究。解决国内外一直没有解决的工程过早失效和提前退出服役的世界性难题。

因此，为加强新型钢纤维混凝土基础理论和应用技术研究，充分发挥其增强、增韧与阻裂优势，并将其转化为高耐久与长寿命的结构材料，是当今极为重要的研究方向，也是从本质上解决重大基础工程的开裂问题、提高耐久性与服役寿命问题的重要科学与技术。

1. 钢纤维混凝土的发展历程

水泥是混凝土的主要原料，生产 1t 水泥要消耗 2t 石灰石和 0.4t 标准煤，同时排出 1t CO_2，另外还产生 NO_2、SO_2 气体及大量粉尘[5]。混凝土的生产是以巨大的能源、不可再生资源消耗为代价并造成严重的环境污染。因此，人们致力于使混凝土向高强、高性能、绿色等方向发展。采用纤维增强混凝土是混凝土发展的另一主要方向，文献[6]对近 20 年来国内外针对钢纤维混凝土研究成果分析总结的基础上得出：钢纤维的掺入可使混凝土的抗拉强度、弯曲韧性、耐动荷载能力、耐久性能等大大提高。

近 20 多年来，纤维混凝土发展很快，已广泛应用于各个工程领域。其中钢纤维混凝土是一种由水泥、粗细骨料和随机分布的钢纤维组合而成的新型复合建筑材料，与普通混凝土相比，钢纤维混凝土抗拉、抗弯、抗剪强度等显著提高，对混凝土有显著的阻裂、增强和增韧作用。由于钢纤维可减少混凝土微裂缝并阻止宏观裂缝扩展，故在目前国内的土木工程结构中常采用钢纤维增强混凝土材料。

1874 年，美国人在混凝土中加入废钢片，标志着钢纤维在混凝土中的应用开始起步。1910 年，美国的 H. F. Porter 提出了"钢纤维混凝土"的概念[7]，并开展在混凝土中均匀掺入钢纤维以作为增强材料的研究，发表了有关以短纤维增强混凝土的研究报告，且获得专利，其设想与现在的钢纤维混凝土大体相同。随后，美国的 Graham 把钢纤维掺入普通钢筋混凝土中[8]，并得到了可以提高混凝土强度和稳定性的结果。到 20 世纪 40 年代，美国、英国、法国、德国等先后公布了许多关于钢纤维混凝土的研究成果和专利，主要涉及钢纤维提高混凝土的耐磨性、抗剪能力的研究报告以及钢纤维制造工艺、改进钢纤维形状来提高钢纤维与混凝土基体的粘结力等。日本在二战时因军事需要，对钢纤维混凝土结构进行了抗爆性能试验。1963 年，J. P. Romualdi 和 G. B. Batson 发表了一系列关于钢纤维混凝土增强机理的研究报告[6]，提出了钢纤维平均间距理论以后，有关钢纤维混凝土的开发、试验以及应用才迅速开展起来。到 20 世纪 70 年代，美国 Battelle 公司开发了熔抽技术，大大降低了钢纤维的造价，为钢纤维的推广应用提供了可行条件。接下来的 20 年中，钢纤维的研究与应用在世界各国，尤其在美国、欧洲和日本得到广泛开展[6-10]。

美国制定了《纤维混凝土分类、搅拌及浇筑成型指南》，并于 1993 年进行了修订。日本土木工程协会和混凝土协会先后制定了《钢纤维混凝土设计指南》和《纤维混凝土试验方法标准》[11]。在欧洲，钢纤维混凝土成功应用于伦敦希斯罗国际机场高层停车场的预制地板、法兰克福国际机场跑道和停机坪的改建工程。印度在 20 世纪 70 年代初，开始钢纤维混凝土的研究和开发工作，迄今主要用于工业厂房楼板和机场停机坪铺面工程及预制混凝土构件的生产。美国在高层建筑中大量采用纤维增强混凝土预制墙板、阳台、波形板和空心板，在公路工程铺设了大量的公路路面和桥面。

20 世纪 70 年代，我国的一些高等院校、科研院（所）和施工单位开始了钢纤维混凝土理论和应用的研究[12]，并逐步在一些道路、桥梁、隧道等混凝土工程中取得了应用。20 世纪 80 年代末，随着我国建筑用钢纤维生产技术的成功开发，以及《纤维混凝土试验方法标准》[13] CECS 13：2009、《纤维混凝土结构设计与施工规程》CECS 38：2004[14] 等行业标准的相继发布，钢纤维混凝土在我国工程领域中的应用快速发展起来。1986 年中国土木工程学会纤维水泥与纤维混凝土委员会在大连召开了"第一届全国纤维水泥与纤维混凝土科研及应用成果交流会"，此后每两年举行一届，2010 年在南京举办了第十三届纤维混凝土学术科研研讨会。1997 年 12 月，在广州主办了 FRC 国际会议。这些活动推动了纤维应用于混凝土中各种技术的交流，对纤维混凝土技术在我国的发展和应用起到积极的促进作用。

2. 钢纤维混凝土的工程应用

土木、水利、建筑各个专业领域内钢纤维混凝土以其优良的力学性能得到推广应用。主要应用的工程领域有：管道工程、公路桥梁工程、公路路面及机场道面工程、铁路工程、建筑工程、水利水电工程、防爆工程、隧道衬砌和矿井、耐火混凝土、维修加固工程等[15-23]。

（1）铁路、公路和城市道路路面。预应力钢纤维混凝土轨枕在坡度大曲线多的黔桂铁路中使用 4 年后，状态基本良好，无严重病害；上海浦东新区东方路（图 4.1.1-1）也采用了钢纤维混凝土路面。

（2）桥面、桥梁结构及交通隧道。广州解放大桥（图 4.1.1-2）、北京安慧立交桥、钱塘江大桥、京珠高速公路横沥、海隆、东河 3 座特大桥、广东开平至阳江高速公路全线六座特大桥桥面均采用钢纤维混凝土铺装层。重庆摩天岭隧道（图 4.1.1-3）、南昆铁路家竹箐隧道、大理至保山线等隧道工程中采用钢纤维喷射混凝土衬砌。

图 4.1.1-1　上海浦东新区东方路　　　　　图 4.1.1-2　广州解放大桥

（3）机场道面。我国上海虹桥机场高架车道，烟台、静海、咸阳（图 4.1.1-4）、芜湖等机场的滑行道、停机坪修筑均使用了钢纤维混凝土道面，都取得了良好的使用效果。

图 4.1.1-3　重庆摩天岭隧道　　　　　　图 4.1.1-4　咸阳国际机场

（4）建筑结构及预制构件。南京五台山体育场主席台的大悬挑薄壳板（图 4.1.1-5），沈阳师范学院学术报告厅挑台梁、浙江省海宁市诸多工业、民用建筑结构构件均采用钢纤维混凝土结构；上海等地在预应力管桩和预制方桩生产中，在桩头或桩尖部分加入钢纤维，以增强桩的抗锤击性能和贯穿能力，都取得良好效果。

（5）修补加固及支护工程。我国葛洲坝二江泄水闸、三门峡泄水排砂底孔、云南乌江渡水电站（图 4.1.1-6）等修补工程中使用了钢纤维混凝土，效果较好。甘肃省水利水电勘测设计研究院对盘道岭隧洞二次衬砌混凝土两险段经过喷射钢纤维混凝土及其他技术措施处理后，经 6 年多的通水运行考验，结构整体强度与稳定性良好。

图 4.1.1-5　南京五台山体育场

图 4.1.1-6　云南乌江渡水电站

（6）码头铺面和工业建筑地面。目前工业建筑中的地面铺装及墙板使用钢纤维混凝土较为广泛，如大连市机床集团厂房地面等工程。

（7）水工结构。美国利贝坝、金祖瓦坝等，日本三保坝工程中都采用了钢纤维混凝土。三峡水利枢纽工程五级船闸各闸首的人字闸门基座混凝土中采用了钢纤维混凝土。

（8）军事工程。钢纤维混凝土在掩体工事等抗爆抗侵彻结构中以其优良的抗裂性能得到了广泛的应用。在工程防爆的防护门采用钢纤维混凝土，不单提高了抗爆裂、抗震塌及抗冲击的性能，并减轻了自重，便于开启。

目前由于经济因素的原因，钢纤维混凝土主要应用在结构受力复杂的构件、大跨结构、机场跑道、对性能有较高要求的路面、军事工程等一些重大工程中。这些建设工程的安全正常对于社会可持续发展有着非常重要的作用，是国家社会经济的重要基础设施。它们和普通混凝土结构一样，在服役过程中也会受到各种腐蚀介质（如二氧化碳、氯离子、硫酸盐等）以及冻融破坏作用，必然导致结构性能退化，承载力降低，寿命缩短。由此可见，开展钢纤维混凝土结构的耐久性及其寿命预测研究是社会发展的迫切需求，对于保证国民经济稳定发展、减少经济损失具有重大的实际意义。

3. 钢纤维混凝土增强基本理论

研究钢纤维混凝土的增强机理，是提高钢纤维对混凝土增强、增韧和阻裂效应，从本质上改善其物理、力学、化学性能，并造就材料新性能的理论基础；也是进行钢纤维混凝土性能设计的依据。

现有钢纤维混凝土的基本理论，是在纤维增强塑料、纤维增强金属的基础上运用与发展起来的。由于钢纤维混凝土的组成与结构的多相、多组分和非均质性，加以钢纤维的"乱向"与"短"的特征，它比纤维增强塑料或增强金属要复杂得多。对钢纤维混凝土的增强机理，有一种是运用复合力学理论（混合率法则）[24]，另一种是建立在断裂力学基础上的纤维间距理论。所有其他理论均可认为是以这两个理论为基础经综合完善而发展起来的。

1）复合力学理论

复合力学理论用于分析纤维增韧、增强和其他复合材料时将复合材料视为多相体系，钢纤维混凝土简化为：纤维为一相、混凝土为一相的两相复合材料，如图 4.1.1-7 所示。复合材料的性能为各相性能的加和值[25]。最先将复合力学理论用于钢纤维混凝土的有：英国的 R. N. Swamy、P. S. Mangat，美国的 A. E. Naaman、D. C. Hannant 等人。

复合力学理论基本假定是：

（1）纤维连续均匀平行排列，并且受力方向一致；

（2）纤维与基体粘结完好，即两者产生相同应变（$\varepsilon_c = \varepsilon_f = \varepsilon_m$），无相对滑动；

（3）纤维与基体均呈弹性变形，横向变形相等。

根据基本假定，当沿纤维方向施加外力时，可采用式（4.1.1-1）计算顺向连续纤维复合材料的平均应力和弹性模量。

$$f_c = f_f \rho_f + f_m \rho_m = f_f \rho_f + f_m (1 - \rho_f) \qquad (4.1.1\text{-}1)$$

复合材料的弹性模量 E_c 推导如下：

$$\frac{\mathrm{d}f_c}{\mathrm{d}\varepsilon_c} = \frac{\partial(f_f \rho_f)}{\partial f_f}\frac{\mathrm{d}f_f}{\mathrm{d}\varepsilon_c} + \frac{\partial(f_f \rho_f)}{\partial \rho_f}\frac{\mathrm{d}\rho_f}{\mathrm{d}\varepsilon_c} + \frac{\partial(f_m \rho_m)}{\partial f_m}\frac{\mathrm{d}f_m}{\mathrm{d}\varepsilon_c} + \frac{\partial(f_m \rho_m)}{\partial \rho_m}\frac{\mathrm{d}\rho_m}{\mathrm{d}\varepsilon_c}$$

$$= \rho_f \frac{\mathrm{d}f_f}{\mathrm{d}\varepsilon_c} + f_f \frac{\mathrm{d}\rho_f}{\mathrm{d}\varepsilon_c} + \rho_m \frac{\mathrm{d}f_m}{\mathrm{d}\varepsilon_c} + f_m \frac{\mathrm{d}\rho_m}{\mathrm{d}\varepsilon_c}$$

由于　$\dfrac{\mathrm{d}\rho_f}{\mathrm{d}\varepsilon_c} = 0, \dfrac{\mathrm{d}\rho_m}{\mathrm{d}\varepsilon_c} = 0, \mathrm{d}\varepsilon_c = \mathrm{d}\varepsilon_f = \mathrm{d}\varepsilon_m$

故　　　　　$$E_c = E_f \rho_f + E_m \rho_m = E_f \rho_f + E_m (1 - \rho_f) \qquad (4.1.1\text{-}2)$$

式中：f_c、E_c——复合材料的平均应力、弹性模量；

f_m、E_m、ρ_m——基体的应力、弹性模量、体积率；

f_f、E_f、ρ_f——纤维的应力、弹性模量、体积率。

式（4.1.1-1）、式（4.1.1-2）表明，在弹性范围内，由于复合材料中纤维与基体的变形是相同的，故不论材料性质如何，当纤维排列方向与受力方向一致时，复合材料的应力（或弹性模量）为基体和纤维应力（或基体和纤维弹性模量）分别与其体积率乘积的加和值。即复合材料的应力或弹性模量与各组成材料（各相）的应力或弹性模量及其体积率密切相关。

2）纤维间距理论

纤维间距理论是 1963 年由 J. P. Romualdi 和 J. B. Batson 提出的[26-27]。该理论建立在线弹性断裂力学的基础上，认为混凝土内部有尺度不同的微裂缝、孔隙和缺陷，在施加外力时，孔、缝部位产生大的应力集中，引起裂缝的扩展，最终导致结构破坏。往脆性基体中掺入钢纤维，提高了混凝土的抗拉强度，缩小与减少了裂缝源的尺度和数量，缓和了裂缝尖端应力集中程度，在复合材料结构形成和受力破坏的过程中，有效地提高了复合材料受力前后阻止裂缝引发与扩展的能力，达到纤维对混凝土的增强与增韧目的。Romualdi 先从顺向连续纤维增韧、增强混凝土入手，假定纤维沿拉力方向以棋盘状均匀分布于基体中，如图 4.1.1-8 所示。纤维间距为 S，裂缝半径为 a，裂缝发生在纤维所围成的区域中心。在拉力作用下，邻接于裂缝的纤维周围将产生如图 4.1.1-8 所示的粘结应力 τ 分布图形。粘结应力 τ 对裂缝尖端产生一个反向的应力，从而降低裂缝尖端的应力集中程度，纤维对裂缝的扩展起约束作用。

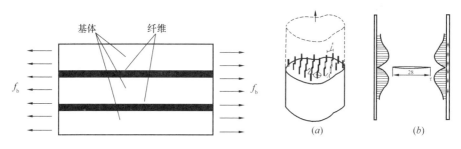

图 4.1.1-7　复合材料受力情况　　　图 4.1.1-8　Romualdi 的纤维约束模型

4. 钢纤维混凝土的耐久性能研究现状

近年来，随着钢纤维混凝土在工程中的应用日益广泛，国内外学者已经开展了关于纤维混凝土的耐久性研究，取得了一些研究成果。

郑州大学的高丹盈[28-30]研究了不同纤维体积率与不同强度等级的钢纤维混凝土，在不同碳化龄期下的碳化规律，研究结果表明，混凝土强度等级、碳化时间等对钢纤维混凝土的基本力学性能和碳化深度有较大影响；随着钢纤维掺量的增加，钢纤维混凝土的碳化深度逐渐降低；混凝土抗压强度随着碳化深度的增加而提高。

K. Kosa 和 A. E. Naaman[31]通过加速腐蚀试验表明，碳化能加速氯盐溶液侵蚀下钢纤维混凝土中钢纤维的锈蚀速度。快速碳化 21d 后，在盐溶液中干湿循环 9 个月，钢纤维的直径损失达 67%，钢纤维混凝土的抗拉与抗折强度急剧下降。

赵鹏飞等[32]开展了混杂粗纤维轻骨料混凝土的耐久性研究，结果表明：钢纤维掺量对抗渗性和抗碳化能力的影响并不是随着掺量增大而增强，当掺量达到一定比例后，再掺入钢纤维，混凝土与纤维表面存在较多薄弱层，易出现微裂缝和气孔，降低混凝土试件的抗渗性和抗碳化性能。

田倩[33]等研究过水灰比为 0.19 的高强混凝土的抗冻融性能，试验结果显示经 300 次冻融循环后动弹性模量减低<5%，质量损失率<1%。适量加入硅灰不会降低其抗冻性。而钢纤维的掺入对结冰水的膨胀压与过冷水的渗透压造成的微裂缝起到了很好的抑制作用，使其难以开裂从而提高抗冻性。

Bai Min[34]等研究了不同钢纤维掺量对混凝土浸泡于 3.5%氯化钠溶液中不同时间后的影响，结果表明，加入纤维提高了抗氯离子渗透性，且最佳掺量为 1.5%，作者还证明了钢纤维混凝土应用于海工结构中将会带来可观的经济效益和环境效益。

Amr S. El-Dieb[35]曾研究过超高强钢纤维增强混凝土的抗氯离子渗透性能。根据快速氯离子渗透试验结果，发现电通量随着钢纤维体积掺量的增加而增加，并解释这是由于钢纤维的导电性所致。此外，氯化物扩散系数的测试表明 UHSFRC 即使掺入不同体积分数的纤维，材料的氯离子扩散系数改变不大，说明氯离子迁移主要取决于水泥基体的微观结构，而与纤维的加入无关。总的来说，超高强钢纤维增强混凝土微观结构密实，其抗氯离子渗透性能优异。

慕儒[36]通过钢纤维混凝土与普通混凝土、高强混凝土在多因素作用下的耐久性能退化试验表明：钢纤维能减缓混凝土在恶劣环境下的耐久性能退化速度。

J.-P. Charron 等人[37-38]研究了在拉应力作用后，残余变形不同的 UHPFRCC 的抗渗性。研究发现随着残余变形的增大（0.05%，0.13%，0.33%，0.60%，0.88%），其渗透系数提高显著，上升近三个数量级（$1.8 \times 10^{-12} \sim 2.9 \times 10^{-9}$ m/s），说明应力作用后的材料中残余变形即裂纹等缺陷的存在对 UHPFRCC 的渗透性有很大影响。可以预见其对 UHPFRCC 抗氯离子渗透性、抗碳化、抗硫酸盐腐蚀等耐久性能同样存在不利影响。但是与 S. P. Shah 等[39]对普通混凝土渗透性的研究结果相比，UHPFRCC 的渗透系数比普通混凝土低 1~2 个数量级，残余变形为 0.33% 的 UHPFRCC 渗透系数与普通混凝土相近。研究结果给出了在保证较低渗透性的前提下材料能接受的最大拉伸变形。这也说明了是否施加外荷载，以及外加荷载的大小，均对材料的耐久性有着较大影响。在这一研究中，荷载和环境是先后协同作用的，并非同时耦合作用。

因此，目前钢纤维混凝土耐久性研究仍存在的突出问题是：荷载与环境因素耦合作用下的钢纤维混凝土耐久性研究成果少且缺乏系统性，并且，尚缺乏适用于钢纤维混凝土在环境因素单独作用或荷载与环境因素耦合因素作用下的服役寿命预测模型。

4.2　HPFRCC 制备技术与测试方法

4.2.1　原材料

1. 水泥：南京江南-小野田生产的 P·II 52.5R 硅酸盐水泥；
2. 粉煤灰：镇江谏壁电厂生产的超细粉煤灰；
3. 硅灰：贵州海天铁合金磨料有限公司生产的硅灰；
4. 细集料：最大粒径为 4.75mm 的普通河砂，细度模数为 2.78；
5. 粗集料：最大粒径为 16mm 的玄武岩碎石，连续级配；
6. 高效减水剂：江苏博特新材料有限公司生产的聚羧酸 JM-PCA 型高效减水剂，固含量为 30%，减水率为 35%；
7. 钢纤维：贝卡尔特 Dramix 钢纤维，长度为 35mm，长径比 65；
8. 钢筋：热轧钢筋 HPB235 级钢筋，直径为 8mm、10mm；
9. 水：自来水。

4.2.2　配合比设计

在前期大量试验的基础上，确定了钢纤维混凝土 SFRC50、SFRC80 两种不同强度等级不同钢纤维掺量的水泥基复合材料的配合比；另外为了揭示钢纤维对配筋混凝土力学性能和耐久性的影响，设计了三组钢纤维掺量分别为 0.25%，1% 和 1.5% 的配筋钢纤维混凝土试件和钢筋混凝土试件。具体采用的配合比见表 4.2.2-1、表 4.2.2-2。胶凝材料总用量为 400kg/m³。其中 C（%）、FA（%）、SF（%）表示胶凝材料的组成，S/B 为砂胶比，G/B 为石胶比，SP（%）为外加剂掺量，W/B 为水胶比，V_f 为钢纤维体积掺量，Rebar V_f 为钢筋配筋率。

钢纤维混凝土 C50 和 C80 配合比设计　　　　　　　　表 4.2.2-1

强度等级	C（%）	FA（%）	SF（%）	S/B（%）	G/B（%）	SP（%）	W/B	钢纤维 V_f（%）
OC50	70	30	0	147	262	0.3	0.35	0
SFRC50-0.25	70	30	0	147	208	0.3	0.35	0.25
SFRC50-1	70	30	0	147	173	0.3	0.35	1
SFRC50-1.5	70	30	0	147	154	0.3	0.35	1.5
OC80	60	30	10	120	180	1	0.23	0
SFRC80-1	60	30	10	120	156	1	0.23	1
SFRC80-1.5	60	30	10	120	138	1	0.23	1.5

B＝C＋FA＋SF(硅灰)

配筋钢纤维和钢筋混凝土配合比设计　　　　　　　　表 4.2.2-2

强度等级	C（%）	FA（%）	SF（%）	S/B（%）	G/B（%）	SP（%）	W/B	钢纤维 V_f（%）	钢筋 V_f（%）
RC50-1	70	30	0	147	262	0.3	0.35	0	1
SFR-RC50-A	70	30	0	147	208	0.3	0.35	0.25	0.75
SFR-RC50-B	70	30	0	147	173	0.3	0.35	1	0.75
SFR-RC50-C	70	30	0	147	154	0.3	0.35	1.5	0.75
RC80-1	60	30	10	120	180	1	0.23	0	1
SFR-RC80-A	60	30	10	120	180	1	0.23	0.25	0.75

B＝C＋FA＋SF（硅灰）

4.2.3　成型与养护

先将称好的原材料（水泥、砂子、碎石、矿物掺合料）倒入搅拌机中干拌 1～

2min 直至物料混合均匀；缓慢均匀地撒入钢纤维，同时继续干拌 1～2min；在倒入水、外加剂前，先将它们混合均匀，然后在搅拌过程中将混合液体缓慢地倒入搅拌机内，湿拌 2～3min，直至获得较好的工作性，注意不能产生离析；之后将拌合物装入 100mm×130mm×500mm、100mm×100mm×100mm、100mm×100mm×400mm 的模具中并放到振动台上振动，振动频率 50Hz，振动时间约为 1～2min；成型后带模养护 24h 后脱模，放入温度（20±2）℃，相对湿度 RH>95％的标准养护室养护至特定龄期。

4.2.4　测试方法

1. 力学性能试验方法

力学性能试验方法按《纤维混凝土试验方法标准》CECS 13：2009 规定进行。

根据本实验的要求，抗压和劈拉试件尺寸为：100mm×100mm×100mm 的立方体，实验设备为无锡新路达仪器设备有限公司生产的 TYA-2000 型电液式压力试验机 [图 4.2.4-1（a）]。

弯曲试件尺寸为：100mm×130mm×500mm 的棱柱体，采用四点弯曲，跨距 390mm。试验设备为深圳新三思公司生产的 CMT5105 电子万能试验机 [图 4.2.4-1（b）]，加载速度为 1mm/s，试验记录下试件的弯曲荷载-挠度曲线。

（a）　　　　　　　　　　　　　　　（b）

图 4.2.4-1　力学性能测试试验装置

（a）抗压试验装置；（b）弯曲试验装置

2. 耐久性能试验方法

1）加载方式

加载装置通过定制加工获得，加载时，试件安装在两个不锈钢板之间，并通过弹簧向下施加压应力。试验选用的荷载为应力比为 50% 的弯曲应力。加载装置如图 4.2.4-2，图 4.2.4-3 所示。

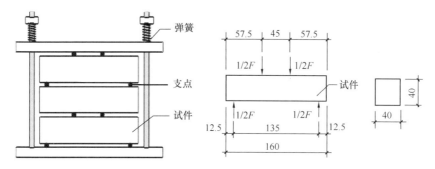

图 4.2.4-2　加载装置示意图（单位：mm）

图 4.2.4-3　加载装置

2）收缩试验

干缩试验按照《纤维混凝土试验方法标准》CECS 13：2009 进行。试件尺寸为 $100mm \times 130mm \times 500mm$。试件成型标准养护 3d 后，置于恒温恒湿室中，温度 $(20 \pm 2)℃$，湿度 $(60 \pm 5)\%$。从标准养护室取出并立即移入恒温恒湿室测定其初始长度，并按以下时间测量其变形量：1d、3d、7d、14d、28d、45d、60d、90d、120d、150d、180d、360d。试验装置见图 4.2.4-4。

圆环收缩试验装置如图 4.2.4-5，图 4.2.4-6 所示。圆环是钢制，有外环和内环两部分，中间填料，成型 24h 后将外环拆除，同时在成型试件的顶部一圈涂抹硅胶密封，涂抹硅胶是为了保证试样内部水分仅从试件的外圆周部分散失[40,41]。将紧箍在圆环内圈的钢纤维混凝

图 4.2.4-4　干缩试验装置

土试件同内环一起搬进恒温恒湿室养护，室内温度 $(20 \pm 2)℃$，相对湿度 $(60 \pm 5)\%$。每 24h 用读数显微镜观测一次圆环试件，连续测量并记录直到成型后 28d，记录初始

开裂时间。

　　测量裂缝宽度的仪器是上海浦东物理光学仪器厂出品的 JC4-10 读数显微镜，见图 4.2.4-7。显微镜放大倍数 40 倍，测量范围 4mm，测量精度 0.01mm。图 4.2.4-8 为读数显微镜内刻度盘。裂缝长度测量使用普通钢尺。

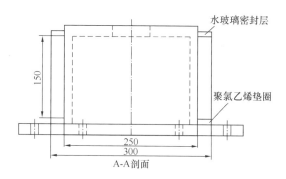

图 4.2.4-5　大圆环模具右视图（单位：mm）

图 4.2.4-6　大圆环模具实物图

图 4.2.4-7　JC4-10 读数显微镜

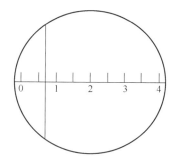

图 4.2.4-8　读数显微镜内刻度盘

　　平板法测混凝土早期塑性收缩开裂按照《ASTM C1579-06》规定进行试验[42]（见图 4.2.4-9）：

　　试验宜在温度为（20±2）℃，相对湿度为（60±5）％的恒温恒湿室中进行；

　　将混凝土浇筑至模具内以后，立即将混凝土摊平，在振捣后，用抹子整平表面，使骨料不外露；

　　试件成型 30min 后，立即调节风扇位置和风速，打开照明装置；

　　试验时间从混凝土搅拌加水开始计算，在（24±0.5)h 测读裂缝。

　　裂缝长度用钢直尺测量，取裂缝两

图 4.2.4-9　平板法试验装置

端直线距离为裂缝长度，裂缝宽度采用放大倍数为 40 倍的读数显微镜（图 4.2.4-7 和图 4.2.4-8）进行测量，测量每条裂缝的最大宽度。

试验结果计算如下：

每条裂缝的平均开裂面积按式（4.2.4-1）计算：

$$a = \frac{1}{2N} \sum_{i}^{N} (W_i \times L_i) \qquad (4.2.4\text{-}1)$$

单位面积的裂缝数目按式（4.2.4-2）计算：

$$b = \frac{N}{A} \qquad (4.2.4\text{-}2)$$

单位面积上的总开裂面积按式（4.2.4-3）计算：

$$C = a \cdot b \qquad (4.2.4\text{-}3)$$

式中：W_i——第 i 条裂缝的最大宽度（mm）；

L_i——第 i 条裂缝的长度（mm）；

N——总裂缝数目（条）；

A——平板的面积（m²）；

a——每条裂缝的平均开裂面积（mm²/条）；

b——单位面积的裂缝数目（条/m²）；

C——单位面积上的总开裂面积（mm²/m²）。

3）抗渗性能试验

本试验中的抗渗试验采用了逐级加压法，按照《纤维混凝土试验方法标准》CECS 13：2009[13]进行。将养护到龄期的试件在试验前一天取出，晾干表面，试件侧面进行密封，随即压入试件套中，将试件套连同试件装在抗渗仪上进行试验；从 0.1MPa 开始，以后每隔 8h 增加 0.1MPa 水压，并随时注意观察试件断面情况；当 6 个试件中有 3 个试件表面出现渗水时，或加至规定压力（设计抗渗等级）在 8h 内 6 个试件中表面渗水试件少于 3 个时，即可停止试验，并记下此时的水压力。

钢纤维混凝土抗渗等级以 6 个试件中 4 个试件未渗水时的最大水压为依据，按式（4.2.4-4）计算：

$$P = 10H - 1 \qquad (4.2.4\text{-}4)$$

式中：P——混凝土抗渗等级；

H——6 个试件中有 3 个试件渗水时的水压力，MPa。

4）冻融试验

冻融试验采用快冻法，按照标准《纤维混凝土试验方法标准》CECS 13：2009 进行，试件尺寸为 100mm×100mm×400mm 的棱柱体。将养护到规定龄期的试件在试验前 4d 取出，浸泡在（20±3）℃水中 4d；将浸水的试件擦去表面水后，测出初始质量和初始自振频率。本试验是每隔 50 次冻融循环测试一次试件的质量和相对动弹性模量。当相对动弹性模量下降至 60%或者质量损失率达 5%或者已达到 300 次冻融循环时，试验停止。

质量损失率和相对动弹性模量的计算方法如下：

（1）质量损失率计算

试件冻融后质量损失率按式（4.2.4-5）计算：

$$\Delta W_n = (W_0 - W_n)/W_0 \times 100 \qquad (4.2.4-5)$$

式中：ΔW_n——经 n 次冻融循环后试件的质量损失率（%）；

$\qquad$ W_0——冻融循环试验前混凝土试件的质量（kg）；

$\qquad$ W_n——经 n 次冻融循环后混凝土试件的质量（kg）。

（2）相对动弹性模量的计算

试件冻融后的相对动弹性模量采用式（4.2.4-6）计算

$$P = f_n^2/f_0^2 \times 100 \qquad (4.2.4-6)$$

式中：P——经 n 次冻融循环后混凝土试件的相对动弹性模量（%）；

$\qquad$ f_n——经 n 次冻融循环后混凝土试件的横向基频（Hz）；

$\qquad$ f_0——冻融循环试验前混凝土试件横向基频初始值（Hz）。

试件的质量和相对动弹性模量分别由天平和共振法混凝土动弹性模量测定仪测得。

5）碳化试验

快速碳化试验参照标准《普通混凝土长期性能和耐久性能试验方法标准》GB/T 50082—2009[43]进行，本试验试件的尺寸为 100mm×130mm×500mm。具体步骤如下：

（1）件标准养护至规定龄期，在试验前 2d 从养护室取出，然后在 60℃温度下烘 48h，留下相对的两个沿长度方向侧面暴露，其余表面采用加热的石蜡予以密封；

（2）于碳化箱进行碳化，调节二氧化碳的流量，使碳化箱内的二氧化碳浓度保持在（20±3）%，箱内的相对湿度控制在（70±5）%的范围内，温度控制在（20±5）℃；

（3）碳化到 7d、14d、28d 和 56d 时，分别取出试件，破型测定碳化深度，用石蜡将破型后试件的切断面封好，再放入碳化箱内继续碳化，直到下一个试验期；

（4）切除所得的试件部分刮去断面上残存的粉末，随即喷上浓度为 1% 的酚酞酒精溶液，约 30s 后，用钢尺测出碳化深度。

6）氯离子渗透性能试验

氯离子在混凝土中的输移渗透可以采用很多方法来进行研究和测试。本试验将采用两种混凝土抗氯离子渗透性试验，分别为快速法和慢速法。

快速法[44]

比较有影响的快速法大致有：电量法、稳态电迁移法、RCM 法、交流阻抗谱法和压力渗透法（目前暂无标准）。本试验采用的电量法，按标准《普通混凝土长期性能和耐久性能试验方法标准》GB/T 50082—2009 进行，在直流电压作用下，溶液中的离子能够快速渗透，向正极方向移动，测量一定时间内通过的电量即可反映混凝土抵抗氯离子渗透的能力。

试件尺寸为 100mm×100mm×50mm，试验消耗溶液为 0.3mol/L NaOH 溶液

（正极）和3％质量分数的NaCl溶液（负极），在60V的外加电场下，每隔30min测量一次通过试件的电流值，试验持续6h，测定通过混凝土试件的总电量，以比较混凝土的抗氯离子渗透能力，如表4.2.4-1，图4.2.4-10所示。

氯离子渗透性等级 表 4.2.4-1

导电量/库仑	>4000	2000～4000	1000～2000	100～1000	<100
氯离子渗透性	高	中	低	很低	忽略

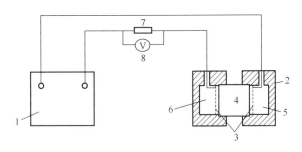

图 4.2.4-10 试验装置示意图

1—直流稳压电源；2—试验槽；3—铜网；4—混凝土试件；5—3.0％ NaCl 溶液；

6— 0.3mol/L NaOH 溶液；7—1Ω 标准电阻；8—直流数字式电压表

电量法的优点是能快速大致反映一般混凝土的渗透性。但有资料显示电量法同时也有很多缺点：60V 电压易使溶液温度升高，试验数据受到干扰；试验测试完成于离子达到稳定迁移之前，即离子的扩散并没有达到稳定状态；测量值是总体离子运动的结果，而非只是氯离子运动；由于钢纤维掺入的导电性影响，也会引起一定的误差。所以本实验采用电量法只是一个定性的分析比较。

慢速法

为了真实客观反映对氯离子在混凝土中的传输速度，采用了浸泡的方法，用以计算、评价混凝土氯离子侵蚀渗透的抵抗能力。几种比较有影响的慢速法有：扩散槽法（暂无标准），自然浸泡法（美国国家公路运输局标准《AASHTO T259》），以及高浓度盐溶液浸泡法（北欧标准《NordTest NT-Build 443》，体积扩散法 ASTM C1556，盐池浸泡法及改进的箱式方法《ASTM C1543》和《BS EN13396》等）。

采用的测试方法根据标准《NT Build 443-94》进行，先将试件浸泡在氯化钠溶液中，待浸泡至不同时间后通过钻粉的方法，并借助化学分析得到氯离子浓度与扩散距离的关系，最后计算氯离子扩散系数。其具体步骤如下：

（1）试件经养护至规定龄期，除 1 个暴露面外，其余表面均涂覆环氧树脂，保证一维扩散；

（2）将涂覆好的试件浸泡在质量分数为 3.5％的 NaCl 溶液中；

（3）钻孔、收集粉末、滴定依据《水运工程混凝土试验检测技术规范》JTS/T 236—2019；

（4）计算表观氯离子扩散系数。

7）混凝土中钢筋锈蚀的测试试验

钢筋在混凝土中腐蚀的测试，对了解钢筋混凝土结构的承载能力，估计腐蚀发展趋势和结构的剩余使用寿命，防止事故的发生，制定必要的修复措施，经济高效地延长使用寿命具有至关重要的作用，对预应力钢筋混凝土结构尤其如此[45]。混凝土中钢筋腐蚀的测试方法主要可以分为物理法和电化学法两类。物理方法主要通过测定钢筋锈蚀引起电阻、电磁、热传导、声波传播等物理性质的变化来反映钢筋锈蚀情况[46]。用于混凝土中钢筋锈蚀测试的物理方法有电阻法、涡流法、射线法、红外热像法、声发射法[47]、超声波[48]、冲击-回声法[49]和磁场法[50]等。而目前物理方法主要还停留在实验室阶段。

由于混凝土中钢筋的腐蚀本质是电化学过程[51]，因此电化学方法特别适合腐蚀状态的评价。电化学方法的基础是分析钢筋混凝土体系对不同电信号的响应，目前在实验室和工程现场比较常用、成熟的电化学方法有：电位分布图法、电化学阻抗谱法、极化电阻法、恒电量法、电化学噪声法、混凝土电阻法和谐波法等。表 4.2.4-2 定性比较了这些方法的主要指标。

混凝土中钢筋腐蚀的常用电化学检测方法的比较[52]　　　　表 4.2.4-2

	自然电位法	交流阻抗法	线性极化法	恒电量法	电化学噪声法	混凝土电阻法	谐波法
应用情况	最广泛	一般	广泛	较少	较少	一般	较少
检测速度	快	慢	较快	快	较慢	较慢	较慢
定性/定量	定性	定量	定量	定量	半定量	定性	定量
干扰程度	无	较小	小	微小	无	小	较小
测量参数	E	i_{corr}	i_{corr}	i_{corr}	i_{corr}	i_{corr}	i_{corr}
适用性	实验室现场	实验室	现场	现场	—	—	—

注："—"指实验室和现场适用性较差

本试验中采用电化学阻抗谱法比较纤维掺量对钢筋腐蚀的影响，电化学阻抗谱是一种暂态频谱分析技术，EIS 采用小幅度的交流信号（通常是幅度小于 20mV 的正弦交流电压信号）为激励信号，对腐蚀体系不产生明显的极化[53]。EIS 不仅反映了钢筋的电化学行为，还可以表征混凝土材料的性质[54]。电化学测试使用经典的三电极法，即饱和甘汞电极作为参比电极，不锈钢板为辅助电极，混凝土试件中钢筋为工作电极。所有电极均连接在 EG&G PARSTAT 2273 电化学工作站（图 4.2.4-11）上，电化学阻抗谱测试从

图 4.2.4-11　PARSTAT 2273 电化学工作站

高频区的 100kHz 扫描到低频区的 10mHz，均在自腐蚀电位下进行，所施加的交流电压为 10mV。测试所得 Nyquist 图、Bode 阻抗模图和 Bode 相位图。

4.3 HPFRCC 力学性能

钢纤维增强水泥基复合材料的一个重要特征就是提高水泥基复合材料的力学性能，改善水泥基复合材料的韧性。其中，抗压、抗折强度是表征材料力学性能的重要指标，代表着材料抵抗外力而不被破坏的能力，因此，本节研究了钢纤维掺量、养护龄期对水泥基复合材料力学性能的影响规律。

4.3.1 C50 普通和钢纤维混凝土抗压强度、劈拉强度和抗折强度分析

试验测得的钢纤维混凝土 28d 和 56d 力学性能见图 4.3.1-1、图 4.3.1-2 和图 4.3.1-3。

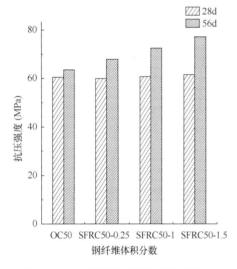

图 4.3.1-1 钢纤维掺量对 C50 混凝土抗压强度的影响

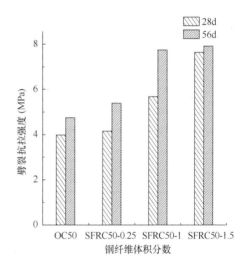

图 4.3.1-2 钢纤维掺量对 C50 混凝土劈裂抗拉强度的影响

从图 4.3.1-1、图 4.3.1-2 和图 4.3.1-3 可以看出：由于粉煤灰的火山灰效应，养护 28d 后，试件的力学性能仍有不同程度增长；钢纤维混凝土的抗压强度、劈拉强度和抗折强度随着钢纤维掺量的增加而增大，这主要由于钢纤维交错分布于混凝土内部，可以有效地控制和减缓混凝土在受力过程中产生的裂缝的发展；掺入钢纤维对混凝土劈拉强度和抗折强度的提高要高于对抗压强度的提高。从图 4.3.1-3 中可以看出掺入纤维体积分数为 0.25％的抗折强度其随龄期增长的并不大，这与临界纤维体积掺量有一定关系。

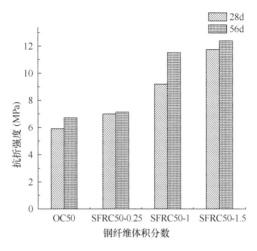

图 4.3.1-3　钢纤维掺量对 C50 混凝土抗折强度的影响

4.3.2　C80 普通和钢纤维混凝土抗压强度、劈拉强度和抗折强度分析

试验测得 C80 普通混凝土和钢纤维混凝土抗压强度、劈拉强度和抗折强度见图 4.3.2-1、图 4.3.2-2 和图 4.3.2-3。

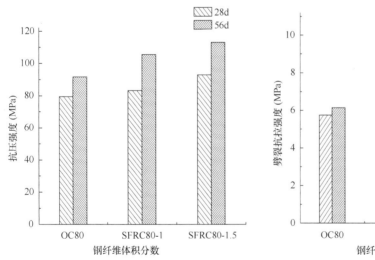
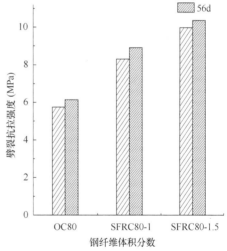

图 4.3.2-1　钢纤维掺量对 C80 混凝土　　图 4.3.2-2　钢纤维掺量对 C80 混凝土劈裂
　　　　　　抗压强度的影响　　　　　　　　　　　　抗拉强度的影响

从图 4.3.2-1、图 4.3.2-2 和图 4.3.2-3 中可以得出：由于粉煤灰的火山灰效应，随着养护龄期的增长，C80 混凝土的力学性能有着不同程度的提高；钢纤维混凝土的抗压强度、劈拉强度和抗折强度均随着钢纤维掺量的增加而增加，这主要是由于在试件受力过程中，随着荷载的增大，界面微裂缝将引申、扩展并向基体延伸，开始出现搭接现象，此时钢纤维一方面抑制裂缝的扩展，一方面跨越裂缝的纤维逐渐发挥增强

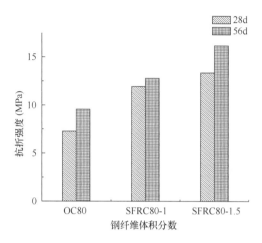

图 4.3.2-3　钢纤维掺量对 C80 混凝土抗折强度的影响

作用。对于普通混凝土试件来说，达到极限荷载时，试件发生断裂，而对于钢纤维混凝土试件，达到极限荷载时，试件表面只是出现多条裂纹，试件不会立即断裂。

4.3.3　不同强度等级钢筋混凝土、配筋钢纤维混凝土的抗折强度分析

一般工程结构均为钢筋混凝土，即普通混凝土与钢筋结合，一旦超出其承载能力，构件立即失效，需要耗费大量的人力、财力进行修复，若未能及时发现，严重时可危害人身安全。对于钢纤维混凝土与钢筋的结合，使用于工程构件中，其承载能力得到提高，维修费用减少，而且在出现裂缝时可以提早预防，有充分的时间采取相应的维修措施。

为了研究钢纤维掺量对配筋混凝土力学性能的影响，本项目以 0.75％的配筋率为基础，研究了钢纤维体积分数分别为 0.25％，1％，1.5％的配筋钢纤维混凝土的力学性能，并与配筋率为 1％的钢筋混凝土力学性能进行比较。强度等级分别为 50MPa 和 80MPa 的配筋混凝土试件在标准养护龄期为 56d 时抗折强度值见图 4.3.3。

从图 4.3.3 中可以得出：

（1）随着养护龄期的增长，钢筋混凝土和配筋钢纤维混凝土的抗折强度也在增加；

（2）相同基体强度下，配筋钢纤维混凝土的抗折强度随着钢纤维掺量的增加而增大；对于不同强度等级的配筋钢纤维混凝土和钢筋混凝土，随着基体强度的提高，其抗折强度也相应得到了提高；

（3）配筋钢纤维混凝土 SFR-RC50-A 和钢筋混凝土 RC50-1 的抗折强度进行比较，可以看出，钢筋混凝土 RC50-1 的抗折强度要高于配筋钢纤维混凝土 SFR-RC50-A，破坏时，配筋钢纤维混凝土维持的时间要比钢筋混凝土维持的时间长，这主要是由于配筋钢纤维混凝土中掺入了适量的钢纤维起到了阻裂的作用，延迟了裂缝的扩

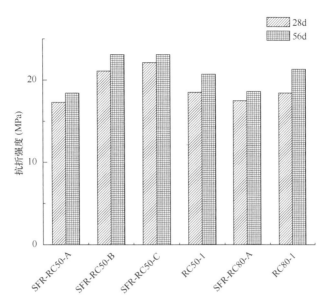

图 4.3.3　不同强度等级钢筋混凝土和配筋钢纤维混凝土抗折强度

展；强度为 C80 的配筋钢纤维混凝土和钢筋混凝土与此相同。

4.3.4　C50 普通、钢纤维、钢筋及配筋钢纤维混凝土荷载-挠度曲线分析

韧性是材料延性和强度的综合。一般从宏观角度，韧性可定义为材料或结构从荷载作用到失效为止吸收能量的能力。富有韧性的材料一般具有较高的强度和延性。判断材料韧性的高低，过去多用能量法，即用荷载-挠度曲线下包围的面积表示，也可用材料破坏时，单位体积做的功或吸收的能量来表示。

试验测得，C50 普通混凝土和钢纤维混凝土（纤维掺量分别为 0.25％、1.0％ 和 1.5％）荷载-挠度曲线如图 4.3.4-1、图 4.3.4-2、图 4.3.4-3 所示。

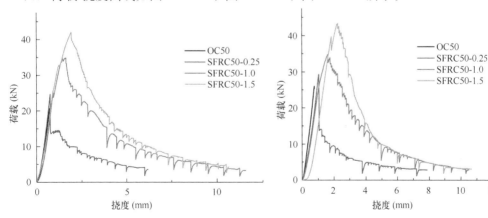

图 4.3.4-1　纤维掺量对 C50 混凝土荷载-　　　图 4.3.4-2　纤维掺量对 C50 混凝土荷载-
　　　　　挠度曲线的影响（28d）　　　　　　　　　　　挠度曲线的影响（56d）

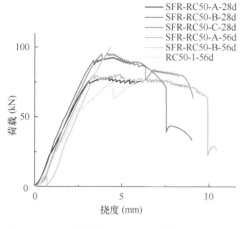

图 4.3.4-3 纤维掺量对 C50 钢筋混凝土荷载-
挠度曲线的影响（28d 和 56d）

从图 4.3.4-1～图 4.3.4-3 可以看出随着纤维掺量的增加和养护龄期的增长，由于粉煤灰的火山灰效应，材料的韧性不断上升，计算韧性的方法一般多用能量法即用荷载-挠度曲线下包围的面积表示，也可用材料破坏时，单位体积做的功或吸收的能量来表示。图 4.3.4-1 中可以看出纤维掺量为 1％的钢纤维混凝土试件的韧性要高于纤维掺量为 1.5％的混凝土试件的韧性，这主要是由于粉煤灰的火山灰效应还没有开始发生反应，基体不够密实，掺量较多，引起荷载-挠度曲线的初裂荷载降低，也可能是源于试验随机性。

图 4.3.4-3中可以看出钢筋混凝土的荷载-挠度曲线上下起伏很大，而配筋钢纤维混凝土荷载-挠度曲线很平稳，原因在于钢筋混凝土在受力过程中，荷载达到混凝土极限荷载时仅钢筋在受力，随着外部荷载不断增加，混凝土试件中的钢筋发生颈缩，最后断裂（图 4.3.4-4），故曲线起伏很大，而配筋钢纤维混凝土试件由于钢纤维的存在，随着外部荷载的增加，钢纤维承受并传递部分荷载，最后纤维一根一根被拉断，但试件并没有断开，且在断面可以看到部分钢纤维还处于连接状态，见图 4.3.4-4。

从图 4.3.4-3 中还可以看出，SFR-RC50-B 的荷载挠度曲线很异常，这是由于标准养护 56d 后，SFR-RC50-B 的初裂荷载超过 100kN，而测试仪器的最大量程为100kN，未免损坏仪器，只能停止试验，故曲线出现异常；而 SFR-RC50-C 的初裂荷载也是超过 100kN，故没有出现该曲线。

图 4.3.4-4 钢筋混凝土与配筋钢纤维混凝土试件断面图

4.3.5 C80 普通、钢纤维、钢筋及配筋钢纤维混凝土荷载-挠度曲线分析

试验测得 C80 普通混凝土和钢纤维混凝土（纤维掺量分别为 1％和 1.5％）荷载

挠度曲线如图 4.3.5-1、图 4.3.5-2 所示。

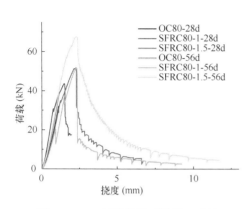

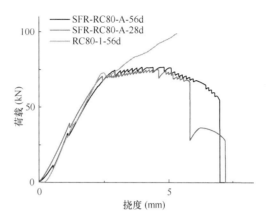

图 4.3.5-1　纤维掺量对混凝土试件
荷载-挠度曲线的影响（28d 和 56d）

图 4.3.5-2　纤维掺量对配筋混凝土试件
荷载-挠度曲线的影响（56d）

从图 4.3.5-1 和图 4.3.5-2 可以看出，随着纤维掺量和养护龄期的增加，材料的韧性不断提高，可见纤维在其中起到了积极的作用，其中钢筋和配筋钢纤维试件的荷载-挠度曲线包围的面积要大于钢纤维混凝土试件的荷载-挠度曲线所包围的面积。

由 3.4 节和 3.5 节的荷载-挠度曲线可得不同龄期不同强度等级混凝土平均初裂荷载及标准差，见表 4.3.5。

不同龄期不同强度等级混凝土平均初裂荷载及标准差　　表 4.3.5

	28d 平均初裂荷载 （kN）	标准差 （%）	56d 平均初裂荷载 （kN）	标准差 （%）
OC50	20.69	1.7	25.987	2.1
SFRC50-0.25	24.646	1.98	29.295	2.7
SFRC50-1	31.841	5.1	34.742	4.89
SFRC50-1.5	41.916	4.99	43.379	4.76
SFR-RC50-A	78.177	2.7	80.748	2.5
SFR-RC50-B	92.760	3.2	>100	无
SFR-RC50-C	95.566	4.82	>100	无
RC50-1	75.367	5.0	89.617	4.2
OC80	32.031	3.73	37.638	2.89
SFRC80-1	43.700	4.21	51.803	3.601
SFRC80-1.5	51.755	2.85	67.580	4.62
SFR-RC80-A	80.642	4.99	84.089	5.0
RC80-1	86.029	5.0	98.921	4.73

4.3.6 小结

通过对不同强度等级、不同纤维掺量的混凝土与配筋混凝土力学性能的研究，得出了如下结论：

（1）与普通混凝土相比，钢纤维混凝土具有优异的力学性能。早期强度增长迅速，后期强度高且平稳增长，在标准养护56d后均达到了预先设计的强度值。

（2）钢纤维掺入对混凝土的力学性能十分有利，钢纤维对混凝土的增压效果远比提高劈拉和抗折强度要低得多，但也有相应的提高。

（3）钢纤维的掺入能有效地改善混凝土和配筋混凝土材料的强度和韧性，并且随着钢纤维的体积分数增加，材料的抗折强度和韧性均有所提高。

4.4 HPFRCC 耐久性能

4.4.1 阻裂与收缩性能

现在设计和使用高性能混凝土（主要体现在混凝土材料具有高弹模、高密度、高抗渗、耐冲击方面）已越来越广泛。高性能混凝土的主要设计指标是耐久性。但是决定混凝土结构性能优劣的不单单是强度。混凝土内部或外表面有没有潜在和已经引发的裂缝对混凝土的服役寿命和耐久性有重要影响。

本节主要对钢纤维混凝土进行早期塑性收缩和开裂、长期干燥收缩的研究，并结合配合比设计对钢纤维抑制收缩、阻止开裂的效果进行了研究。

1. 钢纤维混凝土收缩机理

众所周知，水泥石收缩是因内部水分迁移和水化消耗水分。水泥石中有一些直径在50nm的大孔，是因搅拌浆体时引入了空气形成的。在这些大孔中存在"自由"水。"自由"的意思是当这些水分在浆体内发生迁移或被消耗掉时，不会引起浆体产生收缩。

浆体内毛细孔中存在毛细孔水。这些毛细孔的直径在5~50nm之间，孔内水分若被损失消耗掉，则会引起水泥石收缩。水泥混凝土拌合过程中物理吸附在固体颗粒表面的水是吸附水。当环境的相对湿度低于30%时，绝大部分的吸附水会从水泥混凝土暴露向外的表面散失掉。吸附水散失导致水泥混凝土发生干燥收缩。水化产物（水化硅酸钙）层间存在层间水，层间水不会发生迁移损失（唯一可能发生的条件是整体湿度水平低于0%）。还有一类叫结合水，当水泥和水发生水化反应后生成水化产物中结合的水。结合水本身是水泥基体内的一个组成部分，只有当水泥混凝土经受100℃高温时，水化产物被破坏，结合水蒸发损失掉。

以上对水泥混凝土中水的分类表明，水分发生迁移、散失或消耗掉的难易程度依次为：结合水、层间水、吸附水、毛细孔水、自由水。自由水最容易发生水分迁移。但是水泥混凝土的收缩率不是直接与水分损失率（或是水泥混凝土试件的质量损失率）呈线性关系，这是因为虽然自由水最易损失和迁移，却不会引起水泥混凝土发生收缩。

目前为广大学者所接受的收缩理论不外乎以下几种：毛细管张力；拆开压；固体表面自由能和层间水损失。

1）毛细孔张力

毛细管内水面成弯月面时形成了毛细管张力。此弯月面的曲率正比于混凝土干燥时内部的相对湿度，即相对湿度越低，弯月面的曲率半径越小，毛细管张力越大。因此水泥混凝土孔间相对湿度降低会增大毛细孔张力，增加水泥混凝土的收缩。但如果相对湿度过低，比如小于 40％，此时因为毛细孔中存不住水，所以不存在弯月面，致使水泥石出现应力松弛。

2）拆开压

拆开压是以下各力的总称：颗粒间互相吸引的范德华力，层与层间的斥力，结构斥力等。环境的相对湿度较低时，水泥混凝土发生干燥，干燥使得水化产物周围水量减少，也使水化产物与水化产物之间的水分减少，二者之间的范氏力增大，所以干燥引起水泥混凝土内颗粒间拆开压力减小，水化基体趋于紧密，引发收缩。

3）固体表面自由能

材料的原子和分子表面均处于一种高能状态。距离原子表面越近，能量越高，距离原子表面越远，能量越低。表面自由能是距离原子不同远近处的能量差值。表面自由能在平直表面上表现出张拉力。

因为水泥颗粒表面吸附有水，减小了颗粒的表面自由能。但当相对湿度足够低时（如为 20％时），水泥颗粒失去最内一层吸附水，表面自由能达到最大。到第二层吸附水也失去时，表面自由能又小到可以忽略了。失去第二层吸附水的条件是相对湿度 50％。因此相对湿度大于 50％时，可认为表面自由能对收缩没有影响。

4）层间水损失

相对湿度低于 11％时水化产物开始失去层间水。水泥混凝土结构在正常条件下不会发生失去层间水的情况。因此一般不考虑层间水损失对水泥混凝土收缩的影响。

2. 火山灰反应对收缩的影响

活性矿物掺合料对水泥混凝土收缩影响最显著的是硅灰。硅灰掺量 6％的混凝土，干缩最多可减小 50％。但这种减小趋势不是随着硅灰掺量的增多而增大。大量实验表明，硅灰替代水泥的量超过 10％以后，并未更大程度地减小混凝土干缩率。掺入硅灰减小收缩的机理是硅灰有助于减小水泥混凝土的早期水分损失率，但是这种减小的作用在混凝土加水拌合开始至 24h 内最显著，24h 后基本停止。同时因为硅灰的细度高，减小了孔径，无形中使水泥混凝土内水分的分布更分散，反而增大了因水化反应消耗水引起的收缩（有些学者称此为基本收缩），因此抵消了一部分减小的干缩。

掺入矿渣对混凝土收缩的影响与水灰比对混凝土收缩的影响效果一致。矿渣改变了收缩开始的时间，但对总收缩值的影响不大。一般来说，矿渣对早期收缩似乎有增大的作用，但从一个较长的时间来看，总收缩还是要小于不掺矿渣的混凝土。这是因为矿渣的水化反应滞后，并且掺入矿渣有利于长龄期内提高混凝土的强度。现今使用的磨细矿渣，因为细度高和石膏含量大，已被证明有利于减小混凝土较长龄期的总收缩率。

粉煤灰掺量在 30% 以下时对混凝土收缩的影响不大。因为粉煤灰的细度与水泥相近，浆体内孔径分布不会因为粉煤灰的掺入有较大改变，因此掺入粉煤灰对改善收缩的效果不显著。

3. 钢纤维混凝土早期塑性收缩和开裂

根据《ASTM C1579-06》进行试验，试验数据如图 4.4.1-1 所示：

从图 4.4.1-1 可以看出，只有 OC50 普通混凝土和 SFRC50-0.25 钢纤维混凝土两块平板开裂，且 OC50 普通混凝土平板的裂缝基本上贯穿板宽，而 SFRC50-0.25 钢纤维混凝土平板裂缝的长度有板宽的一半，其余混凝土平板都未开裂。

1）试验结果计算及其确定应按下列方法进行：

每根裂缝的平均开裂面积应按式（4.4.1-1）计算：

$$a = \frac{1}{2N} \sum_{i}^{N} (W_i \times L_i) \ (\mathrm{mm^2/ 根}) \qquad (4.4.1\text{-}1)$$

单位面积的裂缝数目的计算公式：

$$b = \frac{N}{A} \ (\mathrm{根/m^2}) \qquad (4.4.1\text{-}2)$$

单位面积上的总开裂面积计算公式：

$$C = a \cdot b \ (\mathrm{mm^2/m^2}) \qquad (4.4.1\text{-}3)$$

式中：W_i——第 i 根裂缝的最大宽度（mm）；

$\quad$ L_i——第 i 根裂缝的长度（mm）；

$\quad$ N——总裂缝数目（根）；

$\quad$ A——平板的面积（$\mathrm{m^2}$）；

$\quad$ a——每根裂缝的平均开裂面积（$\mathrm{mm^2/根}$）；

$\quad$ b——单位面积的开裂裂缝数目（根/$\mathrm{m^2}$）；

$\quad$ C——单位面积上的总开裂面积（$\mathrm{mm^2/m^2}$）。

2）试验结果分析如表 4.4.1-1 所示

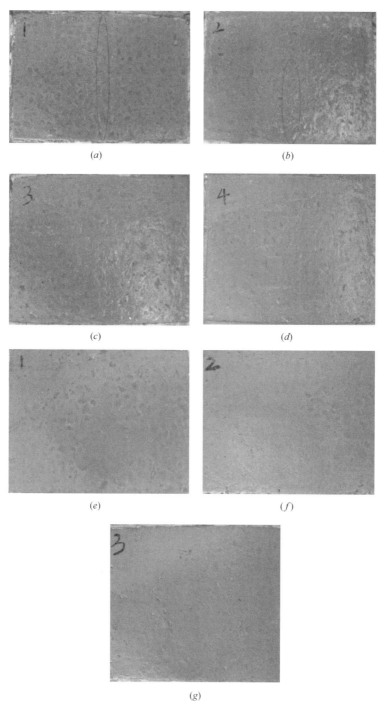

图 4.4.1-1　普通混凝土和钢纤维混凝土平板试验

(*a*) OC50；(*b*) SFRC50-0.25；(*c*) SFRC50-1.0；(*d*) SFRC50-1.5；
(*e*) OC80；(*f*) SFRC80-1.0；(*g*) SFRC80-1.5

平板试验计算结果 表 4.4.1-1				
配合比	每根裂缝的平均开裂面积（mm²/根）	单位面积的裂缝数目（根/m²）	单位面积上的总开裂面积（mm²/m²）	纤维抗开裂率
OC50	54.25	5	271.25	—
SFRC50-0.25	15.5	5	77.5	42.9%
SFRC50-1 SFRC50-1.5 OC80 SFRC80-1 SFRC80-1.5	均未有裂缝出现			100%

从表 4.4.1-1 数据可以得出，掺入钢纤维对提高混凝土抵抗早期塑性收缩和开裂的效果十分显著。其阻裂机理主要有以下几个方面：首先，在混凝土结构形成过程中，钢纤维阻止了微裂缝的引发、减小了裂缝源的数目，使裂缝尺度减小，降低了裂缝尖端的应力强度因子，缓和了裂缝尖端的应力集中程度，因此提高了混凝土抗拉强度；其次，钢纤维对提高混凝土延性，改善混凝土抵抗变形的能力有很大帮助，同时约束了混凝土裂缝的扩展，提高了混凝土的承载能力；再次，钢纤维在混凝土中乱向分布，有效削弱了塑性收缩应力，收缩应力和能量被分散到了单丝纤维上，有效提高了混凝土的韧性，抑制微裂缝的扩展；最后，钢纤维有利于减小渗透系数，大量乱向分布纤维起到了承托作用，降低了表面泌水和集料的离析。

4. 钢纤维混凝土干燥收缩性能分析

干缩试验按照《纤维混凝土试验方法标准》CECS 13:2009 进行，结合本试验的要求，试件尺寸为 100mm×130mm×500mm 的棱柱体，成型并在标准养护条件下带模养护 3d 后，置于恒温恒湿室（温度 20℃±2℃，湿度 60%±5%）中。在干缩仪上测定试件初始长度，读取千分表上的初始读数。然后在不同龄期测量试件的变形量并计算收缩率。试验结果见图 4.4.1-2 和图 4.4.1-3。

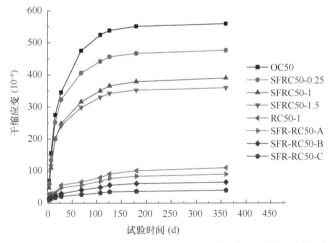

图 4.4.1-2　纤维掺量对 C50 钢纤维混凝土及配筋混凝土试件干燥收缩的影响

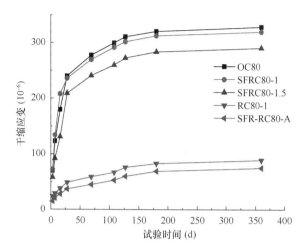

图 4.4.1-3　纤维掺量对 C80 钢纤维混凝土及配筋混凝土试件干燥收缩的影响

从图 4.4.1-2 及图 4.4.1-3 中数据可知，钢纤维混凝土早期收缩较大，后期趋于平缓，与普通混凝土相比略小。水泥基复合材料发生收缩有一个主要原因，即基体内部水分的迁移和散失。高性能水泥基体中由于水胶比低及大量矿物掺合料的加入，大大降低了硬化水泥浆的孔隙率以及骨料与水泥浆体之间的过渡区的孔隙，因此降低了干缩应变值。而配筋与配筋钢纤维混凝土由于其中掺入了钢筋，在混凝土收缩的过程中，钢筋起到了一定的抑制作用，致使其干缩应变值很小。

5. 钢纤维混凝土圆环试验分析

圆环是钢制的，有外环和内环两部分，中间填料，成型 24h 后将外环拆除，同时在成型试件的顶部一圈涂抹硅胶密封，涂抹硅胶是为了保证试样内部水分仅从试件的外圆周部分散失。将紧箍在圆环内圈的混凝土试件同内环一起搬进恒温恒湿室养护，室内温度（20±2）℃、相对湿度（60±5）％。

每 24h 用读数显微镜观测一次圆环试件，连续测量并记录直到成型后 28d，记录初始开裂时间，见表 4.4.1-2。

成型 28d 圆环试件试验结果			表 4.4.1-2
配合比	试验结果	配合比	试验结果
OC50	没有裂缝出现	OC80	没有裂缝出现
SFRC50-0.25		SFRC80-1	
SFRC50-1		SFRC80-1.5	
SFRC50-1.5			

没有出现裂缝的原因可能如下：

（1）本试验成型时要求的是大流动性，坍落度分别要求达到（200±20）mm，（100±20）mm，这样可使孔隙密实，减小有缺陷孔的形成；

（2）试验选用的粗集料的最大粒径为 16mm，集料级配较好，增强了集料与水泥浆之间的界面过渡区，减少裂缝的产生；

（3）钢纤维的掺入能改善混凝土抗裂性能。

4.4.2 抗渗性能

在钢纤维混凝土中，渗透性是指某气体、液体或离子受压力、化学势或在电场作用下在钢纤维混凝土中渗透、扩散或迁移的难易程度。钢纤维混凝土的渗透性反映的是钢纤维混凝土内部孔隙的大小、数量以及连通等情况。通常认为，钢纤维混凝土的渗透性与耐久性密切相关。如果钢纤维混凝土抗渗性高，就能使水分及有害离子难以渗透到混凝土内部，混凝土获得一定的保护，提高耐久性。

1. 钢纤维混凝土抗氯离子渗透性能——电通量法

氯离子的渗透性是评价钢纤维混凝土渗透性的重要指标。氯离子在混凝土中的渗透性和扩散性决定其到达钢筋表面的速度和数量，进而对钢筋锈蚀的预备期产生影响，而氯离子在混凝土中传输过程快慢是影响混凝土结构物使用寿命长短的重要因素。所以，研究氯离子在钢纤维混凝土内部的迁移过程对提高钢纤维混凝土结构耐久性有重要意义。本小节使用电通量法简单阐述钢纤维掺量对钢纤维混凝土渗透性的影响（3.6 节更详细地阐述了氯离子对钢纤维混凝土的影响）。

电通量法（electric flux method）最初于 1981 年由美国硅酸盐水泥协会 Whiting 提出来的施加外电场加速来测量氯离子渗透性的方法，后被美国 23 个标准所采用，即：国家公路运输局标准《AASHTO T277》和美国试验与材料协会标准《ASTM C1202》，已成为当前国际上最有影响的混凝土抗氯离子渗透性试验方法。它是在扩散槽法的基础上，利用外加电场来加速试件两端溶液离子的输移速度，在这种情况下，外加电场成为氯离子输移的主要驱动力，在直流电压作用下，溶液中的离子能够快速渗透，向正极方向移动，测量一定时间内通过的电量即可反映混凝土抵抗氯离子渗透的能力。

1）氯离子渗透试验方法

电通量法是测试 6h 内通过 50mm 厚（混凝土试件或芯样的直径 95mm，对于直径非 95mm 的试件，测试结果需按面积进行换算处理）混凝土切片的电量。将试件真空饱水后，在试件的两边保持 60V 的恒定电压，试件两端容器中的溶液分别为 0.3N 的 NaOH（正极）和 3.0% 的 NaCl（负极），然后每隔一定的时间测量一次通过试件的电流值，6h 结束后测定通过混凝土试件的总电量，以比较混凝土的抗氯离子渗透能力，试验装置如图 4.4.2-1 所示。

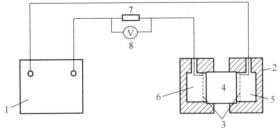

图 4.4.2-1　电通量试验装置

1—直流稳压电源；2—试验槽；3—铜网；4—混凝土试件；
5—3.0%NaOH 溶液；6—0.3mol/L NaOH 溶液；
7—标准电阻；8—直流数字式电压表

2）试验结果及分析

从图 4.4.2-2 可以看出，混凝土试件的电通量随着钢纤维掺量的增加是降低的，说明加入钢纤维后，混凝土试件的抗氯离子渗透性能提高了。这主要是由于掺入的纤维改善了混凝土的孔结构，减缓了氯离子对混凝土的渗透侵蚀，提高了混凝土抗氯离子渗透性能。在图 4.4.2-2 中还可以看出，随着纤维掺量的增加，C80 混凝土的电通量降低比较平缓，这主要是由于 C80 混凝土基体很密实，掺入纤维对其的影响不是很明显。

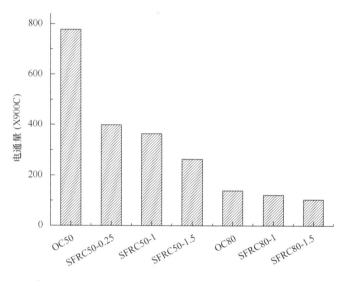

图 4.4.2-2　纤维掺量对电通量的影响

普通 C80 混凝土试件的电通量明显低于普通 C50 混凝土试件，表明普通 C80 混凝土试件的抗氯离子渗透性能明显高于普通 C50 混凝土试件的抗氯离子渗透性能；从孔结构分析（MIP）得知，普通 C80 混凝土试件的孔隙率低于普通 C50 混凝土试件的孔隙率（PC50＝3.8560％，PC80＝1.4896％）。

2. 钢纤维混凝土抗水渗透性能

钢纤维混凝土的渗透性高低影响液体（或气体）渗入的速率，而有害的液体或气体渗入混凝土内部后，将与混凝土组成成分发生一系列物理化学和力学作用；水还可以把侵蚀产物及时运出混凝土体外，再补充进去侵蚀性离子，从而引起恶性循环。此外，当钢纤维混凝土遭受反复冻融的环境作用时，还会引起冻融破坏，水还是碱-骨料反应的众多条件之一。因此，抗渗水性是提高和保证耐久性首要控制的因素。

1）水渗透的机理

水与钢纤维混凝土表面接触时，有两种力不断促使水分向混凝土内部迁移：压力差和毛细孔压力 P_0。随着水分迁移的深入，水与毛细孔壁摩擦阻力增大，渗水速度随渗透深度的增加成比例下降。当水达到钢纤维混凝土相反的一侧时，毛细孔压力 P_0 变更了方向，阻碍水分的渗出。若压力差大于孔壁摩擦阻力和毛细阻力，则水将从混凝土相反的一侧滴出；若压力差小于摩擦阻力和毛细孔阻力，则水的迁移为毛细孔迁移，此时的迁移速度取决于混凝土背水面水的蒸发速度。

2）水压渗透试验方法

抗渗水试验方法有逐级加压和一次性加压（逐级加压法和渗水高度法）两种方法，本试验采用了逐级加压法。逐级加压法是从 0.1MPa 开始，以后每隔 8h 增加 0.1MPa 水压，并随时注意观察试件断面情况。当 6 个试件中有 3 个试件表面出现渗水时，或加至规定压力（设计抗渗等级）在 8h 内 6 个试件中表面渗水试件少于 3 个时，即可停止试验，并记下此时的水压力。

3）试验结果及分析

钢纤维混凝土的抗渗等级，以每组 6 个试件中 2 个出现渗水时的最大水压力表示。抗渗等级应按式（4.4.2）计算：

$$P = 10H - 1 \qquad (4.4.2)$$

式中：P——混凝土抗渗等级；

H——6 个试件中有 3 个试件渗水时的水压力（MPa）。

本试验采用的抗渗仪器的最大水压力为 4.0MPa，普通混凝土 OC50 逐级加压，当水压力达到 3.75MPa 时有 2 个试件出现渗水，停止试验，根据公式可以算出普通混凝土 OC50 的抗渗等级为 P36.5，见表 4.4.2。钢纤维体积掺量分别为 0.25%，1%，1.5% 的钢纤维混凝土试件和强度等级为 80MPa 的普通混凝土试件在水压力达到 4.0MPa 时均未渗水，未免损坏仪器，只能停止试验，钢纤维混凝土试件的抗渗等级均可达 P39。

钢纤维混凝土抗渗试验结果 表 4.4.2

配合比	抗渗等级	配合比	抗渗等级
OC50	P36.5	OC80	>P39
SFRC50-0.25	>P39	SFRC80-1	>P39
SFRC50-1	>P39	SFRC80-1.5	>P39
SFRC50-1.5	>P39		

结合本试验及已有试验的研究结果，可以得出，掺入纤维后，混凝土材料的抗渗等级提高了。混凝土材料的抗渗性能之所以提高，主要是由于均布于水泥基材中的钢纤维，这些钢纤维可以减少混凝土凝结过程中砂石骨料沉降形成的沉降孔和由于砂浆骨料变形不一致或因骨料表面水膜蒸发形成的接触孔，而这些孔往往都是连通的；此外，水泥石水化硬化产生的化学收缩、水泥水化产生的内外温度梯度、混凝土内部水分蒸发引起的干燥收缩等引起的体积变化等因素，使混凝土在凝结硬化过程中表面和内部会形成许多微裂缝，由于存在钢纤维的阻裂作用，亦可减少裂缝的数量、长度和宽度，并因此降低生成贯通裂缝的可能性。

从表 4.4.2 还可以得到，强度等级为 80MPa 的混凝土试件的抗渗等级要高于强度等级为 50MPa 的混凝土试件的抗渗等级。这主要由于掺合料的加入，OC80 混凝土试件中加入了 10％的硅灰，硅灰颗粒粒径较小，有很好的填充性，较好地填充了混凝土的孔隙，使混凝土的密实度大大增加。另外，由于掺合料的火山灰效应，它们在混凝土硬化后还会与混凝土中的 $Ca(OH)_2$ 发生化学反应生成具有凝胶性的成分。在后期还会使混凝土的密实度进一步地增加，同时进一步改善混凝土的抗渗透性。

4.4.3　抗冻性能

1. 混凝土冻融破坏的机理

混凝土的冻害机理研究始于 20 世纪 30 年代，许多国家的学者都做了大量工作，先后提出了静水压假说、渗透压假说等。对混凝土冻融破坏的机理，目前的认识尚不完全一致，公认程度较高的是由美国学者 T. C. Powerse 提出的膨胀压和渗透压理论，吸水饱和的混凝土（含水量达 91.7％极限值）在其冻融的过程中，遭受的破坏应力主要由两部分组成。其一是当混凝土中的毛细孔水在某负温下发生物态变化，由水转变成冰，体积膨胀 9％。因受毛细孔壁约束形成膨胀压力，从而在孔周围的微观结构中产生拉应力；其二是当毛细孔水结成冰时，由凝胶孔中过冷水在混凝土微观结构中的迁移和重分布引起的渗透压。凝胶孔水形成冰核的温度在 −78℃ 以下，因而，由冰与过冷水的饱和蒸汽压差和过冷水之间的盐分浓度差，引起水分迁移形成渗透压。

另外，过冷水迁移渗透会使毛细孔中冰的体积不断增大，从而形成更大的膨胀压力。当混凝土受冻时，这两种压力会损伤混凝土内部的微观结构。但一次作用造成的损伤不足以使混凝土的宏观力学性能发生可以察觉的变化，只有当经过多次的冻融循环后，损伤逐步积累不断扩大，混凝土中的裂缝才会相互贯通，导致混凝土强度逐渐降低，甚至强度完全丧失，使混凝土结构由表及里遭到破坏。

2. 钢纤维混凝土冻融试验方法

国际上最有代表性的并作为耐久性设计要求的混凝土冻融的室内试验方法有两大类。一类为快冻法，这是美国、日本、加拿大等国采用的方法，以美国 ASTM C666-92 为代表；另一类为慢冻法，以苏联 ГОСТ1006 为代表。经国内各部门的多年实践总结，慢冻法存在试验周期长，试验误差大，试验工作量大，而更主要的是以慢冻法为依据的抗冻指标不能满足混凝土的耐久性要求，因此，目前水工、港工、铁道、公路、市政等部门及试验规程中，均把快冻法列为混凝土的抗冻试验标准。

混凝土的冻融循环试验按照《普通混凝土长期性能和耐久性能试验方法标准》GB/T 50082—2009 中抗冻性能试验的"快冻法"进行（钢纤维混凝土亦按照该方法进行抗冻试验）。GB/T 50082—2009 规定，混凝土快速冻融试验的标准试件为 100mm×100mm×400mm 的棱柱体，养护至要求龄期时开始试验，试件成型、拆模后在养护室中养护，到达试验龄期的前 4d，将试件取出在（20±3）℃的水中浸泡 4d。试验时将已浸水的试件擦去表面水后，称初始质量，测量初始自振频率。一般每隔 25 次冻融循环做一次动弹性模量测试（本试验取 50 次冻融循环测一次）。测试时，小心将试件从盒中取出，冲洗干净，擦去表面水分，称质量和测定动弹性模量，并做必要的外观描述或照相。冻融破坏标准的确定，是混凝土冻融耐久性定量化设计的基础，也可以说是混凝土经冻融而判为破坏的终点。《普通混凝土长期性能和耐久性能试验方法标准》GB/T 50082—2009 规定，遇到下列 3 种情况之一即认为试件破坏，可停止试验：（1）已达到 300 次冻融循环；（2）相对动弹性模量下降到 60% 以下；（3）质量损失率达 5%。

3. 钢纤维混凝土冻融试验结果及分析

1）质量损失率计算

试件冻融后质量损失率按式（4.4.3-1）计算：

$$\Delta W_n = (W_0 - W_n)/W_0 \times 100 \qquad (4.4.3\text{-}1)$$

式中：ΔW_n——经 n 次冻融循环后试件的质量损失率（%），精确至 0.1；

$\qquad W_0$——冻融循环试验前混凝土试件的质量（kg）；

$\qquad W_n$——经 n 次冻融循环后混凝土试件的质量（kg）。

2）试验结果与分析

钢纤维混凝土（C50、C80）在冻融循环作用下的质量损失率，如图 4.4.3-1 所示。

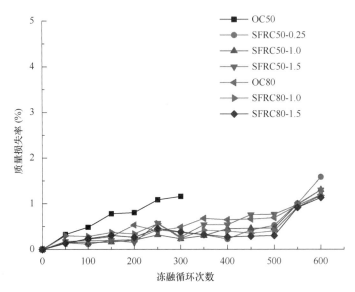

图 4.4.3-1　纤维掺量对混凝土冻融循环质量损失率的影响

从图 4.4.3-1 可以看出：

（1）钢纤维混凝土试件的质量损失有负值（质量增加）的情况。这不是测试误差的原因，这是因为在冻融过程中，混凝土试件经过冻融损伤后，混凝土试件表面的微裂纹开始扩展，而这些微裂纹吸水饱和引起质量增加。在冻融试验中，质量损失主要是混凝土表面剥落所致，随着冻融循环次数的增加，混凝土试件表面呈层状剥落。

（2）掺入钢纤维的混凝土试件的质量损失小于素混凝土试件的质量损失。其中素混凝土 C50 从 200 次冻融循环后，质量损失突然加速，明显高于钢纤维混凝土，在第 300 次冻融循环时试件断裂，已经破坏，因而停止试验；而其他钢纤维混凝土质量损失曲线较为平缓，都顺利达到了 600 次冻融循环，表现出了良好抗剥落性能。

（3）同一强度等级的混凝土试件，随着钢纤维体积率的增加，钢纤维混凝土冻融循环后的质量损失呈降低趋势，混凝土抗剥落能力增强，这是由于冻融循环过程中，当混凝土基体冻胀开裂以后，掺入混凝土基体的钢纤维开始发挥阻裂作用，缓和了混凝土内部缺陷处的应力集中现象，提高了混凝土的抗剥落能力，另外，跨越裂缝的钢纤维仍能传递应力，继续抵抗外力。

（4）提高混凝土强度等级，使混凝土密实度得到提高，钢纤维与基体结合紧密，增大了钢纤维对基体的影响，所以同一钢纤维体积掺量的 C50 和 C80，C80 钢纤维混凝土的质量损失要低于 C50 钢纤维混凝土的质量损失。对于素混凝土来说，C80 混凝土的抗冻能力比 C50 混凝土的抗冻能力更优越。

3）相对动弹性模量的计算

混凝土相对动弹性模量采用式（4.4.3-2）计算：

$$P = f_n^2 / f_0^2 \times 100 \tag{4.4.3-2}$$

式中：P ——经 n 次冻融循环后混凝土试件的相对动弹性模量（%）；

　　　f_n ——经 n 次冻融循环后混凝土试件的横向基频（Hz）；

　　　f_0 ——冻融循环试验前混凝土试件横向基频初始值（Hz）。

4）试验结果与分析

钢纤维混凝土在单一因素冻融循环作用下的相对动弹性模量和质量损失如图 4.4.3-2 和图 4.4.3-3 所示。

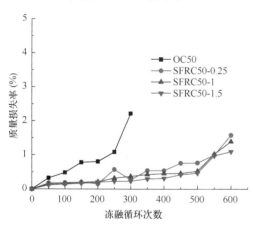

图 4.4.3-2　纤维掺量对 C50 混凝土质量损失率的影响

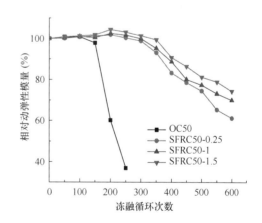

图 4.4.3-3　纤维掺量对 C50 混凝土相对动弹性模量的影响

从图 4.4.3-2 和图 4.4.3-3 可知：

（1）素混凝土 C50 的相对动弹模量在 200 次冻融循环以后急剧下降，宏观表现为混凝土试件断裂，停止试验，而其他掺入钢纤维混凝土的相对动弹模量下降较为平缓，原因在于钢纤维掺入减小了引发裂缝与促进裂缝开展的冻融破坏力，阻碍了裂缝发展，限制了混凝土基体破坏进程，起到了阻裂作用，从而抑制了混凝土相对动弹性模量损伤，提高了混凝土抗冻性能；

（2）在相同的冻融循环作用下，随着钢纤维掺量的增加，钢纤维混凝土的相对动弹模量下降缓慢，这主要是由于钢纤维的阻裂作用，提高了混凝土的抗冻性能；

（3）比较相同钢纤维的体积掺量，水灰比越低，相对动弹模量下降得越平缓，这是因为水灰比越低，界面粘结越强，钢纤维对混凝土的影响也越大，阻裂能力也相应提高。

4.4.4 抗碳化性能

1. 混凝土碳化机理

空气、土壤或地下水中酸性物质，如 CO_2、HCl、SO_2、Cl_2 深入混凝土表面，与水泥石中的碱性物质发生反应的过程称为混凝土的中性化。空气中混凝土的碳化是混凝土中性化最常见的形式，它是水泥石中的水化产物与空气中 CO_2 发生分解反应，使混凝土成分、结构和性能发生变化，使用功能下降的一种很复杂的物理化学过程。

2. 碳化反应

在充分水化的水泥石中，水化硅酸钙约占 70%，氢氧化钙约占 20%，钙矾石和单硫型水化铝酸钙约占 7%。根据已有的研究，水泥石中各水化产物稳定存在的 pH 值如表 4.4.4 所示。

水泥石中各水化产物稳定存在的 pH 值　　　　　　　　表 4.4.4

成分	pH 值	成分	pH 值
水化硅酸钙	10.4	水化硫铝酸钙	10.17
水化铝酸钙	11.43	氢氧化钙	12.23

混凝土中可碳化成分主要是 $Ca(OH)_2$，此外还有水化硅酸钙（$3CaO \cdot 2SiO_2 \cdot 3H_2O$）以及在有水状态下未水化的硅酸三钙（$3CaO \cdot SiO_2$）和硅酸二钙（$2CaO \cdot SiO_2$）。有资料显示，硬化水泥石中的 $Ca(OH)_2$ 和 C—S—H 分别与 CO_2 反应的自由焓最小，因此最易碳化，其碳化反应式为：

$$Ca(OH)_2 + H_2O + CO_2 \longrightarrow CaCO_3 + 2H_2O(\Delta G_{298}^0 = -74.75kJ/mol)$$

$$(4.4.4-1)$$

$$3CaO \cdot 2SiO_2 \cdot 3H_2O + 3H_2CO_3 \longrightarrow 3CaCO_3 + 2SiO_2 + 6H_2O(\Delta G_{298}^0 = -74.7kJ/mol)$$

$$(4.4.4-2)$$

混凝土碳化速度主要取决于以下 3 个方面：（1）化学反应本身的速度；（2）CO_2 向混凝土内扩散的速度；（3）混凝土孔隙中可碳化物质，主要是 $Ca(OH)_2$ 的扩散速度。

由于碳化作用，氢氧化钙变成了碳酸钙，水泥石的原有强碱性逐渐降低，pH 值降至 8.5 左右。国内外研究表明，对于混凝土中的钢筋，存在两个临界 pH 值，其一是 pH=9.88，这时钢筋表面的钝化膜开始生成，或者说低于此临界值时钢筋表面不可能有钝化膜的存在，即完全处于活化状态；其二是 pH=11.5，这时钢筋表面才能形成完整的钝化膜，或者说低于此临界值时钢筋表面的钝化膜仍是不稳定的。因此，要使混凝土中的钢筋不锈蚀，则混凝土的 pH 值必须大于 11.5。

3. 碳化过程

混凝土是一个多孔体，内部存在许多大小不一的毛细孔、孔隙、气泡，甚至缺陷，形成的水泥石结构是一个含固相、液相和气相的非均匀质体。空气中的 CO_2 通过这些固有缺陷渗透到混凝土的孔隙和毛细管中，溶解于孔隙液相中形成 H_2CO_3 后发生碳化反应，由此可以看出，混凝土的碳化是在固相、液相和气相中进行的一个复杂的多相物理化学连续过程。反应后，毛细孔周围水泥石中的羟钙石补充溶解为 Ca^{2+} 和 OH^-，反向扩散到孔隙液中，与继续扩散进来的 CO_2 反应，一直到孔溶液中的 pH 值降为 8.5～9.0 时，这层毛细孔才不再进行这种中和反应，即所谓"已碳化"。碳化是一个由表及里、缓慢向混凝土内部扩散的过程，在混凝土完全碳化区之后形成部分碳化区和未碳化区。从理论上讲，未碳化混凝土的 pH 值约为 12.5，完全碳化的混凝土的 pH 值为 7，因此以 pH 值来划分不同的碳化区域。pH≥12.5 的区段为未碳化区，pH=7 的区段为完全碳化区，而 7<pH<12.5 的过渡区段则为部分碳化区，由此模拟了混凝土碳化过程，如图 4.4.4-1 所示。

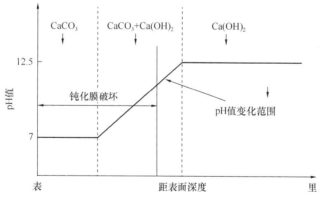

图 4.4.4-1　碳化过程模拟图

4. 影响混凝土碳化的因素

从碳化机理我们可以得知，影响碳化的最主要因素，是混凝土本身的密实性和碱性储备的大小，即混凝土的渗透性及其 $Ca(OH)_2$ 碱性物质含量的大小。总体归纳起来，主要有材料因素、环境条件因素和施工质量因素等三大类。

1）材料因素

（1）水泥品种的影响

水泥品种决定了单位体积混凝土中可碳化物质的含量，因而对混凝土碳化有重要影响。同配合比时，水泥强度等级高，混凝土碳化深度小；早强型水泥与同标号水泥相比，抗碳化性能较高。

（2）水泥用量的影响

一般情况下，碳化速度与水泥用量成反比。这主要是因为增加水泥用量不仅可以改善混凝土的和易性，提高混凝土的密实性，还能够增加混凝土中的碱储备，使其抗碳化性能大大增强。

（3）水灰比的影响

水灰比是决定混凝土性能的重要参数，对混凝土碳化速度影响极大。我们都知道，水灰比基本上决定了混凝土的孔结构，水灰比越大，混凝土内部的孔隙率就越大。由于 CO_2 扩散是在混凝土内部的气孔和毛细孔中进行的，因此水灰比在一定程度上决定了 CO_2 在混凝土中的扩散速度，水灰比越大，混凝土碳化速度也就越快。

（4）骨料品种及级配的影响

粗骨料的粒径越大，在骨料底部越容易形成净浆的离析、沉淀，从而增大了混凝土渗透性，CO_2 容易从骨料、水泥浆胶结面扩散，使碳化过程加快。

（5）混凝土强度的影响

混凝土强度能反映其孔隙率、密实度的大小，因此混凝土强度能宏观地反映其抗碳化性能。总体来说，混凝土强度越高，碳化速度越小。

2）环境条件因素

（1）环境相对湿度的影响

环境相对湿度通过温湿平衡决定着孔隙水饱和度，一方面影响着 CO_2 的扩散速度，另一方面，由于混凝土碳化的化学反应均需在溶液中或固液界面上进行，相对湿度也是决定碳化反应快慢的主要环境因素之一。

（2）环境温度的影响

环境温度对混凝土碳化的影响也是很大的，随着温度的提高，碳化速度加快。

（3）CO_2 浓度的影响

环境中 CO_2 浓度越大，CO_2 越易扩散进入孔隙，同时也使化学反应速度加快。因此，CO_2 浓度是决定碳化速度的主要环境因素之一。

一般认为，混凝土的碳化深度（D）与二氧化碳浓度（c）的平方根近似成正比，即：

$$\frac{D_1}{D_2} = \frac{\sqrt{c_1 t_1}}{\sqrt{c_2 t_2}} \tag{4.4.4-3}$$

3）施工质量因素

混凝土浇筑、振捣不仅影响混凝土的强度，而且直接影响混凝土的密实性，因此，施工质量对混凝土碳化有很大影响。

5. 钢纤维混凝土荷载与碳化耦合试验方法

（1）根据《纤维混凝土试验方法标准》CECS13：2009，《普通混凝土长期性能和耐久性能试验方法标准》GB/T 50082—2009，结合本试验研究要求，制作 130mm×100mm×500mm 的棱柱体；

（2）试件标准养护 56d，将试件在试验前 2d 从标准养护室取出，然后在 60℃温度下烘 48h；

（3）经烘干处理后的试件，留下相对的两个沿长度方向侧面暴露，其余表面采用加热的石蜡予以密封；

（4）本实验采用四点加载装置（如图 4.4.4-2 所示，应力水平为 0.5），模拟钢纤维混凝土试件在环境（CO_2 环境下）因素与荷载耦合作用下，钢纤维及钢纤维掺量对碳化深度的影响；

（5）调节二氧化碳的流量，使碳化箱内的二氧化碳浓度保持在（20±3）％。在整个试验期间应采取去湿措施或者有关装置，使箱内的相对湿度控制在（70±5）％的范围内。碳化试验应在（20±5）℃的温度下进行；

（6）碳化到了 7d、14d、28d 和 56d 时，分别取出试件，破型测定碳化深度，用石蜡将破型后试件的切断面封好，再放入箱内继续碳化，直到下一个试验期；

（7）将切除所得的试件部分刮去断面上残存的粉末，随即喷上浓度为 1％的酚酞酒精溶液。约经 30s 后，用钢尺测出碳化深度；

（8）对于加载试件，标明受拉区和受压区，喷上浓度为 1％的酚酞酒精溶液后，分别测出受拉区与受压区的碳化深度。

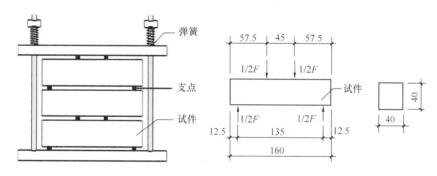

图 4.4.4-2　加载装置示意图（尺寸：mm）

6. 钢纤维混凝土碳化试验结果及分析

本项目中碳化的试验方法是以酚酞喷在试件断面上，不呈红色的部分判断为碳化部分。用酚酞试液检验混凝土材料是否碳化的原理是：pH 值 7.8 以下为无色，pH 值 10.0 以上为红色。因此，喷洒酚酞后若试件的表面出现一定厚度的无色区域，则表明此厚度的材料发生碳化。

分别将混凝土和钢纤维混凝土试件碳化 14d，28d，56d 后进行测试，试验结果如图 4.4.4-3 所示。无论试件的强度等级、纤维掺量、加载情况有何不同，试件断面在喷洒酚酞试液后全部均匀的变成红色，表明材料在碳化 14d，28d，56d 后，均未发生明显的碳化现象。这说明钢纤维混凝土材料有着极其优异的抗碳化性能。原因有以下几点：

（1）混凝土强度能宏观地反映混凝土材料的抗碳化性能。混凝土强度等级越高，

图 4.4.4-3　碳化 56d 后的加载与不加载钢纤维混凝土（C50 和 C80）断面形貌

则碳化速度也越低，在其他条件相同的情况下碳化深度越小。本试验设计混凝土试件的强度等级分别为 50MPa 和 80MPa，普通混凝土测出的立方体抗压强度分别为 63.6MPa 和 91.6MPa，相应的钢纤维掺量为 1.5% 的混凝土测出的立方体抗压强度达到了 72.5MPa 和 113.1MPa，强度很高，致使没有碳化深度。

（2）水灰比的影响，水灰比是决定混凝土性能的重要参数，对混凝土碳化速度影响很大。水灰比基本上决定了混凝土的孔结构，水灰比越大，混凝土内部的孔隙率就越大。由于 CO_2 扩散是在混凝土内部的气孔和毛细孔中进行的，因此水灰比在一定程度上决定了 CO_2 在混凝土中的扩散速度，水灰比越小，混凝土强度等级越高，则碳化速度也越低，在其他条件相同的情况下碳化深度越小。本试验采用的水灰比分别为 0.35 和 0.23，水灰比相对很低，故碳化 56d 没有碳化深度。

（3）碳化时间对混凝土材料的碳化深度的影响。CO_2 在混凝土中传输需要一定的时间，碳化 56d 对于高强、高性能混凝土来说，碳化时间具有一定的约束性，也导致没有碳化深度。

（4）钢纤维掺量对混凝土碳化深度的影响。随着钢纤维体积掺量的增加（0～1.5%），混凝土碳化深度逐渐减小。本实验虽未直接观察到碳化结果，但不少研究者已表明，由于掺入的钢纤维均匀分布于混凝土中，改善了混凝土基体的微观结构，使混凝土内部结构更加密实。钢纤维的存在，延迟了混凝土边缘裂缝的出现，三维乱向分布的钢纤维互相交叉，增大了固体颗粒下沉的阻力，相应地减少了混凝土的硬化收缩，使骨料与砂浆界面之间的原始微裂纹减少，从而对 CO_2 在混凝土中的扩散起到了抑制或减缓作用，碳化速率减慢，表现为同龄期碳化深度减小。

4.4.5　氯离子侵蚀下配筋-钢纤维混凝土结构损伤

氯离子诱导钢筋混凝土的耐久性损伤表现为以下几个阶段：①氯离子侵入混凝土

内部，当混凝土中钢筋表面处的氯离子浓度达到某一临界浓度时，钢筋表面的钝化膜溶解，形成腐蚀电池，当有一定的氧气和水分存在时，钢筋开始锈蚀；②钢筋锈蚀以后，由于锈蚀产物的体积膨胀（为原来体积的 2～6 倍）而使得混凝土保护层受到环向拉应力的作用，当这一拉应力达到混凝土的抗拉强度时，混凝土保护层开裂；③混凝土保护层开裂后，氯离子和氧气更容易到达钢筋表面，腐蚀加剧，随着钢筋锈蚀的继续，锈蚀产物不断增加，锈胀裂缝不断扩展，直至达到裂缝宽度允许值，或者钢筋截面损失达到一定值（引起结构构件承载力不足或粘结滑移）。

1. 氯离子的腐蚀机理

氯离子侵入混凝土有两个途径：一是"掺入"，即搅拌混凝土时由骨料和外加剂带入的氯离子，如用海水搅拌或用未经过充分处理的海砂、含有氯化物的速凝剂、早强剂、抗冻剂等。另一途径为"渗入"，即由外界环境侵入的氯离子，如海洋环境、除冰盐环境及盐湖地区等。研究表明，钢筋的腐蚀速度与混凝土中的氯离子含量呈线性关系。氯离子侵入混凝土腐蚀钢筋的机理可以概括为以下四个方面：

1）破坏钝化膜

水泥水化过程中产生的强碱性环境（pH≥12.6）会使得钢筋表面生成一层致密的钝化膜，对钢筋有很强的保护能力，这正是混凝土中钢筋在正常情况下不受腐蚀的主要原因。然而，这种钝化膜只有在高碱性环境中才是稳定的。研究与实践表明，当 pH<11.5 时，钝化膜就开始不稳定；当 pH<9.88 时，钝化膜生成困难或已经生成的钝化膜逐渐被破坏，从而失去对钢筋的保护作用。氯离子进入混凝土中并到达钢筋表面，当它吸附于局部钝化膜处时，可使该处的 pH 值迅速降低，使钢筋表面 pH 值降低到 4 以下，从而使钢筋表面的钝化膜遭到了破坏。钢筋表面钝化状态遭到破坏后会形成较大的电位差，这时若有空气和水分侵入，钢筋便开始锈蚀。

2）形成腐蚀电池

在不均质的混凝土中，常见的腐蚀对钢筋表面钝化膜的破坏发生在局部，使这些部位露出了铁基体，与尚完好的钝化膜区域形成电位差，铁基体作为阳极而受腐蚀，大面积钝化膜区域作为阴极。腐蚀电池作用的结果使得钢筋表面产生蚀坑，同时，由于大阴极对应于小阳极，蚀坑的发展会十分迅速。

3）去极化作用

氯离子不仅促成了钢筋表面的腐蚀电池，而且加速了腐蚀电池的作用。氯离子将阳极产物及时地搬运走，使阳极过程顺利进行甚至加速进行。氯离子起到了搬运的作用，却并不被消耗，也就是说，凡是进入混凝土中的氯离子，会周而复始地起到破坏作用，这也是氯离子危害的特点之一。

4）导电作用

腐蚀电池的要素之一是要有离子通路，混凝土中氯离子的存在，强化了离子通路，降低了阴阳极之间的欧姆电阻，提高了腐蚀电池的效率，从而加速了电化学腐蚀过程。在正常条件下，由于混凝土孔隙中溶液的碱性，钢筋表面形成稳定的钝化膜，钢筋不会发生锈蚀。但是当保护层碳化或氯离子侵入时，钢筋表面钝化膜遭到破坏，则会造成钢筋电化学腐蚀（图 4.4.5-1）。钢筋锈蚀以后，锈蚀产物体积膨胀，在钢筋周围的混凝土中产生锈胀力。这个锈胀力最终使得钢筋周围混凝土开裂，随着锈胀力的增加，裂缝进一步扩展，如果裂缝扩展到表面，则会产生混凝土保护层破坏或剥落。

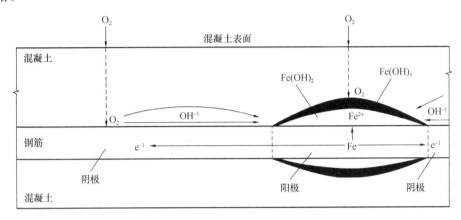

图 4.4.5-1　钢筋的电化学腐蚀示意图

在阴极区，大气中的氧扩散至钢筋表面并溶解于钢筋表面的水膜，由它吸收阳极传来的电子，发生还原反应，

$$4e + O_2 + 2H_2O \longrightarrow 4OH^-$$ (4.4.5-1)

在阴极产生的 OH^- 通过混凝土孔隙中的液相被送到阳极，这样就形成了腐蚀电流的闭合回路。

在阳极区，金属被氧化，其离子形式与水氧化分解的 OH^- 形成难以溶解的 $Fe(OH)_2$：

$$Fe^{2+} + 2OH^- \longrightarrow Fe(OH)_2$$ (4.4.5-2)

（1）富氧条件下，$Fe(OH)_2$ 进一步氧化成 $Fe(OH)_3$，即

$$4Fe(OH)_2 + O_2 + 2H_2O \longrightarrow 4Fe(OH)_3$$ (4.4.5-3)

$Fe(OH)_3$ 脱水后，变成疏松、多孔、非共格的红锈 Fe_2O_3，即

$$2Fe(OH)_3 \longrightarrow Fe_2O_3 + 3H_2O$$ (4.4.5-4)

（2）少氧条件下，$Fe(OH)_2$ 氧化不完全，部分形成黑锈 Fe_3O_4，即

$$6Fe(OH)_2 + O_2 \longrightarrow 2Fe_3O_4 + 6H_2O$$ (4.4.5-5)

因此，最终的锈蚀产物取决于供氧状况。

对于钢筋腐蚀的研究属于材料层次，目前关于钢筋腐蚀机理的研究国内外已取得了比较一致的研究成果，且总体上认为，混凝土碳化引起的钢筋腐蚀较为均匀，加速电腐蚀使钢筋表面锈蚀较为均匀，而暴露于氯离子环境下的钢筋锈蚀为坑蚀。

2. 钢纤维混凝土抗氯离子渗透性能试验研究

本项目研究了在荷载与环境耦合作用下，混凝土材料的抗氯离子渗透能力，试验方法采用长期浸泡法，参照标准 NT Build 443-94 进行，分为浸泡，钻粉，滴定等步骤。

1）浸泡不同时间后钢纤维混凝土内部氯离子浓度分布

图 4.4.5-2 为未加载钢纤维体积掺量为 1％，强度为 50MPa 的混凝土试件在质量浓度为 3.5％的 NaCl 溶液中浸泡 2 个月，3 个月和 5 个月后，距试件表面不同深度处的氯离子浓度分布图。从图 4.4.4-3 可以看出，随着浸泡时间的延长，更多的氯离子进入到混凝土内部。浸泡时间为 2 个月和 3 个月时，氯离子集中在 0～5mm，5～10mm 深度处，10～15mm 及 15～20mm 处的氯离子浓度基本上很小，与混凝土 SFRC50-1 内部初始氯离子浓度相近。至 5 个月时，10～15mm 深度处的氯离子浓度才略有上升，微高于初始浓度，这说明氯离子在钢纤维混凝土内部渗透相当缓慢。这主要得益于纤维在混凝土内部改善了微观结构，且纤维-基体界面区吸收了一部分氯离子，致使氯离子难以很快地渗透进入混凝土内部。

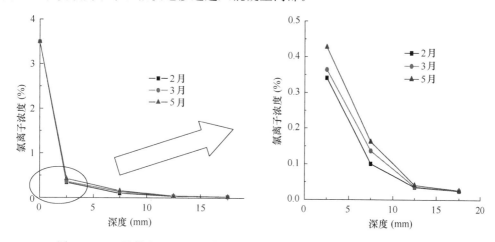

图 4.4.5-2　混凝土 SFRC50-1 浸泡不同时间后不同深度处的氯离子浓度分布

2）强度等级对钢纤维混凝土抗氯离子渗透性能的影响

图 4.4.5-3 为不同强度等级的钢纤维混凝土试件在浸泡 5 个月时，不同深度处的自由氯离子浓度分布图。混凝土强度等级分别为 50MPa 和 80MPa，钢纤维体积掺量均为 1％。从图 4.4.5-3 可以看出，SFRC50-1 在 0～5mm，5～10mm 处自由氯离子浓度明显高于 SFRC80-1 在 0～5mm，5～10mm 处自由氯离子浓度，在 15～20mm 处基本上趋于一致，但 SFRC50-1 自由氯离子浓度还是略高于 SFRC80-1 的自由氯离子浓度。从图 4.4.5-3 中还可以得出，SFRC80-1 在不同深度处的自由氯离子浓度的变化比较平缓，这主要是由于 SFRC80-1 的水胶比低，仅有 0.23 且掺入了 10％的硅灰，材料内部结构更为密实，因此，其抗氯离子渗透能力要高于 SFRC50-1。

3）荷载和钢纤维对混凝土抗氯离子渗透性能的影响

众所周知，荷载作用直接影响混凝土的耐久性和服役寿命。拉伸应力会加速氯离子等有害离子和物质侵入混凝土内部，而压应力则会使混凝土内部微裂纹闭合，减少有害物质的入侵。图 4.4.5-4，图 4.4.5-5 分别为 OC50 和 SFRC50-1 在不同应力状态下浸泡 5 个月后的氯离子浓度分布。

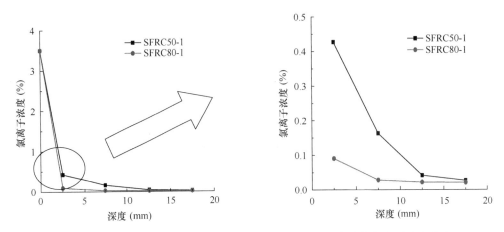

图 4.4.5-3　强度等级不同的 SFRC 浸泡 150d 后不同深度处的氯离子浓度分布

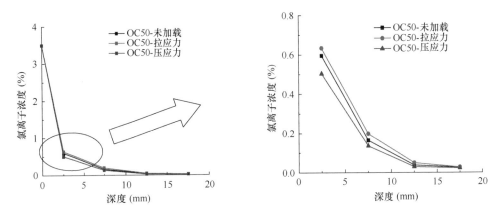

图 4.4.5-4　OC50 在不同应力状态下浸泡 5 个月后内部的自由氯离子分布

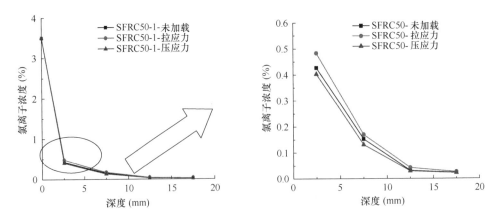

图 4.4.5-5　SFRC50-1 在不同应力状态下浸泡 5 个月后内部的自由氯离子分布

对比图 4.4.5-4 和图 4.4.5-5 可知：①在不加载的情况下，0～5mm 深度处，掺加 1％钢纤维的混凝土试件 SFRC50-1 的自由氯离子含量约为 0.43％，而未掺钢纤维的混凝土试件 OC50 的自由氯离子含量达到 0.60％。这说明钢纤维的加入对混凝土的抗氯离子渗透性能是提高的，主要是由于加入纤维，混凝土内部钢纤维和基体界面粘结十分紧密，减少了氯离子传输的连通孔径，因此氯离子难以很快地渗透进入混凝土内部；②在拉应力作用下，掺入 1％钢纤维的混凝土试件 SFRC50-1 在 0～5mm 深度处的氯离子浓度仅比未加载时浓度高约 0.06％，而对未掺入纤维的混凝土试件 OC50 在拉应力作用下 0～5mm 深度处的自由氯离子浓度远高于未加载时的浓度。这说明钢纤维的存在可以抑制应力作用造成的微裂纹的产生与扩展，起到减轻拉应力作用用对混凝土抗氯离子渗透能力造成的负面影响；③在压应力作用下，掺入 1％钢纤维的混凝土试件 SFRC50-1 在 0～5mm 深度处的氯离子浓度仅略低于未加载时的浓度，这主要是由于纤维在压应力下对混凝土试件抗渗透能力影响较小。

3. 电化学方法——EIS（electrochemical impedance spectroscopy）

对于配筋钢纤维混凝土试件，采用电化学交流阻抗谱（EIS）研究钢纤维的掺入对钢筋锈蚀的影响。

从电化学工作站得出配筋混凝土的 Nyquist 图，分析 EIS 数据，画出与试验相关的等效电路图（图 4.4.5-6），其中 R_C、Q_C 代表混凝土层的电阻和电容（由于钢筋表面的不均一性和混凝土层的多相结构，因此用一个 CPE 恒相角元件来模拟钢筋/混凝土界面的双电层，一般用 $Y_{NF} = Y_0 \omega^n \cdot (\cos n\pi/2 + j\sin n\pi/2)$ 表示，这种现象就是弥散效应，其中 n 表示弥散效应的程度），R_{Ct} 是电荷转移电阻，Q 表示钢筋界面双电层的常相角元件。图 4.4.5-6 中（a）、（b）分别代表配筋混凝土浸泡前后的两种腐蚀状态的等效电路图，两者之间唯一的差别是后者增加一个元件：Warburg（W）阻抗。

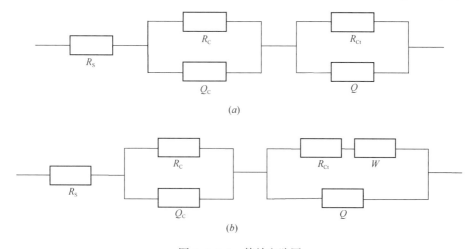

图 4.4.5-6　等效电路图

图 4.4.5-7，图 4.4.5-8 为不同强度等级、不同配筋率的混凝土试件在加载浸泡 90d 前后的钢筋电荷转移电阻 R_{Ct}，其通过软件 ZSimpWin 拟合处理得出。

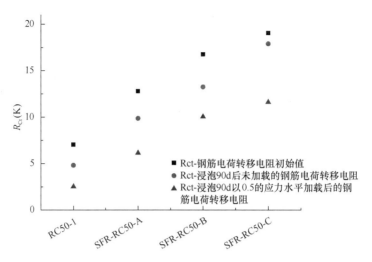

图 4.4.5-7　钢纤维掺量对强度等级为 C50 配筋混凝土的影响

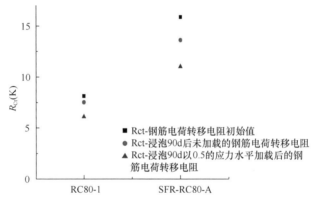

图 4.4.5-8　钢纤维掺量对强度等级 C80 配筋混凝土的影响

　　从图 4.4.5-7 及图 4.4.5-8 可以得出：①不同强度等级的配筋钢纤维混凝土的 R_{ct} 均随钢纤维掺量的增加而提高，电荷转移电阻 R_{ct} 的提高，表明钢筋的钝态破坏被延迟，进入活性腐蚀状态也被延迟，钢纤维对氯离子的侵入起到了一定的阻碍作用，很好地保护了钢筋不被很快腐蚀；②荷载与氯盐浸泡耦合作用下，配筋钢纤维混凝土中的 R_{ct} 下降的速度要低于钢筋混凝土中 R_{ct} 的下降速度，这说明钢纤维在其中起到了阻裂的作用，分担了一部分荷载和氯离子，导致氯离子传输到钢筋上的浓度减少，这样电荷转移电阻 R_{ct} 的降低就很少；③混凝土基体的强度越高，基体越密实，掺入钢纤维对其电荷转移电阻 R_{ct} 的影响程度更大。

本章参考文献

［1］　Pierre-Claude Aitcin. Cement of yesterday and today concrete of tomorrow［J］. Cement and Concrete Research，2000，30：1349-1359.

［2］　吴中伟，连慧珍. 高性能混凝土［M］. 北京：中国铁道出版社，1999.

［3］　金伟良，赵羽习. 混凝土结构耐久性［M］. 北京：科学出版社，2002.

［4］　牛狄涛. 混凝土结构耐久性与寿命预测［M］. 北京：科学出版社，2003.

［5］　毛新奇，王晓刚，赵铁军. 绿色高性能混凝土［J］. 粉煤灰综合利用，2003，(4)：46-49.

［6］　赵国藩，彭少民，黄承逵. 钢纤维混凝土结构［M］. 北京：中国建筑工业出版社，1999.

［7］　赵国藩，黄承逵. 纤维混凝土的研究与应用［M］. 大连：大连理工大学出版社，1992.

［8］　樊承谋，赵景海，程龙保. 钢纤维混凝土应用技术［M］. 哈尔滨：黑龙江科学技术出版社，1986.

［9］　杨萌. 钢纤维高强混凝土增强、增韧机理及基于韧性的设计方法研究［D］. 大连：大连理工大学，2006.

［10］　沈荣熹，王璋水，崔玉忠. 纤维增强水泥与纤维增强混凝土［M］. 北京：化学工业出版社，2006.

［11］　郝潍钫. 新型钢纤维混凝土力学性能的试验研究［D］. 大连：大连理工大学，2009.

［12］　赵景海，程龙保. 钢纤维混凝土设计与施工［M］. 哈尔滨：黑龙江科学技术出版社，1988.

［13］　中国工程建设标准化协会. 纤维混凝土试验方法标准：CECS 13：2009［S］. 北京：中国计划出版社，2010.

［14］　中国工程建设标准化协会. 纤维混凝土结构设计与施工规程：CECS 38：2004［S］. 北京：中国计划出版社，2005.

［15］　Yin G F. Application of SFRC in high-rise building load-bearing Structure. Proceeding of the International Conference on Fiber Reinforced Concrete，Guangzhou，1997.

［16］　张忠刚，唐昆仑. 钢纤维混凝土在建筑工程中的应用［C］. 全国第 4 届纤维水泥与纤维混凝土学术会议，南京，1992.

［17］　蒋永生. 钢纤维混凝土在结构中应用研究综述［C］. 全国第 4 届纤维水泥与纤维混凝土学术会议，南京，1992.

［18］　高润德，张远曙，杨松玲. 高性能钢纤维硅粉混凝土在三峡临时船闸项目中的施工试验及施工［C］. 第 7 届纤维水泥与纤维混凝土学术会议，北京，1998.

［19］　陈渊召，李振霞，石凤鸣. 桥面抢修用超快硬超短钢纤维混凝土研究［J］. 建筑技术开发，2001，28(11)：22-23.

［20］　马芹永，朱群敏. 钢纤维混凝土在路面桥面工程中的应用［J］. 中国市政工程，2001，(2)：21-23.

［21］　周欣竹，郊建军，张弥. 钢纤维混凝土在秦岭隧道衬砌中的应用研究［J］. 北京交通大学学报，1998，22(4)：50-52.

［22］　罗章，李启月，凌同华. 钢纤维混凝土的工程应用研究［J］. 江西有色金属，2003，17(2)：12-15.

［23］　祁志，宋宏伟. 钢纤维混凝土在地下工程中的应用与展望［J］. 混凝土，2003，14(11)：48-50.

［24］　Guan L Q，Zhao G F. A study of the mechanism of fiber reinforcement in short steel fibers concrete，development in fiber reinforced cement and concrete［C］. RILEM Symposium. Vol. 2. 1986.

［25］　姚琎，蒲心成. 混凝土学［M］. 北京：中国建筑工业出版社. 1981：76.

［26］　Naaman A E. A fracture model for fiber reinforced cementitious materials［J］. Cement and

Concrete Research，1973，3：397-411.

[27] Wecharatana M，Shah S P. Double tension test for studying slow crack growth of portland cement mortar [J]. Cement and Concrete Research，1980，10(5)：832-844.

[28] 朱海堂，高丹盈，张启明，等. 碳化环境下钢纤维混凝土基本性能试验研究 [J]. 郑州大学学报，2005(3)：5-8.

[29] 谢晓鹏，高丹盈，赵军. 碳化作用下钢纤维混凝土力学性能的试验研究 [J]. 混凝土，2006(3)：43-45.

[30] 谢晓鹏. 钢纤维混凝土冻融和碳化性能试验研究 [D]. 郑州：郑州大学，2004.

[31] Kosa K，Naaman A E. Corrosion of steel fiber reinforced concrete [J]. ACI Materials Journal，1990，87(1)：27-37.

[32] 赵鹏飞，毕巧巍，杨兆鹏. 混杂粗纤维轻骨料混凝土的力学性能及耐久性的试验研究 [J]. 硅酸盐学报，2008(8)：852-856.

[33] 田倩，孙伟. 高性能水泥基复合材料抗冻性能的研究 [J]. 混凝土与水泥制品，1997(1)：12-15.

[34] BaiM，Niu D T，Wu X. Experiment study on the chloride penetration of steel fiber reinforced concrete [J]. Advanced Materials Research，2009，79-82：1771-1774.

[35] Amr S，El-Dieb. Mechanical，durability and microstructural characteristics of ultra-high-strength self-compacting concrete incorporating steel fibers [J]. Materials and Design，2009，30：4286-4292.

[36] 慕儒. 冻融循环与外部弯曲应力、盐溶液复合作用下混凝土的耐久性与寿命预测 [D]. 南京：东南大学，2000.

[37] Charron J P，Denarié E，Brühwiler E. Transport properties of water and glycol in an ultra high performance fiber reinforced concrete（UHPFRC）under high tensile deformation [J]. Cement and Concrete Research，2008，38：689-698.

[38] Charron J P，DenariéE，Brühwiler E. Permeability of ultra high performance fiber reinforced concretes（UHPFRC）under high stresses [J]. Materials and Structures，2007，40：269-277.

[39] Aldea C M，Shah S P，Karr A. Permeability of cracked concrete [J]. Materials and Structures，1999，32：370-376.

[40] Sanjuan M A. Effect of low modulus sisal and polypropylene fiber on the free and restrained shrinkage of mortars at early age [J]. Cement and Concrete Research，1999，29：1597-1604.

[41] Shah S P，Ouyang C S，Marikunte S，Yang W，Becq-Giraudon E. A method to predict shrinkage cracking of concrete [J]. ACI Materials Journal，1998，95(4)：339-346.

[42] American Society for Testing and Materials. Standard Test Method for Evaluating Plastic Shrinkage Cracking of Restrained Fiber Reinforced Concrete ASTM C1579-06 [S]. America，2006.

[43] 中华人民共和国住房和城乡建设部. 普通混凝土长期性能和耐久性能试验方法标准 GB/T 50082—2009 [S]. 北京：中国建筑工业出版社，2009.

[44] 冷发光，田冠飞. 混凝土抗氯离子渗透性试验方法 [J]. 东南大学学报（自然科学版），2006（36Ⅱ）：32-38.

[45] 胡融刚. 钢筋/混凝土体系腐蚀过程的电化学研究[D]. 厦门：厦门大学，2004.

[46] Popovics J S. NDE techniques for concrete and masonry structures [J]. Progress in Structural

Engineering and Materials，2003，5(2)：49-59.

[47] Idrissia H，Limamb．A Study and characterization by acoustic emission and electrochemical measurements of Concrete deterioration caused by reinforcement steel corrosion［J］．NDT&E International，2003，36：563-569.

[48] Yeih W，Huang R．Detection of the corrosion damage in reinforced concrete members by untrasonic testing［J］．Cement and Concrete Research，1998，28(7)：1071-1083.

[49] Liang M T，Su P J．Detection of the corrosion damage of rebar in concrete using impact-echo method［J］．Cement and Concrete Research，2001，31：1427-1436.

[50] Makar J，Desnoyers R．Magnetic field techniques for the inspection of steel under concrete cover［J］．NDT&E International，2001，34：445-456.

[51] Elsener B，Macrocell．Corrosion of steel in concrete-implications for corrosion monitoring［J］．Cement and Concrete Composites 2002，24(1)：65-72.

[52] 张伟平，张誉，刘亚芹．混凝土中钢筋锈蚀的电化学检测方法［J］．工业建筑，1998，28(12)：21-26.

[53] Dhouibi L，Triki A，Raharinaivo．The application of electrochemical impedance spectroscopy to determine the long-term effectiveness of corrosion inhibitors for steel in concrete［J］．Cementand Concrete Composites，2002，24：35-43.

[54] 史美伦，刘俊彦，吴科如．混凝土中钢筋锈蚀机理研究的交流阻抗方法［J］．建筑材料学报，1998(1)：206-209.

第 5 章
荷载与氯盐环境因素耦合作用下高性能与超高性能钢纤维增强水泥基复合材料的服役寿命预测

5.1　基于氯离子扩散理论的 SFRCC 寿命预测模型

5.1.1　混凝土服役寿命的构成

混凝土的服役寿命是指混凝土结构从建成使用到开始结构失效的时间过程。考虑氯盐侵蚀环境下钢筋混凝土结构的服役寿命时，许多文献[1-2]将其分成 3 个阶段，如图 5.1.1 所示，即混凝土的服役寿命公式为：

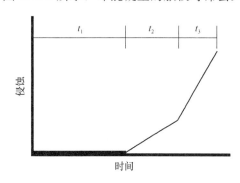

图 5.1.1　混凝土的服役寿命构成

$$t = t_1 + t_2 + t_3 \qquad (5.1.1)$$

式中 t 为混凝土的服役寿命，t_1、t_2、t_3 分别为诱导期，发展期和失效期，所谓诱导期是指暴露一侧混凝土内钢筋表面氯离子浓度达到临界氯离子浓度所需的时间，发展期是指从钢筋表面钝化膜破坏到混凝土保护层发生开裂所需的时间，失效期是指从混凝土保护层开裂到混凝土结构失效所需的时间。自 20 世纪 80 年代以来，国内外关于混凝土使用寿命的研究主要集中于诱导期的预测，对发展期和失效期的研究报道很少，一般是将发展期和失效期作为使用寿命的安全储备对待。同样将诱导期作为配筋钢纤维混凝土结构的服役寿命。因此，掌握氯离子在钢纤维混凝土中的传输规律是进行寿命预测的关键。

5.1.2　弯曲荷载作用下钢纤维混凝土氯离子扩散理论模型

1. Fick 第二扩散定律

1997 年 Hooton 等指出，当混凝土暴露到氯盐环境时，氯离子进入混凝土内部的传输机制至少有 6 种[3]：吸附、扩散、结合、渗透、毛细作用和弥散等。其中，扩散、毛细作用和渗透是主要的 3 种传输方式，扩散是由氯离子浓度梯度引起的，毛细作用是指氯离子随水一起通过连通毛细孔向内部迁移，渗透是在压力作用下氯离子随水一起进入混凝土内部。此外，在传输过程中混凝土材料对氯离子的吸附和结合作用是不容忽视的，研究者习惯将这两种作用统称为混凝土的氯离子结合能力。为了简单起见，一般将混凝土中的各种氯离子传输机制总体上归纳为"表观扩散"。

　　1970 年 Collepardi 等[4]最先提出用 Fick 第二扩散定律来描述氯离子在混凝土中的表观扩散行为：

$$\frac{\partial c(x,t)}{\partial t} = D\frac{\partial^2 c(x,t)}{\partial x^2} \tag{5.1.2-1}$$

式中：t——时间；

　　　　x——距混凝土表面的距离；

　　　　D——氯离子扩散系数；

$c(x,t)$——浸泡时间 t 后距混凝土表面 x 处的氯离子浓度。

　　当初始条件为：$t=0$，$x>0$ 时，$c=c_0$；边界条件为：$x=0$，$t>0$ 时，$c=c_s$，可以得到解析解：

$$c(x,t) = c_0 + (c_s - c_0)\left(1 - \mathrm{erf}\frac{x}{2\sqrt{Dt}}\right) \tag{5.1.2-2}$$

式中：c_0——混凝土内的初始氯离子浓度；

　　　　c_s——混凝土暴露表面的氯离子浓度，一般认为等于暴露环境介质的氯离子
　　　　　　　浓度；

　　　　erf——误差函数：

$$\mathrm{erf}(x) = \frac{2}{\sqrt{\pi}}\int_0^x e^{-\eta^2}\,\mathrm{d}\eta \tag{5.1.2-3}$$

　　当氯离子扩散系数一定时，可以通过式（5.1.2-2）预测混凝土内的氯离子浓度分布，当钢筋表面处的氯离子浓度达到钢筋锈蚀的临界浓度时，混凝土结构中钢筋锈蚀的诱导期结束，钢筋表面氯离子浓度达到临界浓度所需的时间就是钢筋混凝土结构的服役寿命。

　　然而，Fick 第二扩散定律是基于一维的半无限大介质，并假设氯离子扩散系数是一个常数，考虑的条件过于简单和理想化，而混凝土是非均质材料，氯离子在混凝土中的扩散系数是随龄期不断衰减的；此外，混凝土在荷载、环境和气候等条件作用下产生的结构微裂缝对氯离子扩散有加速作用。因此，用 Fick 第二扩散定律预测实际混凝土在氯盐环境下的服役寿命并不可靠，必须对氯离子扩散系数进行修正。

2. Fick 第二扩散定律的修正

1）氯离子扩散系数的确定方法

　　氯离子在普通混凝土中的传输特性一直是人们研究的重点，水灰比、矿物掺合料等因素对氯离子扩散的影响已经得到了较为成熟的结论。然而钢纤维混凝土中氯离子的传输行为却鲜见报道[5]。这主要是因为钢纤维的比表面积远远大于钢筋，在氯盐环境中，除了表面几毫米内的钢纤维会发生锈蚀外，混凝土内部的钢纤维不存在因氯离

子引起的锈蚀问题。然而，对于配筋钢纤维混凝土结构，氯离子仍然会通过混凝土到达钢筋表面，引起钢筋锈蚀，因此，研究氯离子在钢纤维混凝土中的传输规律是十分必要的。

（1）C50、C80 混凝土氯离子扩散系数的确定方法

普通混凝土是由水泥浆体与粗细骨料组成的复合材料，氯离子扩散主要发生在水泥浆体中。可以暂时将钢纤维看作一种特殊的集料，在不考虑荷载的情况下，若已知氯离子在水泥浆体中的扩散系数 D_p，则混凝土的氯离子扩散系数可由式（5.1.2-4）得到：

$$D_c = D_p \cdot V_p \tag{5.1.2-4}$$

式中：D_c——氯离子在混凝土中的扩散系数；

V_p——混凝土中水泥净浆的体积分数，可以由混凝土的配合比计算得到。

实际上，混凝土并不是简单的两相材料，在水泥浆体与集料结合的界面，还存在过渡区。虽然过渡区中的化学成分与水泥浆体中的基本相同，但其结构和性质却与水泥浆本体有所不同。由于在新拌混凝土中骨料颗粒表面吸附了一层几微米厚的水膜，使得界面过渡区的水灰比大于水泥浆体本体。此外，氢氧化钙、钙矾石等晶体物质也容易在界面过渡区内富集与定向生长，在这种高水灰比的水膜中，晶体生长所受限制较小，其晶体尺寸要比在水泥浆本体中所形成的晶体大，因而晶体所形成骨架结构中的孔隙也比水泥浆本体中的孔隙多，即与水泥浆本体相比，界面过渡区的孔隙率更高，孔的直径通常也更大。这些条件都十分有利于氯离子的传输，因此氯离子在过渡区中的扩散系数要高于在水泥浆体中的扩散系数。

为了反映界面过渡区对氯离子传输的影响，引入界面过渡区影响因子 kITZ（kITZ＞1），混凝土的氯离子扩散系数方程修正为：

$$D_c^* = D_p \cdot V_p \cdot k_{ITZ} \tag{5.1.2-5}$$

根据有效介质理论的相关知识，水泥净浆中氯离子的扩散系数可以通过式（5.1.2-6）[5]计算：

$$D_p = D_{Cl} \cdot \phi \cdot \frac{\delta}{\tau^2} \tag{5.1.2-6}$$

D_{Cl} 是氯离子在大体积溶液中的扩散系数，25℃时其值为 $2.03 \times 10^{-9}\,\mathrm{m^2/s}$。$\phi$ 是水泥净浆的孔隙率，δ 和 τ 是反映孔结构对扩散影响的参数，δ 为紧缩度因子，反映孔隙的连通程度及氯离子与孔壁间的相互作用，主要与水泥浆体中孔的尺寸有关；τ 为曲折度因子，反映了氯离子在水泥浆体中传输路径的曲折程度，通常与孔隙率成反比。水泥净浆中的紧缩度因子 δ 和曲折度因子 τ 可以用式（5.1.2-7）和式（5.1.2-8）表示：

$$\delta = 0.395\tanh\{4.0[\lg(r_{cp}^{peak}) + 6.2]\} + 0.405 \tag{5.1.2-7}$$

$$\tau = -1.5\tanh[8.0(\phi - 0.25)] + 2.5 \tag{5.1.2-8}$$

式中，r_{cp}^{peak} 是毛细孔的峰值半径，紧缩度因子 δ 与 r_{cp}^{peak} 的关系见图 5.1.2-1，曲折度因子 τ 与孔隙率 ϕ 的关系见图 5.1.2-2。

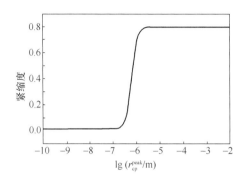

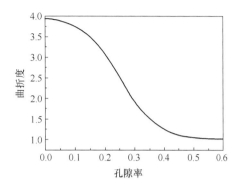

图 5.1.2-1　收缩度 δ 与毛细孔的峰值半径关系　　图 5.1.2-2　曲折度 τ 与孔隙率关系图

将式（5.1.2-6）代入式（5.1.2-5），得：

$$D_c^* = D_{Cl} \cdot \phi \cdot \frac{\delta}{\tau^2} \cdot V_p \cdot k_{ITZ} \tag{5.1.2-9}$$

（2）UHPFRCC 氯离子扩散系数的确定方法

UHPFRCC 具有极其均匀致密的微观结构，材料中不含粗骨料，基体界面过渡区消失，因此可以与计算氯离子在水泥净浆中的扩散系数一样，氯离子在 UHP-FRCC 中的扩散系数同样可以根据有效介质理论用式（5.1.2-10）表示：

$$D_U = D_{Cl} \cdot \phi \cdot \frac{\delta}{\tau^2} \tag{5.1.2-10}$$

式中各参数的含义与上节中一致，紧缩度因子 δ 和曲折度因子 τ 的计算公式也相同。

需要指出的是，无论是普通混凝土还是 UHPFRCC 的孔结构都是随时间不断变化的，本项目中孔结构的测试龄期为 90d，而由此计算出的氯离子扩散系数是混凝土 90d 时的扩散系数值，并不能将该值简单地带入 Fick 第二定律的方程中求解。

2）氯离子扩散系数的时间依赖性问题

实际上，混凝土是一种水硬性材料，其水化过程需要很长时间才能完成。混凝土的成熟度（水化程度）对于氯离子的扩散存在很大的影响，水化越充分，混凝土内部越密实，混凝土抗侵蚀能力就越强。因此，随着时间的延长，氯离子在混凝土中的扩散系数不是一成不变的，而是时间的函数。

Takewake 和 Mastumoto[6] 于 1988 年首先提出了氯离子扩散系数随时间衰减的经验公式，认为扩散系数正比于 $t^{-0.1}$。1994 年，Mangat 和 Molloy[7] 提出了随时间减小的扩散系数表达式：

$$D_t = D_i t^{-n} \tag{5.1.2-11}$$

式中，D_i 为 t 等于 1 个时间单位时的有效氯离子扩散系数，n 是时间依赖系数，该公式的缺陷在于这两个参数均需通过大量试验数据分析拟合得出。因此，1999 年 Thomas 等[8] 改用下式表示扩散系数的时间依赖性：

$$D_t = D_0 \left(\frac{t_0}{t}\right)^n \tag{5.1.2-12}$$

式中，D_0 是龄期为 t_0 的混凝土的氯离子扩散系数，D_t 是龄期为 t 的混凝土的氯离子扩散系数。式（5.1.2-12）和式（5.1.2-11）实质上是一样的，其 n 的意义相同。相比较而言，D_0 这一参数意义更为明确，也容易测量，因而 Thomas 公式更加实用。考虑到氯离子扩散系数不可能无限地衰减下去，式（5.1.2-12）中混凝土的龄期 t 最高为 25 年[8]，此后混凝土的扩散系数不再变化。

根据孔结构参数计算出混凝土 90d 的氯离子扩散系数，取 $t_0 = 90$d，则：

$$D_0 = D_c^* = D_{Cl} \cdot \phi \cdot \frac{\delta}{\tau^2} \cdot V_p \cdot k_{ITZ}$$

$$D_0 = D_U = D_{Cl} \cdot \phi \cdot \frac{\delta}{\tau^2}$$

$$(5.1.2\text{-}13)$$

3）混凝土的非均匀性问题

众所周知，混凝土是一种典型的非均匀性材料，但是在扩散理论体系中，要求材料必须满足均匀性假设。混凝土在制造和使用过程中，一旦内部产生微裂纹和缺陷等结构损伤劣化现象，必然会加速氯离子在混凝土中的扩散。

混凝土结构产生内部缺陷的原因主要来自 3 个方面：①环境和气候作用，如温度裂缝、干燥收缩、碳化收缩、冻融破坏、腐蚀膨胀与开裂等；②荷载作用；③混凝土自身的劣化作用，如碱骨料反应和自收缩产生的裂缝，对于高性能混凝土，其干燥收缩和自收缩更加明显。在运用 Fick 扩散定律描述实际使用过程中含结构缺陷的非均匀性混凝土的氯离子扩散现象时，为了保证材料的均匀性假设，必须采用一个等效于均匀性假设的自由氯离子扩散系数 D_f 代替原有的扩散系数 D_t，非均匀性混凝土的自由氯离子扩散系数 D_f 可用公式（5.1.2-14）表示：

$$D_f = D_t \cdot k_m \cdot k_y$$

$$(5.1.2\text{-}14)$$

式中，k_m 反映了混凝土由于自身原因和环境作用产生的损伤劣化，是混凝土的材料劣化因子，k_y 反映了应力对氯离子扩散系数的影响，本项目考虑弯拉应力，因此 k_y 是拉应力下扩散系数的应力加速因子。

将式（5.1.2-12）代入式（5.1.2-14）得：

$$D_f = D_0 \cdot k_m \cdot k_y \cdot \left(\frac{t_0}{t}\right)^n$$

$$(5.1.2\text{-}15)$$

4）混凝土的氯离子结合能力问题

对氯离子在混凝土的扩散过程中，"假设混凝土的氯离子结合能力为 0"肯定是不对的，这已经被大量的研究所证实。在混凝土中，总氯离子浓度由自由氯离子浓度和结合氯离子浓度构成，其中，只有自由氯离子才能导致钢筋表面的钝化膜破坏、并造成钢筋锈蚀。以上模型的推导中未考虑混凝土的氯离子结合能力，计算出的扩散系数是自由氯离子的扩散系数。根据混凝土的实际情况，考虑氯离子结合能力时，Fick 第二定律的表达形式也要相应改变，推导过程如下。

设在深度 x 处的自由氯离子浓度为 c_f，自由氯离子扩散系数为 D_f，根据 Fick 第一扩散定律，扩散通量 J 为：

$$J = -D_f \frac{\partial c_f}{\partial x} \qquad (5.1.2\text{-}16)$$

根据渗入混凝土中的氯离子质量守恒，有：

$$\frac{\partial c_t}{\partial t} = -\frac{\partial J}{\partial x} \qquad (5.1.2\text{-}17)$$

其中 c_t 为深度 x 处的总氯离子浓度。将式（5.1.2-14）代入式（5.1.2-15），基于混凝土的均匀性假设，其扩散系数处处相等，即 D_f 与深度 x 无关，得到：

$$\frac{\partial c_t}{\partial t} = D_f \frac{\partial^2 c_f}{\partial x^2} \qquad (5.1.2\text{-}18)$$

混凝土中的总氯离子浓度 c_t 与结合氯离子浓度 c_b 和自由氯离子浓度 c_f 之间的关系为：

$$c_t = c_b + c_f \qquad (5.1.2\text{-}19)$$

因此，有：

$$\frac{\partial c_t}{\partial t} = \frac{\partial c_b}{\partial t} + \frac{\partial c_f}{\partial t} = \frac{\partial c_f}{\partial t}\left(1 + \frac{\partial c_b}{\partial c_f}\right) \qquad (5.1.2\text{-}20)$$

将式（5.1.2-20）代入式（5.1.2-18），经过整理，得：

$$\frac{\partial c_f}{\partial t} = \frac{D_f}{1 + \dfrac{\partial c_b}{\partial c_f}} \frac{\partial^2 c_f}{\partial x^2} \qquad (5.1.2\text{-}21)$$

定义氯离子结合能力 R 为：

$$R = \frac{\partial c_b}{\partial c_f} \qquad (5.1.2\text{-}22)$$

等效氯离子扩散系数：

$$D_e = \frac{D_f}{1 + R} \qquad (5.1.2\text{-}23)$$

将式（5.1.2-23）代入式（5.1.2-21），得到修正后的 Fick 第二扩散定律：

$$\frac{\partial c_f}{\partial t} = D_e \frac{\partial^2 c_f}{\partial x^2} \qquad (5.1.2\text{-}24)$$

在 Fick 第二定律的解析解中，扩散系数是一个常数，然而修正后的氯离子扩散系数是时间的函数。将式（5.1.2-15）代入式（5.1.2-23）得：

$$D_e = \frac{D_0 \cdot k_m \cdot k_y}{1 + R} \cdot \left(\frac{t_0}{t}\right)^n \qquad (5.1.2\text{-}25)$$

简单起见，令：

$$D_0^* = \frac{D_0 \cdot k_m \cdot k_y}{1 + R} \qquad (5.1.2\text{-}26)$$

则：

$$D_e = D_0^* \cdot \left(\frac{t_0}{t}\right)^n \qquad (5.1.2\text{-}27)$$

D_0^* 相当于综合考虑各种因素后，混凝土在龄期 t_0 时的扩散系数。

在利用 Fick 第二定律进行寿命预测的时候，不能简单地将扩散系数当作常数，用某一时刻的扩散系数值代表混凝土整个服役过程中的氯离子扩散系数。为了解决这一问题，引入表观氯离子扩散系数 D_a 的概念，并定义为：

$$D_a = \frac{\int D_e \, dt}{t} \tag{5.1.2-28}$$

这一处理方式从数学上解决了氯离子扩散系数的时间依赖性问题，然而需要注意的是积分上下限的选取。目前较为常见的是选取区间 $0 \to t$，即认为混凝土从成型结束开始接触氯盐环境，这是一种近似的简化处理，然而不管是实际工程还是实验室中进行的氯盐浸泡试验，混凝土都需养护至一定的龄期才开始接触氯离子环境，由于氯离子扩散系数是随时间不断衰减的，因此与实际情况相比，这种处理方式得到的表观氯离子扩散系数偏大。

为了真实地反映氯离子在混凝土中的传输特性，得到尽可能准确的表观氯离子扩散系数，借鉴 Tang[9] 对氯离子扩散系数的处理方式，将表观氯离子扩散系数定义如下：

$$D_a = \frac{\int_{t_s}^{t_s+t_d} D_e \, dt}{t_d} \tag{5.1.2-29}$$

式中，t_s 是混凝土开始接触氯盐环境时的龄期，t_d 是混凝土在氯盐溶液中浸泡的持续时间。由表观氯离子浓度的定义可以看出，对混凝土进行氯离子浸泡试验，根据其水溶性氯离子浓度分布利用 Fick 第二定律解出的扩散系数实际上正是表观氯离子扩散系数。

将式（5.1.2-27）代入式（5.1.2-29），得：

$$D_a = \frac{D_0^*}{(1-n)} \cdot \left[\left(1+\frac{t_s}{t_d}\right)^{1-n} - \left(\frac{t_s}{t_d}\right)^{1-n} \right] \cdot \left(\frac{t_0}{t_d}\right)^n \tag{5.1.2-30}$$

确定各个参数的取值后，就可以根据式（5.1.2-26）计算出浸泡一定时间后混凝土的表观氯离子扩散系数，进而根据 Fick 第二定律的解析解预测氯离子在混凝土中的分布情况，为寿命预测提供依据。

5.2 预测模型中参数的确定

5.2.1 时间依赖系数

从理论上讲，时间依赖系数 n 主要是混凝土内水泥和活性掺合料的长期水化作用对于结构的密实效应在氯离子扩散性能上的综合反映。

关于混凝土氯离子扩散系数的时间依赖系数 n，要获得准确的数值，需要对混凝土试件进行长期浸泡，结合大量的试验数据确定其取值，由于项目时间有限，混凝土的浸泡时间较短，时间依赖系数 n 的取值主要参考文献报道。

Thomas 等[8]的研究结果表明：$W/C=0.66$ 的 OPC 在 8d 内 n 值为 0.10，$W/B=0.54$ 的掺加 30%FA 混凝土 8a 内 n 值为 0.70，$W/B=0.48$ 的掺加 70%SG 混凝土 8a 内 n 值为 1.20。Mangat 等[7]发现：对于 OPC，当 $W/C=0.4$ 时 3a 内 n 值为 0.44，当 $W/C=0.45$ 时 270d 内 n 值为 0.47；当采用粉煤灰取代一部分水泥作为胶凝材料时，当掺加 26%FA、水胶比 $W/B=0.4$ 粉煤灰混凝土 3a 内 n 值为 0.86，当掺加 25%FA、$W/B=0.58$ 时 270d 内 n 值为 1.34；当采用磨细矿渣取代一部分水泥作为胶凝材料时，当掺加 60%SG、$W/B=0.58$ 矿渣混凝土 270d 内 n 值为 1.23；当采用硅灰取代一部分水泥作为胶凝材料制备的硅灰混凝土，当掺加 15%SF、$W/B=0.58$ 时 270d 内 n 值为 1.13。Stanish 等[10]的研究结果表明：对于 $W/C=0.5$ 的 OPC，4a 内 n 值为 0.32；掺加 25% 和 56%FA 后混凝土的 n 值分别为 0.66 和 0.79。Bamforth[11]结合自己的研究结果，综合分析了文献中发表的 30 多项研究数据，建议 OPC、掺加 30%～50%FA 的混凝土和掺加 50%～70%SG 的 n 值分别取 0.264、0.70 和 0.62。

需要说明的是：对于掺入活性掺合料的混凝土而言，水胶比 W/B 是指单位体积混凝土中拌合水用量除以水泥和活性掺合料用量之和的比值。其水灰比 W/C 的计算值将大于 W/B。

上述众多文献的最长 8a 内的试验结果表明，水灰比越大，n 值越大；混凝土掺加活性掺合料后，n 值越大；随着活性掺合料掺量的增大，n 值增大的趋势越明显。

Mangat 等[7]总结不同配比的 n 的取值规律，提出 n 值与混凝土的水灰比 W/C 有线性关系（而非水胶比）：

$$n = 2.5W/C - 0.6 \tag{5.2.1}$$

本项目中参考 Mangat 等总结的规律，利用式（5.2.1）计算出不同混凝土的 n 值，结果见表 5.2.1。

不同混凝土 n 的取值　　　　　　　表 5.2.1

	C50	C80	UHPFRCC100	UHPFRCC150	UHPFRCC200
W/C	0.50	0.38	0.34	0.32	0.30
n	0.65	0.35	0.25	0.20	0.15

5.2.2　孔结构参数

孔结构参数中需要确定的有龄期 90d 的水泥净浆和 UHPFRCC 的孔隙率、曲折度和紧缩度，其中曲折度是孔隙率的函数，而紧缩度则与毛细孔的峰值半径有关，因此最终需要确定的是孔隙率和毛细孔的峰值半径。

对于 C50、C80 强度等级的混凝土，其基体中胶凝材料硬化浆体的孔隙率 ϕ（%）

和毛细孔峰值半径 r_{cp}^{peak} 可以通过压汞试验测得，代入式（5.1.2-7）和式（5.1.2-8）可以计算出紧缩度因子 δ 和曲折度因子 τ。UHPFRCC 基体中胶凝材料硬化浆体的孔隙率同样可以通过压汞试验得出，据此计算曲折度因子 τ，但由于 UHPFRCC 不存在毛细孔，因此紧缩度 δ 可取最小值 0.01。90d 龄期的孔结构参数见表 5.2.2。

孔结构参数   表 5.2.2

	ϕ（%）	r_{cp}^{peak}（nm）	δ	τ
C50-HCMP	37	45	0.01	1.38
C80-HCMP	11	17	0.01	3.71
UHPFRCC100-HCMP	2.68	—	0.01	3.92
UHPFRCC150-HCMP	1.98	—	0.01	3.93
UHPFRCC200-HCMP	1.66	—	0.01	3.93

5.2.3 氯离子结合能力

根据式（5.1.2-17），混凝土中的总氯离子浓度 c_t 与结合氯离子浓度 c_b 和自由氯离子浓度 c_f 之间的关系为：

$$c_t = c_b + c_f \tag{5.2.3-1}$$

代入式（5.1.2-22），得氯离子结合能力：

$$R = \frac{\partial c_b}{\partial c_f} = \frac{\partial(c_t - c_f)}{\partial c_f} = \frac{\partial c_t}{\partial c_f} - 1 \tag{5.2.3-2}$$

由水溶性氯离子浓度测定和总氯离子浓度测定可以分别得到 c_f 和 c_t，根据式（5.2.3-2）计算得出混凝土的氯离子结合能力结果见表 5.2.3。

不同混凝土的氯离子结合能力   表 5.2.3

	C50	C80	UHPFRCC100	UHPFRCC150	UHPFRCC200
R	0.50	0.40	0.38	0.37	0.35

5.2.4 界面过渡区影响因子 k_{ITZ}

氯离子扩散模型中有几个重要的修正因子，材料劣化因子 k_m 和应力加速因子 k_y，对于 C50、C80 强度等级的混凝土还包括界面过渡区影响因子 k_{ITZ}。这几个修正因子都需要由混凝土的氯离子浸泡试验确定。由于 C80 混凝土和 UHPFRCC 的水灰比极低，且都掺加了一定量的硅灰，结构十分致密，氯离子扩散系数较小，当浸泡时间较短时，由环境渗透到混凝土内部的氯离子几乎仍停留在表层的 $0 \sim 5mm$ 处，因此无法根据氯离子浓度分布由 Fick 第二定律求出表观氯离子扩散系数，也就难以确定这几个修正因子的取值。在此，近似认为这几个修正因子与混凝土强度等级无关。

这种处理方式虽然存在一定误差，但考虑到 C80 混凝土的界面过渡区厚度小于 C50 混凝土，基体与骨料的粘结也优于 C50 混凝土，因此界面过渡区对混凝土扩散系数的影响要小于 C50 混凝土；同样，C80 混凝土和 UHPFRCC 的基体对纤维的粘结优于 C50 混凝土，纤维对于抑制早期裂缝的效果也就优于 C50 混凝土，同样在荷载作用下纤维的增韧阻裂效果也发挥得更好。将 C80 混凝土和 UHPFRCC 的参数取为与 C50 相同，实际上是对 C80 混凝土和 UHPFRCC 氯离子扩散系数的一种放大，因此在进行混凝土的服役寿命预测时，这可以看作是一种保守的处理方式，因此这种近似处理是合理的。

界面过渡区影响因子 k_{ITZ} 可以通过未加载的钢纤维掺量为 1.5% 的 C50 混凝土的水溶性氯离子测定试验算出。由试验测得的自由氯离子浓度分布可以计算出浸泡不同时间后混凝土的表观氯离子扩散系数 D_a，代入式（5.2.4-1）中可以计算出 90d 的扩散系数 D_0^*。

$$D_a = \frac{D_0^*}{(1-n)} \cdot \left[\left(1 + \frac{t_s}{t_d}\right)^{1-n} - \left(\frac{t_s}{t_d}\right)^{1-n} \right] \cdot \left(\frac{t_0}{t_d}\right)^n \tag{5.2.4-1}$$

式中，$n = 0.65$，$t_0 = t_s = 90$，t_d 是混凝土浸泡的时间，D_0^* 的具体结果见表 5.2.4-1。

C50-1.5% 混凝土的扩散系数结果　　表 5.2.4-1

浸泡时间 t_d (d)	t_0 (d)	t_s (d)	n	扩散系数 D （$\times 10^{-12}$m²/s）		
				D_a	D_0^*	平均值
60	90	90	0.65	1.97	2.35	
90	90	90	0.65	1.81	2.31	2.30
150	90	90	0.65	1.57	2.24	

$$D_0^* = \frac{D_0 \cdot k_m \cdot k_y}{1+R} \tag{5.2.4-2}$$

对于 C50 和 C80 混凝土，有：

$$D_0 = D_{Cl} \cdot \phi \cdot \frac{\delta}{\tau^2} \cdot V_p \cdot k_{ITZ} \tag{5.2.4-3}$$

当混凝土不承受荷载时，应力加速因子 $k_y = 1$。对于混凝土自身和环境作用引起的微裂缝，由于钢纤维可以抑制其萌生和扩展，当钢纤维掺量达到 1.5% 后，增韧阻裂效果可以得到良好的发挥，混凝土内只有极少微细裂纹产生，对扩散系数的影响可以忽略不计，因此材料劣化因子 $k_m = 1$。这样，式（5.1.2-13）、式（5.2.4-3）中只有一个未知量 k_{ITZ}，将各参数代入得 $k_{ITZ} = 2.4$。各参数的取值和界面过渡区影响因子 k_{ITZ} 的计算结果详见表 5.2.4-2。

各参数的取值和界面过渡区影响因子 k_{ITZ} 的计算结果　　表 5.2.4-2

D_0^* （$\times 10^{-12}$m²/s）	D_{Cl} （$\times 10^{-9}$m²/s）	k_m	k_y	R	ϕ	δ	τ	V_p	k_{ITZ}
2.30	2.03	1	1	0.5	0.37	0.01	1.38	0.364	2.4

5.2.5 材料劣化因子 k_m

通过未加载试件的氯离子浓度分布算出 C50 基准混凝土、C50-0.25％和 C50-1％钢纤维混凝土的表观氯离子扩散系数 D_a，代入式（5.1.2-30）算出相应的 D_0^*。将 $k_{ITZ}=2.4$，$k_y=1$，$R=0.5$，孔结构参数和不同配合比对应的 V_p 分别代入式（5.1.2-24）可以算出不同混凝土的材料劣化因子 k_m，结果见表 5.2.5。

材料劣化因子 k_m 的计算结果 　　　　　　　　　　　　　　　表 5.2.5

	D_0^*（$\times 10^{-12}\,\mathrm{m^2/s}$）	V_p（％）	k_m
C50	2.59	30.3	1.35
C50-0.25％	2.57	33.3	1.23
C50-1％	2.51	35.6	1.12
C50-1.5％	2.30	36.4	1

根据计算结果，拟合出材料劣化因子与钢纤维掺量（$0 \leqslant V_f \leqslant 1.5\%$）的关系，见式（5.2.5）及图 5.2.5。

$$k_m = 1.32187 - 21.3626 V_f \quad (0 \leqslant V_f \leqslant 1.5\%) \tag{5.2.5}$$

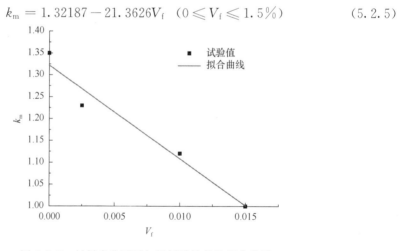

图 5.2.5　材料劣化因子与钢纤维掺量的拟合曲线

当钢纤维掺量超过 1.5％时，可以认为 $k_m=1$。对于普通钢纤维混凝土，纤维掺量通常控制在 2％以下，对于超高性能水泥基复合材料，钢纤维掺量可以达到 3％。当 $1.5\% \leqslant V_f \leqslant 3\%$ 时，均取 $k_m=1$。

5.2.6 应力加速因子 k_y

弯曲应力作用下，混凝土的受拉区裂纹萌生扩展，氯离子扩散系数明显高于未承受荷载的部位，氯离子扩散试验结果也充分证明了这一点。

混凝土的应力加速因子 k_y 可以通过加载混凝土受拉区的扩散系数与未加载混凝土的扩散系数之比确定，结果见表 5.2.6。

应力加速因子 k_y 结果　　　　　　　　　　　　　表 5.2.6

	浸泡时间	未加载	弯曲荷载受拉区	应力加速因子 k_y	
	t_d (d)	D_a (×10^{-12}m²/s)	D_a (×10^{-12}m²/s)		平均值
	60	2.18	3.32	1.52	
C50	90	2.05	3.07	1.50	1.51
	150	1.79	2.71	1.51	
	60	2.11	2.90	1.37	
C50-0.25%	90	2.05	2.59	1.26	1.30
	150	1.81	2.32	1.28	
	60	2.11	2.24	1.06	
C50-1%	90	1.93	2.21	1.15	1.09
	150	1.79	1.92	1.07	
	60	1.97	2.16	1.10	
C50-1.5%	90	1.81	2.86	1.03	1.07
	150	1.57	1.68	1.07	

对结果进行数据分析，拟合出弯曲应力水平为 0.5 时，应力加速因子与钢纤维体积掺量的函数关系如下，拟合结果见式（5.2.6）和图 5.2.6。

$$k_y = 1.057 + 0.4535e^{-V_f/0.0039} \tag{5.2.6}$$

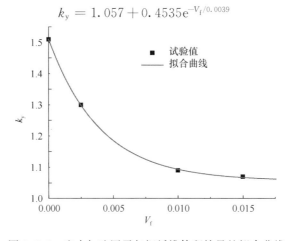

图 5.2.6　应力加速因子与钢纤维体积掺量的拟合曲线

5.2.7　小结

本节建立了钢纤维混凝土在弯曲荷载（应力水平为 0.5）作用下受拉区的氯离子扩散模型，现总结如下：

当初始条件为：$t=0$，$x>0$ 时，$c=c_0$；边界条件为：$x=0$，$t>0$ 时，$c=c_s$，混凝土内氯离子浓度可以用修正的 Fick 第二定律的解析解来进行预测：

$$c(x,t) = c_0 + (c_s - c_0)\left(1 - \mathrm{erf}\frac{x}{2\sqrt{D_a t}}\right) \tag{5.2.7}$$

其中，表观氯离子扩散系数可以用下式计算：

$$D_a = \frac{D_0^*}{(1-n)} \cdot \left[\left(1 + \frac{t_s}{t_d}\right)^{1-n} - \left(\frac{t_s}{t_d}\right)^{1-n}\right] \cdot \left(\frac{t_0}{t_d}\right)^n \tag{5.2.8}$$

$$D_0^* = \frac{D_0 \cdot k_m \cdot k_y}{1+R} \tag{5.2.9}$$

$$D_0 = D_c^* = D_{Cl} \cdot \phi \cdot \frac{\delta}{\tau^2} \cdot V_p \cdot k_{ITZ}$$
$$D_0 = D_U = D_{Cl} \cdot \phi \cdot \frac{\delta}{\tau^2} \tag{5.2.10}$$

上式中，不同混凝土的 D_0 可以由式（5.2.9）计算，材料劣化因子 k_m 在钢纤维掺量小于 1.5% 时满足关系：

$$k_m = 1.32187 - 21.3626 V_f \tag{5.2.11}$$

钢纤维掺量达到 1.5% 时，$k_m=1$。混凝土未承受荷载时，应力加速因子 $k_y=1$，在弯曲荷载作用下，混凝土受拉区 k_y 与钢纤维体积掺量有如下关系：

$$k_y = 1.057 + 0.4535 e^{-V_f/0.0039} \tag{5.2.12}$$

现将强度等级 C50、C80 的钢纤维混凝土氯离子扩散模型中的主要参数及扩散系数结果汇总于表 5.2.7-1～表 5.2.7-4（取 $t_0=90$d）：

C50、C80 钢纤维混凝土氯离子扩散模型中的主要参数　　表 5.2.7-1

	D_{Cl} (25℃) ($\times 10^{-9}$m²/s)	ϕ	δ	τ	V_p (%)	k_{ITZ}	k_m	R	n
C50	2.03	0.37	0.01	1.38	30.3	2.4	1.35	0.50	0.65
C50-0.25%	2.03	0.37	0.01	1.38	33.3	2.4	1.23	0.50	0.65
C50-1%	2.03	0.37	0.01	1.38	35.6	2.4	1.12	0.50	0.65
C50-1.5%	2.03	0.37	0.01	1.38	36.4	2.4	1	0.50	0.65
C80	2.03	0.11	0.01	3.71	33.0	2.4	1.35	0.40	0.35
C80-1%	2.03	0.11	0.01	3.71	34.6	2.4	1.12	0.40	0.35
C80-1.5%	2.03	0.11	0.01	3.71	35.9	2.4	1	0.40	0.35

C50、C80 钢纤维混凝土氯离子扩散模型中 D_0^* 的结果　　表 5.2.7-2

	未加载		弯曲荷载作用下受拉区（应力水平为 0.5）	
	k_y	D_0^* ($\times 10^{-12}$m²/s)	k_y	D_0^* ($\times 10^{-12}$m²/s)
C50	1	2.59	1.51	3.91
C50-0.25%	1	2.57	1.30	3.34
C50-1%	1	2.51	1.09	2.74
C50-1.5%	1	2.30	1.07	2.46

续表

	未加载		弯曲荷载作用下受拉区（应力水平为0.5）	
	k_y	D_0^*（$\times 10^{-12}\,\mathrm{m}^2/\mathrm{s}$）	k_y	D_0^*（$\times 10^{-12}\,\mathrm{m}^2/\mathrm{s}$）
C80	1	0.124	1.51	0.187
C80-1%	1	0.108	1.09	0.118
C80-1.5%	1	0.100	1.07	0.107

UHPFRCC 氯离子扩散模型中的主要参数 　　　表 5.2.7-3

	D_{Cl}（25℃）（$\times 10^{-9}\,\mathrm{m}^2/\mathrm{s}$）	ϕ	δ	τ	k_m	R	n
UHPFRCC100	2.03	2.68	0.01	3.92	1.12	0.38	0.25
UHPFRCC150	2.03	1.98	0.01	3.93	1	0.37	0.20
UHPFRCC200	2.03	1.66	0.01	3.93	1	0.35	0.15

UHPFRCC 氯离子扩散模型中 D_0^* 的结果 　　　表 5.2.7-4

	未加载		弯曲荷载作用下受拉区（应力水平为0.5）	
	k_y	D_0^*（$\times 10^{-14}\,\mathrm{m}^2/\mathrm{s}$）	k_y	D_0^*（$\times 10^{-14}\,\mathrm{m}^2/\mathrm{s}$）
UHPFRCC100	1	2.87	1.09	3.13
UHPFRCC150	1	1.90	1.06	2.01
UHPFRCC200	1	1.61	1.06	1.71

由表 5.2.7-1～表 5.2.7-4 可以得出以下结论：

（1）对于 C50、C80 钢纤维混凝土，不考虑外加荷载的作用时，混凝土中加入钢纤维后，虽然引入了更多的界面，对氯离子传输带来了一定的不利影响，但是由于钢纤维的加入可以抑制混凝土中由于环境、气候和自身损伤引发的微裂缝的萌生和扩展，从而减少了氯离子的传输通道，整体而言，混凝土的氯离子扩散系数随着纤维掺量的提高而有所降低，但下降幅度不大；

（2）在弯曲荷载的作用下，考察受拉区的混凝土氯离子扩散系数可以发现，普通混凝土在拉应力作用下扩散系数显著增大，而由于钢纤维良好的增韧阻裂效果，体积掺量为 1% 和 1.5% 的钢纤维混凝土扩散系数并没有明显变化，无论是 C50 还是 C80 混凝土，在承受拉应力的情况下，混凝土的氯离子扩散系数均随钢纤维掺量的增加而大幅下降，可见钢纤维对于混凝土在荷载作用下抗氯离子侵蚀性能的提高具有显著效果；

（3）UHPFRCC 结构致密，氯离子扩散系数极低，比普通混凝土低 1～2 个数量级，具有极高的抗氯离子侵蚀性能。

5.3　复杂服役条件下 SFRCC 氯离子传输模型的验证

5.2 节中建立的钢纤维混凝土的氯离子传输模型可以用于预测弯曲荷载作用下，

不同强度等级、不同纤维掺量的钢纤维混凝土内部的氯离子浓度分布，由于模型中主要参数的确定依赖于 C50 钢纤维混凝土的氯离子扩散试验，因此，模型的验证工作可以通过比较 C80 混凝土氯离子浓度分布的预测值与实测值的吻合程度来完成。

氯离子浓度分布的预测值通过式（5.3.1）和式（5.3.2）得出，不同钢纤维掺量的 D_0^* 的取值见表 5.2.7-2。

$$c(x,t) = c_0 + (c_s - c_0)\left(1 - \mathrm{erf}\frac{x}{2\sqrt{D_a t}}\right) \tag{5.3.1}$$

$$D_a = \frac{D_0^*}{(1-n)} \cdot \left[\left(1 + \frac{t_s}{t_d}\right)^{1-n} - \left(\frac{t_s}{t_d}\right)^{1-n}\right] \cdot \left(\frac{t_0}{t_d}\right)^n \tag{5.3.2}$$

试验测得 C80 混凝土的初始氯离子浓度为 $c_0 = 0.0095\%$（占混凝土质量）。

表面氯离子浓度 c_s 与时间有关，随着浸泡时间的延长逐渐增大并最终与环境氯离子浓度趋于一致。该值无法通过测试直接获得，但可以通过氯离子浓度随深度的变化情况回归得到。

C80 普通混凝土未加载时浸泡不同时间的表面氯离子浓度和表观氯离子扩散系数见表 5.3-1。图 5.3-1 是不同浸泡时间时 C80 内部氯离子浓度分布的计算值与实验测试结果的比较。从根据预测得到的氯离子浓度分布曲线可以看出，C80 在未加载情况下，其内部氯离子主要分布于 0～3mm 深度之间，因此在 C_s 值计算和验证过程中，均认为试验得到的 0～5mm 处的氯离子浓度其实主要分布在 0～3mm 范围内，即对应于 1.5mm 深处的氯离子浓度。从图中可以看出处理后的试验值和计算值基本吻合。且随着浸泡时间的延长，表面氯离子浓度提高，氯离子不断向混凝土更深处渗透。

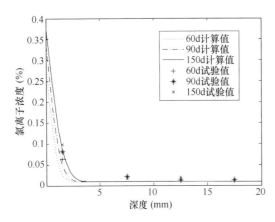

图 5.3-1 C80 浸泡不同时间后氯离子浓度分布的计算值和试验值

C80 普通混凝土未加载时表面氯离子浓度和表观氯离子扩散系数 表 5.3-1

浸泡时间（d）	60	90	150
c_s（%）	0.28	0.34	0.38
D_a（$\times 10^{-12}\mathrm{m^2/s}$）	0.0768	0.0715	0.0635

表 5.3-2 是浸泡不同时间后，C80 混凝土内氯离子浓度计算值与试验值的对比，结果显示，1.5mm 深度的氯离子浓度理论预测值与试验值偏差较小。由于短期的氯离子浸泡试验中扩散到混凝土内的氯离子较少，干扰因素对试验结果的影响很大，误差相对较大，而随着浸泡时间的延长，计算值与试验值愈加接近。浸泡 150d 后，环

境中的氯离子仍未扩散 5mm 以下的深度，由于混凝土内初始氯离子浓度较低，绝对值不高的误差也可能导致较大的偏差，因此其他深度处的计算值与试验值偏差较大。可以预见，当浸泡时间延长时，混凝土内部氯离子浓度分布的计算值将与真实值更加接近。

C80 混凝土浸泡不同时间后氯离子浓度分布的计算值和试验值对比　　表 5.3-2

浸泡时间 (d)	深度 (mm)	试验值 E (%)	试验标准差 (%)	计算值 c (%)	计算值与 试验值偏差 $(c-E)/E$(%)
60	1.5	0.0642	0.0023	0.0411	36.0
	7.5	0.0195	0.0011	0.0095	51.3
	12.5	0.0129	0.0023	0.0095	26.4
	17.5	0.0103	0.0013	0.0095	7.8
90	1.5	0.0815	0.0053	0.0704	13.6
	7.5	0.0224	0.0018	0.0095	57.6
	12.5	0.0186	0.0028	0.0095	48.9
	17.5	0.0132	0.0019	0.0095	28.0
150	1.5	0.0990	0.0003	0.1114	12.5
	7.5	0.0184	0.0012	0.0095	48.4
	12.5	0.0153	0.0028	0.0095	37.9
	17.5	0.0140	0.0011	0.0095	32.1

1. 荷载作用的模型验证

加载与未加载的 C80 普通混凝土浸泡 150d 后的表面氯离子浓度和表观氯离子扩散系数对比见表 5.3-3。图 5.3-2 为通过模型得到的未加载的与弯曲荷载下受拉区的 C80 内部氯离子浓度分布的计算值与试验值的比较。

C80 普通混凝土浸泡 150d 的表面氯离子浓度和表观氯离子扩散系数　　表 5.3-3

受载情况	未加载	受拉区
c_s (%)	0.38	0.65
D_a ($\times 10^{-12} \mathrm{m^2/s}$)	0.0635	0.0959

从图 5.3-1 中模型计算得到的受拉应力作用的 C80 内部的氯离子浓度分布曲线可以看出，其氯离子已经渗透到 4mm 深处，因此试验得到的 0~5mm 范围内氯离子浓度对应于 2mm 深处的浓度。而在未加载的情况下，0~5mm 范围内的氯离子浓度对应于 1.5mm 深处的浓度。总体而言，在荷载的作用下，普通的 C80 混凝土受拉区的抗氯离子渗透能力大幅降低。表 5.3-4 是计算值与试验值的对比，同样 0~5mm 范围内的氯离子浓度理论预测值与试验值偏差较小，其他深度处偏差较大。

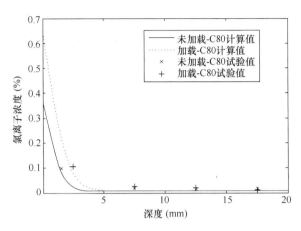

图 5.3-2　弯曲荷载下受拉区与未加载的 C80 浸泡 150d 后
氯离子浓度分布的计算值和试验值

弯曲荷载下受拉区与未加载的 C80 浸泡 150d 后氯离子　　　　表 5.3-4
浓度分布的计算值和试验值对比

	深度 （mm）	试验值 E （%）	试验标准差 （%）	计算值 c （%）	计算值与试验值偏差 $(c\text{-}E)/E$（%）
未加载混凝土	1.5	0.0990	0.0003	0.1114	12.5
	7.5	0.0184	0.0012	0.0095	48.4
	12.5	0.0153	0.0028	0.0095	37.9
	17.5	0.0140	0.0011	0.0095	32.1
受拉区混凝土	2.0	0.1297	0.0037	0.1406	8.4
	7.5	0.0318	0.0026	0.0095	70.1
	12.5	0.0188	0.0007	0.0095	49.5
	17.5	0.0184	0.0022	0.0095	48.4

2. 钢纤维作用的模型验证

表 5.3-5 为不同钢纤维掺量的 C80 混凝土浸泡 150d 后受拉区的表面氯离子浓度和表观氯离子系数。图 5.3-3 和表 5.3-6 为通过模型得到的不同纤维掺量的 C80 内部氯离子浓度分布的计算值和试验值的比较。

C80 弯曲荷载作用下混凝土受拉区浸泡 150d 的表面氯离子　　　　表 5.3-5
浓度和表观氯离子扩散系数

No.	C80	C80-1%	C80-1.5%
c_s（%）	0.65	0.40	0.39
D_a（$\times 10^{-12} \mathrm{m}^2/\mathrm{s}$）	0.0959	0.0603	0.0546

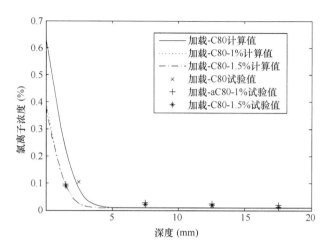

图 5.3-3　不同纤维掺量 C80 浸泡 150d 后受拉区
氯离子浓度分布计算值和试验值

不同纤维掺量 C80 浸泡 150d 后受拉区氯离子　　　　　　　表 5.3-6
浓度分布计算值和试验值对比

	深度 (mm)	试验值 E（%）	试验标准差 （%）	计算值 c（%）	计算值与试验值偏差 $(c\text{-}E)/E$（%）
C80	2.0	0.1297	0.0037	0.1406	8.4
	7.5	0.0318	0.0026	0.0095	70.1
	12.5	0.0188	0.0007	0.0095	49.5
	17.5	0.0184	0.0022	0.0095	48.4
C80-1%	1.5	0.0950	0.0018	0.1121	18.0
	7.5	0.0278	0.0010	0.0095	65.8
	12.5	0.0236	0.0031	0.0095	59.7
	17.5	0.0190	0.0016	0.0095	50.0
C80-1.5%	1.5	0.0903	0.0007	0.1005	11.3
	7.5	0.0212	0.0005	0.0095	55.2
	12.5	0.0195	0.0023	0.0095	51.3
	17.5	0.0166	0.0005	0.0095	42.8

　　从图 5.3-3 可以看出，计算值和试验值吻合良好。在掺加钢纤维的情况下，C80 受拉区的氯离子浓度明显低于不掺纤维的 C80 基准混凝土。在结构受到拉应力作用的情况下，纤维的存在能极大地减轻应力对混凝土抗氯离子渗透能力的不利影响。

5.4 弯曲荷载-氯盐耦合作用下配筋钢纤维混凝土服役寿命预测

配筋钢纤维混凝土结构的服役寿命是指诱导期寿命，即暴露一侧混凝土内钢筋表面氯离子浓度达到临界氯离子浓度所需的时间。

根据式（5.2.7），在确定混凝土的种类后，影响钢纤维混凝土结构服役寿命的因素主要有：表面氯离子浓度 c_s、临界氯离子浓度 c_{cr} 和保护层厚度 x。

5.4.1 表面氯离子浓度 c_s

在实际氯盐环境的暴露过程中，混凝土暴露表面的自由氯离子浓度 c_s 并非一成不变，而是一个浓度由低到高、逐渐达到饱和的过程。将扩散方程的边界条件由常数更换为时间函数，扩散方程的性质就发生质的变化，由齐次问题变成了非齐次问题，扩散方程的解析难度也大大增加。为了简化计算，在进行寿命预测时，表面氯离子浓度通常取为定值，在海洋环境的寿命预测中，表面氯离子浓度通常取为 1%[8]。

5.4.2 临界氯离子浓度 c_{cr}

混凝土内引起钢筋锈蚀的临界氯离子浓度是寿命预测中十分重要的参数，然而对于临界氯离子浓度的取值目前尚未有统一的标准。美国 ACI201 委员会规定的混凝土临界氯离子浓度 c_{cr} 为 0.06%（水泥重量的百分比）。这一规定十分严格，已被世界许多国家的设计规范参照采纳。但是，Stanish[10] 提出的混凝土 c_{cr} 值与钢筋锈蚀危险性之间的关系似乎表明：ACI 规范的取值过于严格，混凝土的 c_{cr} 值在 0.4%～1.0%（占水泥质量）或 0.07%～0.18%（占混凝土质量）范围内变化，因为混凝土中钢筋是否锈蚀与混凝土的质量和环境条件有密切的关系。Bamforth[11] 认为，占胶凝材料质量 0.4% 的临界浓度对于干湿交替情况下的高水灰比混凝土是比较合适的，但是对于饱水状态下的低水灰比混凝土，其临界浓度可以提高到 1.5%。为了安全起见，Funahashi[12] 在预测混凝土使用寿命时采用的 c_{cr} 值是偏于保守的 0.05%（占混凝土质量）。

本项目基于理论上的需要和偏于安全的考虑，统一采用较低的临界氯离子浓度，c_{cr} 值取 0.05%（占混凝土质量）。

5.4.3 保护层厚度 x

混凝土结构中钢筋的保护层厚度是决定混凝土结构使用寿命的关键性因素。《水工混凝土结构设计规范》DL/T 5057—2009 中规定，混凝土的最小保护层厚度取值范围为 20～65mm，其取值不仅与混凝土结构所处环境条件有关，也与混凝土的种类有关。规范中规定，海洋环境中梁、柱、墩等普通混凝土结构的最小保护层厚度为 55mm，因此 C50 混凝土的保护层厚度取为 55mm，由于 C80 混凝土和 UHPFRCC 结构致密，氯离子扩散系数较小，可以相应减小保护层厚度，分别取为 35mm 和 25mm。

5.4.4　配筋钢纤维混凝土服役寿命预测

以钢筋锈蚀的诱导期作为寿命预测的标准时，配筋钢纤维混凝土的服役寿命主要根据式（5.2.7）进行预测，其中 D_a 可以通过式（5.1.2-30）计算。当钢筋表面氯离子浓度达到临界浓度时，认为钢筋混凝土结构开始失效破坏。由式（5.2.7）解出钢筋表面氯离子达到临界浓度时所对应的时间即为钢筋混凝土结构的服役寿命。

根据《混凝土结构工程施工质量验收规范》GB 50204—2015，对于有抗渗要求的混凝土，养护时间不得少于 14d，因此取混凝土开始浸泡的时间 $t_s = 14d$，D_0 对应 $t_0 = 90d$ 时的扩散系数，临界氯离子浓度为 $c_{cr} = 0.05\%$（占混凝土质量分数）。当混凝土的龄期达到 25 年后，可以认为氯离子扩散系数不再衰减，此后氯离子扩散系数保持不变，在进行寿命预测时需要注意这一点。其他参数的取值及预测的服役寿命结果见表 5.4.4-1～表 5.4.4-6。

无外加荷载时 C50 配筋钢纤维混凝土服役寿命预测参数取值及结果　　　表 5.4.4-1

	90d D_0 * ($\times 10^{-12} m^2/s$)	时间依赖系数 n	保护层厚度 x（mm）	初始氯离子浓度 c_0（%）	表面氯离子浓度 c_s（%）	服役寿命 t_{life}（a）
C50	2.59	0.65	55	0.01	1.0	49.7
C50-0.25%	2.57	0.65	55	0.01	1.0	50.4
C50-1%	2.51	0.65	55	0.01	1.0	52.5
C50-1.5%	2.30	0.65	55	0.01	1.0	60.9

弯曲荷载作用下 C50 配筋钢纤维混凝土服役寿命预测参数取值及结果　　　表 5.4.4-2

	90d D_0 * ($\times 10^{-12} m^2/s$)	时间依赖系数 n	保护层厚度 x（mm）	初始氯离子浓度 c_0（%）	表面氯离子浓度 c_s（%）	服役寿命 t_{life}（a）
C50	3.91	0.70	55	0.01	1.0	20.1
C50-0.25%	3.34	0.70	55	0.01	1.0	29.8
C50-1%	2.74	0.70	55	0.01	1.0	44.7
C50-1.5%	2.46	0.70	55	0.01	1.0	54.6

无外加荷载时 C80 配筋钢纤维混凝土服役寿命预测参数取值及预测结果　　表 5.4.4-3

	90d D_0^* ($\times 10^{-12} m^2/s$)	时间依赖系数 n	保护层厚度 x (mm)	初始氯离子浓度 c_0 (%)	表面氯离子浓度 c_s (%)	服役寿命 t_{life} (a)
C80	0.124	0.35	35	0.0095	1.0	175.6
C80-1%	0.108	0.35	35	0.0095	1.0	203.5
C80-1.5%	0.100	0.35	35	0.0095	1.0	221.0

弯曲荷载作用下 C80 配筋钢纤维混凝土服役寿命预测参数取值及结果　　表 5.4.4-4

	90d D_0^* ($\times 10^{-12} m^2/s$)	时间依赖系数 n	保护层厚度 x (mm)	初始氯离子浓度 c_0 (%)	表面氯离子浓度 c_s (%)	服役寿命 t_{life} (a)
C80	0.187	0.35	35	0.0095	1.0	112.0
C80-1%	0.118	0.35	35	0.0095	1.0	185.2
C80-1.5%	0.107	0.35	35	0.0095	1.0	205.5

无外加荷载时配筋 UHPFRCC 服役寿命预测参数取值及预测结果　　表 5.4.4-5

	90d D_0^* ($\times 10^{-14} m^2/s$)	时间依赖系数 n	保护层厚度 x (mm)	初始氯离子浓度 c_0 (%)	表面氯离子浓度 c_s (%)	服役寿命 t_{life} (a)
UHPFRCC100	2.87	0.25	25	0.019	1.0	229.0
UHPFRCC150	1.90	0.20	25	0.018	1.0	277.0
UHPFRCC200	1.61	0.15	25	0.014	1.0	281.1

弯曲荷载作用下配筋 UHPFRCC 服役寿命预测参数取值及预测结果　　表 5.4.4-6

	90d D_0^* ($\times 10^{-14} m^2/s$)	时间依赖系数 n	保护层厚度 x (mm)	初始氯离子浓度 c_0 (%)	表面氯离子浓度 c_s (%)	服役寿命 t_{life} (a)
UHPFRCC100	3.13	0.25	25	0.019	1.0	209.1
UHPFRCC150	2.01	0.20	25	0.018	1.0	260.5
UHPFRCC200	1.71	0.15	25	0.014	1.0	265.5

根据寿命预测的结果可以得出以下结论：

（1）对于 C50、C80 钢纤维混凝土，不考虑外加荷载的作用时，由于钢纤维的加入可以抑制混凝土中由于环境、气候和自身损伤引发的微裂缝的萌生和扩展，从而减少氯离子的传输通道，混凝土的氯离子扩散系数随着纤维掺量的提高而有所降低，服役寿命相应延长，与基准混凝土相比，钢纤维掺量达到 1.5% 时，服役寿命延长了 20% 以上。

（2）当施加应力水平为 0.5 的弯曲荷载时，普通混凝土受拉区的氯离子扩散系数显著增加，其服役寿命大大缩短。而对于钢纤维混凝土，当纤维掺量达到 1.5% 以后，纤维的阻裂效果充分发挥，因此受拉区氯离子的扩散系数与未加载相比虽有提高，但幅度较小，并远远低于普通混凝土受拉区的扩散系数，而服役寿命也达到了普通混凝土的 2 倍左右。

5.4.5　小结

在有效介质理论和 Fick 第二扩散定律的基础上，提出了氯离子在钢纤维混凝土中的扩散方程，并将此方程预测值与前期的实验结果进行对比，发现扩散方程预测得到的数值与实验结果基本吻合，说明此扩散方程可以较为准确地描述氯离子在钢纤维混凝土内部的扩散行为。在此方程的基础上，探讨了方程中各参数对配筋钢纤维混凝土服役寿命的影响规律，为配筋钢纤维混凝土结构的耐久性设计提供了依据。

本章参考文献

[1]　Clifton J R. Predicting the service life of concrete [J]. ACI Materials Journal，1993，90（6）：611-617.

[2]　Khatri R P，Sirivivatnanon V. Characteristic service life for concrete exposed to marine environments [J]. Cement and Concrete Research，2004，34：745-752.

[3]　余红发. 盐湖地区高性能混凝土的耐久性、机理与使用寿命预测方法 [D]. 南京：东南大学，2004.

[4]　Collepardi M，Marcialis A，Turrizzani R. The kinetics of penetration of chloride ions into the concrete [J]. Cement，1970，（4）：157-164.

[5]　Oh B H，Jang S Y. Prediction of diffusivity of concrete based on simple analytic equations. Cement and Concrete Research，2004，34(3)：463-480.

[6]　Takewaka K，Mastumoto S. Quality and cover thickness of concrete based on the estimation of chloride penetration in marine environments [C]. In：Malhotra V. M. eds，Proc. 2nd International Conference Concrete Marine Environment，ACI SP-109，1988，381-400.

[7]　Mangat P S，Molloy B T. Prediction of long term chloride concentration in concrete [J]. Material and Structure，1994，27：338-346.

[8]　Thomas M D A，Bamforth P B. Modeling chloride diffusion in concrete-effect of fly ash and Slag [J]. Cement and Concrete Research，1999，29(4)：487-495.

[9]　Tang L P，Gulikers J. On the mathematics of time-dependent apparent chloride diffusion coefficient in concrete. Cement and Concrete Research，2007，37(4)：589-595.

[10]　Stanish K，Thomas M. The use of bulk diffusion tests to establish time-dependent concrete chloride diffusion coefficients [J]. Cement and Concrete Research，2003，33(1)：55-62.

[11]　Bamforth P B. Predicting the risk of reinforcement corrosion in marine structures [R]. Corrosion Prevention Control，1996.

[12]　Funahashi M. Predicting corrosion-free service life of a concrete structure in a chloride environment [J]. ACI Materials Journal，1990，87(6)：581-587.